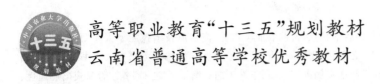

高等职业教育"十三五"规划教材

云南省普通高等学校优秀教材

作物遗传育种

第 2 版

王孟宇　主编

U0219114

中国农业大学出版社

·北京·

内 容 简 介

本书紧扣当前我国农业高等职业的教学特点,按照农业类培养"高素质技术技能型人才"目标,以技能培养为重点,坚持基本理论、基础知识"必需、够用"的原则,注重学生实际操作能力培养。本书介绍学科的最新研究进展,各章采用二维码的方式新增案例内容,有利于学生的后续学习能力培养。教材突出应用性、实用性、前瞻性,在编写体系和体例进行了创新,体系健全,做到了遗传、育种、实训的有机结合。全书分3个单元,第一单元为作物遗传学基础,共9章,分别是遗传、变异和选择,遗传的细胞学基础,遗传物质的分子基础,孟德尔遗传定律,连锁遗传,基因突变和染色体变异,数量性状遗传,细胞质遗传,近亲繁殖和杂种优势。第二单元为作物育种方法,共10章,分别是育种与农业生产,种质资源与引种,选择育种,杂交育种,杂种优势利用,诱变育种和倍性育种,生物技术在作物育种中的应用,品种的区域化鉴定、审定和推广,植物新品种保护,种子生产。第三单元为实验实训,共18个。

本书可作为高等职业院校种植类相关专业教材,还可作为农业中等职业学校教师、学生的参考书,也可供农业科技工作者参考。建议教学时数为90～120学时。

图书在版编目(CIP)数据

作物遗传育种 / 王孟宇主编. —2 版. — 北京:中国农业大学出版社,2018.1(2025.1 重印)
ISBN 978-7-5655-1977-2

Ⅰ.①作… Ⅱ.①王… Ⅲ.①作物育种-遗传育种 Ⅳ.①S33

中国版本图书馆 CIP 数据核字(2018)第 011641 号

书　名	作物遗传育种　第2版
作　者	王孟宇　主编

策划编辑	张　玉　郭建鑫	责任编辑	冯雪梅
封面设计	郑　川		
出版发行	中国农业大学出版社		
社　址	北京市海淀区圆明园西路 2 号	邮政编码	100193
电　话	发行部 010-62818525,8625	读者服务部	010-62732336
	编辑部 010-62732617,2618	出　版　部	010-62733440
网　址	http://www.caupress.cn	E-mail	cbsszs @ cau.edu.cn
经　销	新华书店		
印　刷	运河(唐山)印务有限公司		
版　次	2018 年 1 月第 2 版　　2025 年 1 月第 5 次印刷		
规　格	787×1 092　　16 开本　　20.25 印张　　500 千字		
定　价	53.00 元		

图书如有质量问题本社发行部负责调换

C 编审人员
ONTRIBUTORS

主　编　王孟宇（云南农业职业技术学院）

副主编　霍志军（黑龙江农业职业技术学院）

　　　　尚文艳（河北旅游职业学院）

　　　　孙君艳（信阳农林学院）

　　　　包雪英（河北旅游职业学院）

编　者　黄荣利（河北旅游职业学院）

　　　　纪丽丽（黑龙江林业职业技术学院）

　　　　李学慧（河南农业职业学院）

　　　　李淑梅（信阳农林学院）

P 前 言
PREFACE

党的二十大报告提出"深入实施种业振兴行动"。为适应高职高专院校种业人才培养的需要,中国农业大学出版社组织有关院校从事作物遗传育种且具有教学、科技和生产实践经验的教授、专家,结合行业对农业高职人才的需要,编写了这本高职高专教材。作物遗传育种是种植业类专业的重要课程,教材编写按照遗传、作物育种、种子生产、实验实训顺序编写,教材适应学生今后到农业推广服务、种子生产与经营、农业育种、种子管理等岗位就业的需要,学习本课程应具备植物学、植物生理、作物生长与环境、植物病虫害防治等基础知识。该教材在编写过程中着重突出了以下特点:

1.教材体系系统性强。本教材分为作物遗传学基础、作物育种方法和实验实训三部分内容,并对教材一、二单元的内容进行了整合、删减和提炼,加大了实验实训内容,始终围绕高素质技术技能型人才的培养目标,突出高职高专教材特点。

2.编写体例进行了大胆创新。每章首先安排知识目标与技能目标,使学生一开始就知道自己要掌握的知识点和需要具备的技能,增强学习的目的性,同时也便于教师组织教学。教材每章增加了最新知识链接与案例,案例采用二维码方式呈现,教材凸显最新的应用成果、人物和前景,拓展学生的知识,增强学习积极性,保证教材先进性。教材还针对高职高专学生的特点设计了复习思考题,有利于巩固学生所学的知识点。该书体例从目标开始到复习巩固,逻辑关系清楚。

3.内容上有新突破。在注重内容连贯衔接的同时,以科学的思维模式为主线构建教材内容,注重方法和技能的传授,强调实用性。教材既重视知识和技能体系,又结合高职高专院校学生知识层次要求。

4.具有科学性和实用性。本教材专为高职高专院校学生编写,既不同于本科教材,也不同于实用技术读本。教材内容规范,文字通俗易懂,图文并茂,理论联系实际,方便学生做到学以致用。本教材也可以作为农业中职教育相关专业教师、学生的参考书。

5.各章节的内容安排合理。在编写中按章节重点合理安排权重,使教材内容轻重有序,教师讲授有规律可循。

本教材分为3个单元,第一单元第一、九章,第二单元第二章,实验实训五、六、七、八、十四由云南农业职业技术学院王孟宇编写;第一单元第二章,第二单元第九章,实验实训一、二由河北旅游职业学院黄荣利编写;第一单元第三章,第二单元第一章,实验实训三由河北旅游职业学院尚文艳编写;第一单元第四、五章,实验实训四、十一、十二、十三由黑龙江农业职业技术学院霍志军编写;第一单元第六章由信阳农林学院孙君艳编写,第二单元第四章、第五章由信阳农林学院李淑梅编写;第二单元第七章由信阳农林学院孙君艳、李淑梅编写;第一单元第七章,第二单元第十章,实验实训十五、十六由河南农业职业学院李学慧编写;第一单元第八章,第二单元第三章,实验实训九、十由黑龙江林业职业技术学院纪丽丽编写;第二单元第六章、第八章,实验实训十七、十八由河北旅游职业学院包雪英编写。

本书编写过程中得到了6所学校的大力支持,在此表示诚挚感谢。因编写时间紧迫,本书所引用部分内容未能与相关单位、作者一一联系,深表歉意。

由于编者业务水平有限,编写时间仓促,教材难免会存在缺点或不当之处,也难免会有疏漏,真诚欢迎广大读者、同行与专家教授给予指正,并提出宝贵意见,以便加以修正完善。

编　者
2024 年 5 月

作物遗传育种

C目 录
ONTENTS

作物遗传育种

目　录

作
物
遗
传
育
种

第一单元
作物遗传学基础

遗传学(genetics)是生物科学中的一门十分重要的理论科学,是研究遗传和变异的科学。遗传(heredity)和变异(variation)是生物界最普遍和最基本的两个特征,也是各种生物的共同特性,二者密切相关。遗传学研究的主要内容是生物遗传、变异的基本规律;遗传的物质基础,尤其是遗传物质的化学本质和遗传物质的传递、表达及人类对遗传变异的控制和利用等。这些问题的阐明,直接涉及生命起源和生物进化的机理;对探索生命起源、细胞起源与生物进化等重大课题将起到十分重要的作用,同时,它也是一门密切联系实际的基础科学,是指导植物、动物和微生物育种工作的理论基础。

　　遗传学研究的任务在于阐明生物遗传和变异的现象及其表现的规律,探索遗传和变异的原因和物质基础,揭示其内在的规律,从而进一步指导动物、植物和微生物的育种实践,防治遗传疾病,提高医疗水平,造福人类。随着遗传学的发展,遗传学研究的内容已渗透到生物科学的各个领域,使遗传学发展成为现代生物学中的重要学科。目前以细胞工程、基因工程为中心内容的生物技术已成为当代新技术革命的重点之一。学习遗传学在理论上和生产实践上都有着十分重要的意义。

　　遗传学是一门发展极为迅速的生命科学,迄今为止,遗传学已经有多个分支并先后形成学科,如人类遗传学、动物遗传学、植物遗传学、微生物遗传学、分子遗传学、遗传工程等学科,如果细分种类更多,如植物遗传学可分为作物遗传学、林木遗传学、蔬菜遗传学、花卉遗传学等。作物遗传学又可分为小麦遗传学、水稻遗传学、玉米遗传学、油菜遗传学、棉花遗传学等。这样细分起来,遗传学已接近百种之多,其充分说明了这个学科的重要性。

Chapter *1*

遗传、变异和选择

➤ **知识目标**

1. 了解生物遗传与变异的概念。

2. 了解遗传学研究的内容,熟悉生物遗传与变异、遗传与环境的关系。

3. 了解遗传变异与生物进化的关系。

➤ **技能目标**

学会观察自然界中生物的遗传、变异现象。

第一节　生物的遗传与变异

▶ 一、遗传

生物子代与亲代的相似性称为遗传。任何一种生物在繁殖后代绵延种族的过程中,其子代与亲代以及子代与子代之间,都能保持着相似的性状。俗话说:"种瓜得瓜、种豆得豆"。小麦种下去,总是长成小麦,世界上有亿万种生物,每种生物都具有使其子代保持与亲代相似的本能,从而保持了各种生物的相对稳定。

为什么生物的子代能够发育出与亲代相似的性状呢?简单而言,这是由于生物在繁殖的过程中,子代接受了从亲代传下来的成套遗传物质,子代按照这套遗传物质,发育成与亲代相似的各种性状。生物的各种形状,如小麦的长芒与短芒,红粒与白粒,抗锈病与感锈病等都是由相应的遗传物质控制着,这种控制各种性状遗传的基本物质单位,在遗传学上统称为"基因",例如长芒与短芒基因,红粒与白粒基因,抗锈病与感锈病基因等。基因具有相对的稳定性,因而各种生物的性状也具有相对稳定性。

▶ 二、变异

子代与亲代之间以及子代不同个体之间的相异性称为变异。俗话说:"一母生九子,九子各不同",就是指变异现象。事实上在生物界中,子代与亲代之间以及同一亲本子代的不同个体之间,也不是完全一模一样的,他们有些性状也表现出彼此不同。

地球上的任何生物或任何品种,其子代与亲代以及子代的不同个体之间,总是既有"大同",又有些"小异",世界上没有绝对相同的两个生物个体,也没有绝对不变的物种,其根源就在于生物具有变异的特性。例如,目前栽培的水稻品种有数千个之多,但是考查它们的历史,都起源于少数的野生稻种,现在它们之所以有各种不同的性状,就是因为水稻在长期世代相传的种族繁衍过程中,不断发生变异和经过不断选择的结果。

生物性状的变异有的能够遗传给后代,叫"可遗传的变异";有的不能遗传给后代,叫"不遗传的变异"。可遗传的变异是由于遗传物质发生变化所产生的变异,可遗传的变异主要由基因的重组、基因的突变、染色体数量和结构的改变、细胞质变异引起。外界因素的作用是变异的基本条件,但必须通过生物体内部遗传物质的变化,这种变异才能够遗传给后代,例如,用放射性物质处理某一作物品种,使其遗传物质发生分子结构的变化,从而产生能够遗传的变异;再如我们用不同性状的品种进行杂交,使双亲的遗传物质在杂种后代发生重新组合,这样的变异也能遗传。但是,如果外界条件的影响仅仅使某些性状的表现发生了改变,而遗传物质并未改变,那么这种变异就不能遗传给后代了,这就是不遗传的变异。不遗传的变异是因环境的不同而产生的变异,这类变异仅仅限于当代,并不遗传,如果引起变异的条件消失,则变异消失。例如,我们在营养和光照条件都特别好的地方选得了一株穗大粒多的变异植株,下一年把它种在一般的大田里,并没有表现出穗大粒多的性状,这说明这个性状的改变是由于环境条件优越而引起的,而植株体内的遗传物质并没有发生改变,所以这种变异是不能够遗传的。不遗传的变异在作物育种上是无效的,但在良种的丰产栽培上却具有非常重要的意义。

以上两类变异有时容易分清,有时则不易分清。例如长芒小麦的后代中产生了无芒变异,红粒高粱的后代中出现了白粒变异等,类似这样的变异一般是能够遗传的。但在实践中两类变异往往是交织在一起的,例如在杂种后代或人工引种的后代中,有的变高,有的变矮;有的穗变大,有的穗变小,这些变化既可能是因为遗传物质的变化所引起,也可能是因为地力不均所造成,或是两者共同造成的。因此,正确区分这两类变异在作物育种工作上具有十分重要的意义,只有采用正确的试验方法,分清两类不同的变异,避免误选不遗传的变异,才能提高育种的成效。

三、遗传与变异的关系

生物在世代相传的种族繁衍过程中,既有遗传,已有变异,二者既是对立的,又是辩证统一的,是矛盾统一体的两个方面。

遗传代表着生物相对不变的一面,生物就是靠着遗传才能保持种族的相对稳定,农作物品种也是靠着遗传才能保持原有的优良性状。然而这种不变只是相对的,变才是绝对的。假如生物没有变异,就不可能出现各种新的类型,也就不能适应复杂变化的自然界,生物的发展进化以及人类选育新的品种也就不可能了;反之,假如没有遗传的稳定性,而生物的性状随时变化,也就不可能存在具有一定性状的物种和栽培品种了。

由此看来,各种生物必须是既能变异,又能将变异了的新性状遗传下去,再一次变异,再一次遗传,也正是在这种变与不变的对立统一的运动中,生物才得到了不断发展与进化。

四、遗传与环境

人们常常有一种不正确的概念,认为生物的性状可以直接遗传。按照这个概念,小麦"有芒"性状,应该在受精卵里有一个小麦芒的雏形;推之在人的受精卵里有一个小人的雏形,然后在发育过程中,在逐渐把它放大,这种概念是完全错误的。遗传物质是性状发育的基础,但这只是一种发育的可能,只有在个体发育中,遇到适当的环境条件,遗传物质的性状才能表达出来,可见生物的性状是遗传物质和外界环境条件共同作用的产物,即:

$$遗传物质 \xrightarrow[\text{个体发育}]{\text{外界环境条件}} 性状$$

遗传学上常引用具有日光红性状的玉米品种,这种玉米的茎秆、叶片、苞叶等暴露在日光的部分表现出淡红色,如果把植株的某个部分遮住,被遮光的部分就不表现红色,可见这种玉米具有日光红的遗传物质,但这个性状能否表达,这要看它遇到的环境条件而定。水生毛茛也说明了这个问题,同一株水生毛茛,生活在水面上的叶子呈正常的扁叶;而生活在水面下的叶子,则叶裂多而深,长成丝状,以抵抗水流的影响。这充分说明,具有同样遗传物质的叶子,由于所遇到的环境条件的不同,而有不同性状的表现。

然而遗传与环境的作用是复杂的,不能由上面的例子就得结论说,环境在决定遗传性状的表现上,总是起着主导作用。实际上,生物的遗传是很保守的,即使在不同的条件下,同种生物的不同个体仍具有相同的表现性状。例如糯稻与非糯稻,皱豌豆与圆豌豆,无论在南方或北方,无论种在旱地还是水田,它们的性状表现总是一致的。无芒小麦无论在南方或北方、旱地或水田种植,均表现无芒;有芒小麦无论在南方或北方、旱地或水田种植,均表现有芒。说明了遗传物质在生物性状表现上起了主导作用。

二维码 1-1-1　遗传与环境
关系案例

第二节　　遗传变异与生物进化

▶ 一、生物进化的概念

　　当今的生物世界,种类极其繁多,性状千差万别。这些丰富多彩的亿万种生物是怎样产生的呢?这个问题长期以来就存在着争论。19 世纪以前,人们对于物种的形成,存在着唯心的观点,把生物看作是上帝创造的,并且是一成不变的。随着科学的进步,许多唯物主义的思想家和科学家,通过长期观察和研究,逐渐产生了生物进化的思想。著名生物学家达尔文,在 1859 年出版了《物种起源》,以极其丰富的事实,无可辩驳的证据,论证了现在的各种生物,都是由共同的最原始的祖先经过了极其漫长的岁月逐渐发展进化而来的,各种生物之间都有着或近或远的亲缘关系,达尔文的进化论在自然科学史上具有重大的意义,马克思和恩格斯都给予了高度的评价。

　　生物的进化,经历了一个由简单到复杂,由低级到高级,由少数到多数,由水生到陆生,由一个物种到另一个物种的演变历程。这个历程是极其悠久的,从原始生命的出现至今大概已有 32 亿年,而大量的生物是在距今约 6 亿年前才开始出现。生物进化的历程,已在古生物学、地质学、比较解剖学以及其他现代科学上取得了大量的资料和证据。例如,在植物的进化中,最原始的植物是生活在水中的简单藻类,由藻类进化到苔藓和蕨类植物,并移向陆地。古代蕨类植物的一部分进化成了裸子植物;裸子植物进一步进化成被子植物,并且现在还在不断地进化着。生物越进化,种类就越繁多,生物体的形态、结构就越完善,也就越能适应周围的环境而生存。通过生物进化的研究,已经肯定,人类的产生大致经历了以下的途径:

无机化合物→有机化合物→前细胞生命形态→单细胞生物→无脊椎动物→鱼类→两栖

类→爬行类
　　　　　　　　↗ 鸟类

　　　　　　　　↘ 哺乳类 → 古代类人猿 → 人

▶ 二、遗传、变异和选择是生物进化的基本因素

　　在生物的进化过程中,遗传变异是生物进化的基础;而选择却是进化的动力和条件,并

作物遗传育种

能决定进化的方向,选择就是优胜劣汰,它包括自然选择和人工选择两个方面。

自然选择是指在自然条件下,能够适应环境的生物类型得以生存和繁衍下来;而不适应环境的生物类型则逐渐减少,最后被淘汰的过程,即适者生存,不适者淘汰的过程。

在进化的漫长岁月里,生物的遗传物质及其性状在不断变异着,而自然环境也在不断地发生着变化。生物的变异本来是没有一定方向的,即具有各种变异的可能性,既有可能产生有利于自身生存发展的变异,也能产生不利的变异。然而在各种复杂或变化了的环境里,那些不适应新环境的原有类型和变异个体,必然会逐渐减少或根本不能生存而被淘汰。例如,在寒冷的条件下,不抗寒的变异个体被冻死;在高温干旱的环境里,耐高温能力差的变异个体最终也会被淘汰,而适应高温干旱的环境的个体得到生存和发展。达尔文曾经发现在某些海岛上只生存着不会飞的和翅非常发达的两种昆虫,他认为这是由于在经常刮大风的海岛环境下,那些具有一般飞翔能力的昆虫容易被风刮到海里,而只有不会飞或飞翔能力特强的昆虫才能得到生存,就是说,大风这个自然条件对昆虫进行了选择,使有利于生存的变异逐代得到加强的结果。

由此看来,在不同的自然环境里之所以生存着不同的生物类型,这是自然选择方向不同造成的。世界上所有的生物都是在不断产生变异的基础上,经过长期自然选择的结果。

人工选择是指人类按照自身的要求,利用各种自然变异或人工创造的变异类型,从中选择人类所需要的品种的过程。

达尔文通过对动、植物在家养和栽培条件下的变化过程的研究确定,所有栽培植物和饲养动物,都是由一个或几个野生种演变而来的。例如,目前饲养的家鸡品种有数百个,它们各有不同的性状特点,但不论是肉用型,还是蛋用型;不论是黑鸡或白鸡,都是起源于一种野生原鸡,它们之所以有不同的特点和用途,这是按人类的不同需要,向着不同的方向选择不同的变异类型的结果。另外目前水稻的栽培品种已有数万个,各有不同的性状和品质,但一般认为它们的祖先是起源于我国广东、台湾的普通野生稻。

由于人类的需要是多方面的,对品种的要求也是不断变化的,因此,人工选择的新类型、新品种就越来越多,越来越符合人类的需要,性状就越来越优良。人工选择丰富了自然界的生物类别,加速了生物的进化,所以动植物新品种的选育也称为"人工进化"。

第三节　遗传学发展简史

遗传学同其他学科一样,也是人们在长期的生产实践活动和科学实验中总结和发展起来的。在古代人们已经注意到了生物的遗传变异现象,如我国在春秋战国时代就有"种麦得麦,种稷得稷"的记载,就是对遗传现象的粗浅认识。

19世纪中叶,英国学者达尔文1859年发表了《物种起源》,提出自然选择和人工选择的进化学说,不仅否定了物种不变的谬论,而且有力地论证了生物是由简单到复杂,由低级到高级逐渐进化的对于遗传和变异的解释,达尔文承认获得性遗传的一些论点,并提出泛生假说,认为动物每个器官里都普遍存在微小的泛生粒,他们能够分裂繁殖,并能在体内流动,聚集到生殖器官里,形成生殖细胞,当受精卵发育为成体时,各种泛生粒即进入各个器官发生作用,因而表现遗传。如果亲代的泛生粒发生改变,则子代发生变异。这一假说纯属推想,并未获得科学的证实。

达尔文以后,在生物科学中广泛流行的是新达尔文主义。这一论说支持达尔文的选择理论,但否定获得性遗传。魏斯曼是新达尔文主义的首创者。他提出种质连续论,认为多细胞的生物体是由体质和种质两部分组成,体质是由种质产生的,种质是世代连绵不绝的,环境只能影响体质,而不能影响种质,故获得性状不能遗传。这一论点在后来生物科学中,特别是在遗传学方面发生了重大而广泛的影响。但是这样把生物体绝对地划分为种质和体质是片面的,这种划分在植物界一般是不存在的,而在动物界也仅仅是相对的。

真正有分析的研究生物遗传和变异是从孟德尔开始的。1856—1864 年从事豌豆杂交试验,进行细致的后代记载和统计分析,1866 年发表了"植物杂交试验"论文,首次提出分离和独立分配两个遗传基本规律,认为性状遗传是受细胞里的遗传因子控制的。这一重要理论当时未能受到重视,直到 1900 年,才被狄·弗里斯、柴马克和柯伦斯三人同时发现。因此,1900 年孟德尔遗传规律的重新发现,被公认为是遗传学建立和开始发展的一年。贝特生 1906 年首先提出遗传学作为一个学科的名称。狄·弗里斯于 1901—1903 年发表了"突变学说"。约翰生于 1909 年发表了"纯系学说",并且最先提出"基因"一词,以代替孟德尔的遗传因子概念。在这个时期,细胞学和胚胎学已有很大的发展,对于细胞结构、有丝分裂、减数分裂、受精过程,以及细胞分裂过程中染色体的动态等都已经比较了解。在魏斯曼"种质论"的基础上,细胞学的资料和孟德尔遗传的规律很快地结合起来了。

1906 年贝特生等在香豌豆杂交试验中发现性状连锁现象。1910 年以后,摩尔根等用果蝇为材料进行了大量的遗传试验,同样发现性状连锁现象。于是结合研究细胞核中染色体的动态,创立了基因理论,证明基因位于染色体上,呈直线排列,因而提出连锁遗传规律,这已成为遗传学中的第三个基本规律。从而提出了染色体遗传理论,进一步发展为细胞遗传学。

1927 年穆勒和斯特德勒几乎同时采用 X 射线,分别诱发果蝇和玉米突变成功。1937 年布莱克斯利等利用秋水仙素诱导植物多倍体成功,为探索遗传变异开创了新的途径。并且在 20 世纪 30 年代随着玉米等杂种优势在生产上的利用,提出了杂种优势的遗传假说。

20 世纪 40 年代以后,遗传学开始了一个新的转折,主要表现在两个方面:一是理化因素诱变;二是以微生物为材料,研究基因的原初作用、精密结构、化学本质、突变机制以及细菌的基因重组、基因调控等。1941 年比德尔等人开始用红色面包霉(亦称粗糙型链孢霉或链孢霉)为材料,着重研究基因的生理和生化功能、分子结构及诱发突变等问题。比德尔等人的研究证明了基因是通过酶而起作用的,提出"一个基因一个酶"的假说,从而发展了微生物遗传学和生化遗传学。

20 世纪 50 年代前后,由于近代物理、化学等先进技术和设备的应用,在遗传物质的研究上取得了重大的进展;证实了染色体是由脱氧核糖核酸(DNA)、蛋白质和少量的核糖核酸(RNA)所组成,其中 DNA 是主要的遗传物质。1944 年阿委瑞用试验方法直接证明了 DNA 是转化肺炎球菌的遗传物质。1952 年赫尔歇和简斯在大肠杆菌的 T2 噬菌体内,用放射性同位素进行标记试验,进一步证明了 DNA 的遗传传递作用。特别重要的是 1953 年瓦特森和克里克通过 X 射线衍射分析的研究,提出 DNA 分子结构模式理论,这是遗传学发展史上一个重大的转折。这一理论为 DNA 的分子结构、自我复制、相对稳定性和变异性,以及 DNA 作为遗传信息的储存和传递等提供了合理的解释;明确了基因是 DNA 分子上的一个片断,从而奠定和促进了分子遗传学的迅速发展,进一步从分子水平上研究基因的结构和功能,揭示生物遗传和变异的奥秘。

20世纪70年代初,分子遗传学已成功地进行了人工分离基因和人工合成基因,开始建立了遗传工程这一个新的研究领域。它是采用类似于工程设计的方式,把基因在体外人工地进行剪接和搭配,然后引入不同物种的受体细胞中,定向地改变生物的遗传性状。遗传工程的发展,使人类在改变生物性状上将取得更多的自由,它的深远影响,不仅在于可以打破物种界限,克服远缘杂交的困难,能够有计划地培育出高产、优质、抗逆等优良的动植物和微生物品种,大幅度地提高农业和工业的生产;有效地治疗人类的某些遗传性疾病,并可能从根本上控制癌变细胞的发生,造福于人类。

20世纪90年代初,美国率先实施的"人类基因组计划",旨在测定人类基因组全部约32亿核苷酸对的排列顺序,构建控制人类生长发育的约3.5万个基因的遗传和物理图谱,确定人类基因组DNA编码的遗传信息。随后英国、法国、德国、意大利、丹麦也出巨资支持。不久,日本、前苏联、印度陆续成立相应机构。1999年中国争取到人类基因组合作任务,即第3号染色体的一段约30Mb项目,约占总体的1%。近几年来,人类、水稻等生物的基因组框架相继公布。

21世纪,遗传学的发展将进入"后基因组时代",将进一步阐明人类及其其他动植物的基因组编码的蛋白质的功能,弄清DNA序列所包含遗传信息的生物功能。开展分子标记(或DNA barcoding)、遗传转化(转基因)、基因克隆和测序等,特别是近几年兴起的第二代测序技术(next-generation sequencing)使短时间、低成本、高通量的获得基因组遗传信息成为可能,从而在一定程度上推动了遗传学的发展,遗传学研究也进入了基因组时代。

回顾遗传一百多年的发展历史,清晰地表明遗传学是一门发展极快的科学;差不多每隔10年,它就有一次重大的提高和突破。现代的遗传学已发展有30多个分支,如细胞遗传学、数量遗传学、发育遗传学、进化遗传学、辐射遗传学、医学遗传学、分子遗传学和遗传工程等。其中分子遗传学已经成为生物科学中最活跃和最有生命力的学科之一;而遗传工程将是分子遗传学中最重要的研究方向,采用这种新技术来改良种植的植物、饲养的动物以及微生物,将导致一次新的技术革命。无数的事实证明,遗传学的发展正在为人类的未来展示出无限灿烂美好的前景。

二维码1-1-2 遗传学在农业科学和生产发展中的作用(知识链接)

复习思考题

1.名词解释

遗传学　遗传　变异　可遗传的变异　不遗传的变异　人工选择　自然选择

2.遗传学研究的内容是什么?

3.遗传学的任务是什么?

4.简述遗传与变异的关系。

5.简述遗传与环境的关系。

6.简述遗传、变异与选择的关系。

Chapter 2

遗传的细胞学基础

> **知识目标**
>
> 1. 了解植物细胞的主要结构和功能。
> 2. 了解染色体是遗传物质的主要载体,并了解其形态、结构和数目特点。
> 3. 掌握细胞分裂与染色体的行为特点以及遗传意义。
> 4. 了解植物的繁殖方式及其特点。
> 5. 了解高等植物生活周期的过程与特点。
>
> **技能目标**
>
> 掌握作物根尖压片、花粉母细胞涂抹制片技术,能正确使用光学显微镜进行细胞分裂不同时期的观察与鉴别。

细胞(cell)是生物体结构和生命活动的基本单位。生物界除了病毒和噬菌体等最简单的生物外,所有的植物和动物,不论低等的还是高等的,都是由细胞构成的,生命活动也是以细胞为基础的。在生物的生命活动中,繁殖后代是一个重要的基本特征。通过繁殖生物才得以世代延续。而生物在繁殖过程中无论是无性繁殖,还是有性繁殖,都是通过一系列的细胞分裂来实现的。因此,为了研究生物遗传和变异的规律及其内在机理,需要了解细胞的结构和功能、细胞的分裂方式以及生物繁殖方式与遗传表现的关系。

不同生物的细胞结构存在差异。根据细胞结构的复杂程度,可把生物界的细胞分为两类:原核细胞和真核细胞。

原核细胞没有明显的细胞核结构。细胞外面是由蛋白聚糖构成的起保护作用的细胞壁,细胞壁内有细胞膜,细胞膜内为 DNA、RNA、蛋白质及其他小分子物质构成的细胞质,其DNA 存在的区域称为拟核,与细胞质间没有膜隔开。细胞质内也不存在细胞器,仅有核糖体。各种细菌、蓝藻等单细胞低等生物由原核细胞构成,统称为原核生物。

真核细胞有明显的核结构,核物质被核膜包被与细胞质隔开。真核生物细胞质内含有线粒体、叶绿体、内质网等各种有膜的细胞器。所有的高等植物、动物,以及单细胞藻类、真菌和原生动物等都具有这种真核细胞结构,统称为真核生物。在 200 余万种现存生物中,绝大多数都属于真核生物。

真核细胞虽因生物种类及器官或组织不同,在形态、大小上表现出多种多样的差别,但在普通光学显微镜下可以清晰地看到这类细胞的基本结构是很相似的,都是由细胞膜(cell membrane)、细胞质(cytoplasm)和细胞核(nucleus)三部分组成。图 1-2-1 为植物细胞模式图。

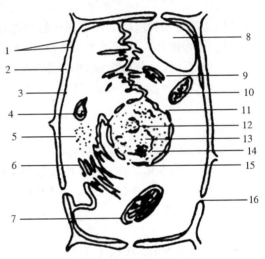

图 1-2-1　植物细胞模式图

1.细胞壁　2.胞间层　3.细胞质　4.溶酶体　5.核糖体
6.内质网　7.叶绿体　8.液泡　9.高尔基体　10.线粒体
11.细胞核　12.核仁　13.染色体　14.核液　15.核膜
16.胞间连丝

一、细胞膜

细胞膜是细胞质外包被细胞内原生质(protoplasm)的一层薄膜,简称质膜。细胞膜与细胞内所有的膜相结构一样,主要由蛋白质和磷脂组成,其中还含有少量的糖类物质、固醇类物质及核酸等。它的主要功能在于能主动而又有选择性的通透某些物质,既能阻止细胞内许多有机物质的渗出,同时又能调节细胞外一些营养物质的渗入。

植物细胞不同于动物细胞,在其质膜的外围还有一层由纤维素和果胶质等构成的细胞壁(cell wall)。构成细胞壁的物质是由细胞质分泌出来的,对植物细胞和植物体起保护和支持作用。在植物的细胞壁上有许多称为胞间连丝(plasmodesma)的微孔,它们是相邻细胞间的通道,是植物所特有的构造。通过电子显微镜可以看到,植物相邻细胞间的质膜是由许多胞间连丝穿过细胞壁联结起来的,因而相邻细胞的原生质是连续的。胞间连丝有利于细胞间的物质转运,并且大分子物质可以通过质膜上这些微孔从一个细胞进入另一个细胞。

▶ 二、细胞质

细胞质是在质膜内环绕着细胞核外围的原生质胶体溶液,内含许多蛋白质、脂肪、氨基酸及电解质;在细胞质中分布着蛋白纤丝组成的细胞骨架及各种细胞器。细胞骨架的主要功能是维持细胞的形状和运动,并使细胞器在细胞内保持一定的位置。细胞器是指细胞质内除了核以外的一些具有一定形态、结构和功能的物体。主要有线粒体、叶绿体、核糖体、内质网、高尔基体、中心体、溶酶体和液泡等,其中有些细胞器只是某些种类生物细胞所特有的。例如,中心体只是在动物和一些蕨类及裸子植物的细胞内发现;叶绿体只是绿色植物所特有。现已肯定线粒体、叶绿体、核糖体和内质网等具有重要的遗传功能。

1.线粒体

线粒体是动植物细胞质中普遍存在的细胞器。线粒体内含有多种氧化酶,能进行氧化磷酸化反应,可传递和贮存所产生的能量,因而成为细胞里氧化作用和呼吸作用的中心,是细胞的动力工厂。线粒体内含有 DNA、RNA 和核糖体,具有独立合成蛋白质的能力;还具有分裂增殖和突变的能力。因此,认为线粒体具有遗传功能,是细胞质遗传物质的载体之一。

2.叶绿体

叶绿体是绿色植物细胞中所特有的一种细胞器。叶绿体的主要功能是光合作用,利用光能和 CO_2 合成碳水化合物。叶绿体含有 DNA、RNA 及核糖体等,能够合成蛋白质,并且能够分裂增殖,还可以发生白化突变。这些特征都表明叶绿体具有特定的遗传功能,也是细胞质遗传物质的载体之一。

3.核糖体

核糖体是细胞质中一个极为重要的成分,在整个细胞重量上占有很大的比例。核糖体组成中蛋白质大约占 40%,RNA 占 60%,其中 RNA 主要是核糖体核糖核酸(rRNA),故亦称为核糖蛋白体。核糖体可以游离在细胞质中或核里,也可以附着在内质网上。已知核糖体是合成蛋白质的主要场所。

4.内质网

内质网是广泛分布于细胞质中以膜结构连接而成的网状管道系统,与核膜和质膜相通。部分内质网外面附有核糖体,是蛋白质合成的主要场所,并通过内质网将合成的蛋白质运送到细胞的其他部位。

▶ 三、细胞核

细胞核简称为核,一般为圆球形,由核膜、核液、核仁和染色质四部分组成。细胞核是遗传物质集聚的主要场所,对控制细胞发育和性状遗传起着主导作用。

1. 核膜

核膜是核的表面膜,通过它将核与细胞质分开。核膜上分布着核孔,连接内质网膜并与质膜相通,参与核与质之间的物质交流。在细胞分裂的前期,核膜开始解体,形成小泡状物,散布在细胞质中;到细胞分裂末期,核膜重新形成,并把核与细胞质分开。

2. 核液

核内充满着核液。在电子显微镜下观察,核液是分散在低电子密度构造中的直径为 $100 \sim 200$ nm 的小颗粒和微细纤维。由于这种小颗粒与细胞质内核糖体的大小类似,因此有人认为它可能是核内蛋白质合成的场所。在核液中含有核仁和染色质。

3. 核仁

核内一般有一个或几个核仁。核仁主要是由蛋白质和 RNA 聚集而成的,还可能存在类脂和少量的 DNA。在细胞分裂过程中,核仁有短时间的消失,以后又重新形成。一般认为核仁与核糖体的合成有关系,是核内蛋白质合成的重要场所。

4. 染色质和染色体

在细胞分裂间期的核中,可以见到许多被碱性染料染色后着色较深的、纤细的网状物,称为染色质。当细胞分裂时,核内的染色质卷缩而呈现为一定数目和形态的染色体。当细胞分裂结束进入间期时,染色体又逐渐松散而回复为染色质。所以说,染色质和染色体实际上是同一物质在细胞分裂过程中所表现的不同形态。染色体是核中稳定的组成部分,具有自我复制的能力,在细胞分裂过程中能出现连续而有规律性的变化,是遗传物质的主要载体,具有重要的遗传功能。

第二节 染色体的形态、结构和数目

在细胞分裂过程中,染色体的形态和结构表现为一系列规律性的变化,其中以有丝分裂中期染色体的表现最为明显和典型。因为在这个阶段染色体收缩到最粗最短的程度,并且分散地排列在赤道板上,最适于观察。故通常都以这个时期进行染色体形态的识别与研究。

一、染色体的形态特征

根据细胞学的观察,在外形上每个染色体都有一个着丝粒和被着丝粒分开的两个臂。在细胞分裂时,纺锤丝就附着在着丝粒区域,所以通常又称之为着丝点。各个染色体的着丝点位置是恒定的,着丝点的位置直接关系染色体的形态表现(图1-2-2)。因此,根据着丝点的位置可以将染色体分为中间着丝点染色体、近中着丝点染色体、近端着丝点染色体和端着丝点染色体,这几种染色体在细胞分裂后期由于纺锤丝向两极牵引会分别呈现 V 形、L 形、棒状或颗粒状(图1-2-3)。

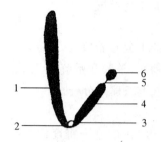

图 1-2-2　中期染色体形态示意图
1.长臂　2.主缢痕　3.着丝点
4.短臂　5.次缢痕　6.随体

图 1-2-3　后期染色体的形态
1.V 形　2.L 形
3.棒状　4.颗粒状

着丝点所在的区域是染色体的缢缩部分,称为主缢痕。在某些染色体的一个或两个臂上还常有另外的缢缩部位,称为次缢痕。某些染色体次缢痕的末端具有圆形或略呈长形的突出体,称为随体(图 1-2-2)。与着丝点一样次缢痕的位置和范围都是相对恒定的,通常在短臂的一端。这些形态特征也是识别某一特定染色体的重要标志。此外,染色体的次缢痕一般具有组成核仁的特殊功能,在细胞分裂时,它紧密联系着核仁,因而称为核仁组织中心。例如,玉米第 6 对染色体的次缢痕就明显地联系着一个核仁。

不同物种和同一物种的染色体之间大小差异都很大。染色体大小差异主要指长度而言,在宽度上同一物种的染色体大致是相同的。一般染色体长度为 $0.2\sim50.0\ \mu m$,宽度为 $0.2\sim2.0\ \mu m$。在高等植物中,单子叶植物一般比双子叶植物的染色体大些。如玉米、小麦、大麦和黑麦等作物的染色体比较大;而棉花、苜蓿、三叶草等作物的染色体较小。

二、染色体的结构

染色体的基本结构是染色体在细胞分裂的间期所表现的形态,呈纤细的丝状结构,故亦称为染色质线。在真核生物中,它是脱氧核糖核酸(DNA)和蛋白质及少量核糖核酸(RNA)组成的复合物,其中 DNA 的含量约占染色质重量的 30%。蛋白质包括组蛋白和非组蛋白两类。组蛋白是与 DNA 结合的碱性蛋白,除精子等少数细胞外,为所有生物和细胞所共有。组蛋白与 DNA 的含量比率大致相等,是很稳定的,在染色质结构上具有决定的作用。而非组蛋白在不同细胞间变化很大,在决定染色体结构中作用不是很大,它们可能与基因的调控有关。

进入细胞分裂期,染色质逐渐卷缩而呈现为一定数目和形态的染色体。由染色质卷缩成染色体这一过程,贝克(A. L. Bak 1977)等提出了染色质螺旋化的四级结构模型(图 1-2-4)。

1.核小体
双链 DNA 按一定方式盘绕在组蛋白分子上形成念珠状结构的核小体,直径约 10 nm。核小体是染色质的基本结构单位,为染色体的一级结构。

2.螺旋体
核小体的长链螺旋化形成中空、线状结构的螺线管,直径约为 30 nm。螺旋体为染色体的二级结构。

3.超螺旋体

螺旋体再螺旋化形成圆筒状结构的超螺旋体,直径约为 400 nm。超螺旋体为染色体的三级结构。

4.染色体

超螺旋体进一步螺旋化卷缩成为一定形态的染色体,即为染色体的四级结构。

由染色线通过反复螺旋化盘绕卷缩形成染色体,其长度缩短了 8 000～10 000 倍。

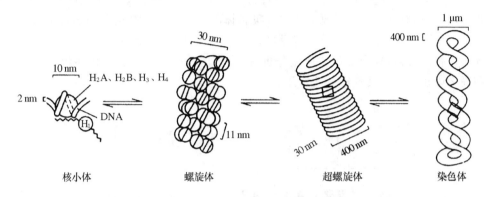

图 1-2-4 由染色质螺旋化的四级结构模型

根据染色反应,间期细胞核中的染色质可以区分为异染色质和常染色质两种。异染色质是染色质线中染色很深的区段,常染色质是染色较浅的区段。据分析异染色质和常染色质在化学性质上并没有什么差别,只是核酸的紧缩程度及含量上不同。并且根据电子显微镜的观察,二者在结构上是连续的。在细胞分裂间期异染色质区的染色质线仍然是高度螺旋化而紧密卷缩的,故能着色很深;而常染色质区的染色质表现为脱螺旋呈松散状态,故着色较浅。在同一染色体上所表现的这种差别称为异固缩现象。染色体的这种结构与功能密切相关,常染色质可经转录表现出活跃的遗传功能,而异染色质一般不编码蛋白质,只对维持染色体结构的完整性起作用。由染色质卷曲压缩形成的染色体,也会像染色质一样出现异染色质区和常染色质区。不同的生物各个染色体所呈现的异染色质区和常染色质区的分布是不同的,因此根据染色后的显带表现可以区分不同的染色体。

▶ 三、染色体的数目

各种生物的染色体数目都是恒定的,并且在体细胞中是成对存在的,在性细胞中则是成单存在的。体细胞的染色体数目是其性细胞的两倍,通常分别以 $2n$ 和 n 表示。例如,水稻 $2n=24,n=12$;普通小麦 $2n=42,n=21$;玉米 $2n=20,n=10$;茶树 $2n=30,n=15$;家蚕 $2n=56,n=28$;人类 $2n=46,n=23$。每一对染色体的形态和结构是相同的,称为同源染色体。形态结构不同的各对染色体之间互称为非同源染色体。

各物种的染色体数目往往差异很大。动物中的马蛔虫只有 1 对染色体,而有一种蝴蝶则有 191 对染色体。在被子植物中,有的菊科植物也只有 2 对染色体,但在隐花植物瓶尔小草属的一些物种含有 400～600 对以上的染色体。被子植物常比裸子植物的染色体数目多些。染色体数目的多少与该物种的进化程度一般并无关系。但是,染色体的数目和形态特征对于鉴定系统发育过程中物种间的亲缘关系,特别是对植物近缘类型的分类具有重要的意义。

同一个体中细胞的染色体组成(染色体的形态、结构、数目)是完全一样的。在正常情况下,同一物种细胞的染色体组成也相同。随着染色体技术的发展,可以更确切地鉴定各对染色体。利用吉姆萨、芥子喹吖因等染料进行染色,可使各对染色体呈现出不同的染色带型或荧光区域,从而可以在染色体长度、着丝点的位置、长短臂比、随体有无等特征的基础上,进一步根据染色显带表现区分出各对染色体,并予以分类和编号。例如,人类的染色体有23对(2n=46),其中22对为常染色体,另一对为性染色体(X和Y染色体的形态大小和染色表现均不同)。目前国际上已根据人类各对染色体的形态特征及其染色的显带表现,把它们划分为7组(A、B、…、G),分别予以编号(图1-2-5)。这种对生物细胞核内全部染色体的形态特征所进行的分析,称为染色体组型分析,或称核型分析。人类的染色体组型分析,对于鉴定和确诊染色体疾病具有重要的作用。

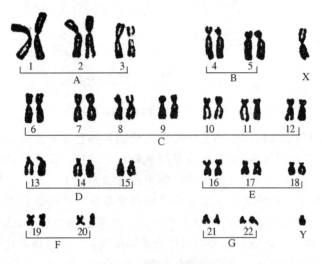

图 1-2-5　男性染色体核型
(引自 Russell, 2000)

第三节　细胞分裂与染色体行为

细胞分裂是生物进行生长和繁殖的基础。细胞分裂的方式可分为有丝分裂和无丝分裂两种。无丝分裂也称直接分裂,分裂过程中不出现染色体有规律变化,只是细胞核拉长后缢裂成两部分,接着细胞质也分裂,形成两个细胞。因为在整个分裂过程中看不到纺锤丝,故称为无丝分裂。无丝分裂是低等生物如细菌等的主要分裂方式。而高等生物的细胞分裂主要是以有丝分裂的方式进行。

一、有丝分裂与染色体行为

(一)有丝分裂的过程

有丝分裂是一种体细胞的分裂方式。在有丝分裂过程中细胞核和细胞质都发生很大变化,尤其是核内染色体变化最明显。根据核内染色体变化特征,把有丝分裂过程分为四个时期(图1-2-6),即前期、中期、后期和末期。两次细胞分裂之间的时期称为间期。

1.间期

此期在光学显微镜下观察能看到细胞核内有许多染色质,但不见染色体。根据细胞化学的研究证明,间期的核是处于高度活跃的生理、生化代谢状态。在间期不仅进行遗传物质的复制,而且与 DNA 相结合的组蛋白也在加倍合成,同时还进行着能量的储备,为细胞分裂做准备。

2.前期

细胞核内出现细长而卷曲的染色体,以后逐渐缩短变粗。每个染色体有两个染色单体,表明此时染色单体已经自我复制,但染色体的着丝点尚未分裂。这时核仁和核膜逐渐模糊不明显。在前期末从细胞两极出现纺锤丝。

3.中期

核仁和核膜消失,核与细胞质已无可见的界限,细胞内出现由纺锤丝构成的纺锤体。各个染色体的着丝点均排列在纺锤体中央的赤道板上,其两臂则分散在赤道板的两侧。此期的染色体形状最典型,是进行染色体鉴别和计数的最佳时间。

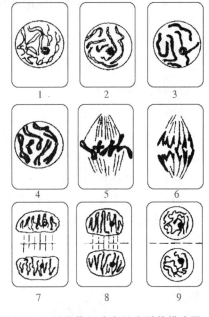

图 1-2-6 植物体细胞有丝分裂的模式图
1.极早前期 2.早前期 3.中前期
4.晚前期 5.中期 6.后期
7.早末期 8.中末期 9.晚末期

4.后期

每个染色体的着丝点分裂为二,染色单体各自独立,并随纺锤丝的收缩牵引分别移向两极,使两极各具有与母细胞同样数目的染色体。

5.末期

在两极围绕着染色体出现新的核膜,染色体又变得松散细长,核仁重新出现,接着细胞质分裂,纺锤体的赤道板区域形成细胞膜。此时一个母细胞分裂为两个子细胞,并且又进入间期状态。

有丝分裂的全过程所经历的时间因物种和外界环境条件而不同,一般以前期的时间最长,可持续 1～2 h;中期、后期和末期的时间都较短,5～30 min。例如,同在 25℃条件下,豌豆根尖细胞的有丝分裂时间约为 83 min,而大豆根尖细胞的有丝分裂时间约为 114 min。同一蚕豆根尖细胞,在 25℃下有丝分裂时间约为 114 min,而在 3℃下则为 880 min。

(二)有丝分裂的遗传学意义

首先是核内每个染色体准确地复制分裂为二,为形成的两个子细胞在遗传组成上与母细胞完全一样提供了基础。其次是复制的各对染色体有规则而均匀地分配到两个子细胞中去,从而使两个子细胞与母细胞具有同样质量和数量的染色体。这种均等方式的有丝分裂既维持了个体的正常生长和发育,也保证了物种的连续性和稳定性。植物采用无性繁殖所获得的后代能保持其母本的遗传性状,就在于它们是通过有丝分裂而产生的。

对细胞质而言,在有丝分裂过程中虽然线粒体、叶绿体等细胞器也能复制、增殖。但是它们原先在细胞质中分布是不均匀的,数量也是不恒定的,因而在细胞分裂时它们是随机而不均等地分配到两个子细胞中去。由此可知,任何由线粒体、叶绿体等细胞器所决定的遗传表现,是不可能与染色体所决定的遗传表现具有同样的规律性。

▶ 二、减数分裂与染色体行为

(一)减数分裂的过程

数分裂又称为成熟分裂,是在性母细胞成熟时,配子形成过程中所发生的一种特殊的有丝分裂。细胞分裂两次而染色体只复制一次,形成的子细胞染色体数目减半,由 $2n$ 减为 n。减数分裂形成的子细胞以后发育成性细胞(配子),通过受精后精卵细胞结合,合子又恢复了体细胞的正常染色体数($2n$),从而保证了物种在在繁殖过程中染色体数目的恒定性。

减数分裂的主要特点首先是各对同源染色体在细胞分裂的前期配对,或称为联会。其次是性母细胞进行了两次分裂:第一次是减数的,第二次是等数的。减数分裂的整个过程(图 1-2-7)概述于下:

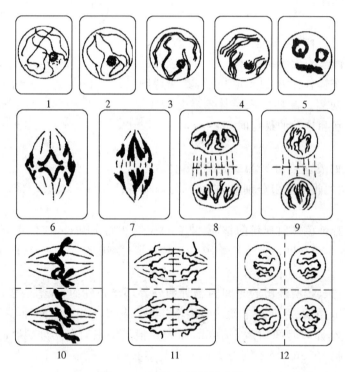

图 1-2-7　减数分裂的模式图

1.细线期　2.偶线期　3.粗线期　4.双线期　5.终变期　6.中期Ⅰ
7.后期Ⅰ　8.末期Ⅰ　9.前期Ⅱ　10.中期Ⅱ　11.后期Ⅱ　12.末期Ⅱ

第一次分裂(Ⅰ):可分为四个时期。

前期Ⅰ:此期核内染色体的变化较为复杂,又可细分为 5 个时期。

1.细线期

核内出现细长如线的染色体,由于染色体在间期已经复制,这时每个染色体都是由共同

作物遗传育种

的一个着丝点联系着的两条染色单体所组成。

2.偶线期

各同源染色体分别配对,出现联会现象。$2n$ 个染色体经过联会而成为 n 对染色体。各对染色体的对应部位相互紧密并列,逐渐沿着纵向联结在一起,这样联会的一对同源染色体,称为二价体。

3.粗线期

二价体逐渐缩短加粗,由于二价体实际上已经包含了 4 条染色单体,故又称为四合体。在二价体中一个染色体的两条染色单体,互称为姊妹染色单体;而不同染色体的染色单体,则互称为非姊妹染色单体。在粗线期发生非姊妹染色单体间片断交换,从而将造成遗传物质的重组。

4.双线期

四合体继续缩短变粗,各个联会了的二价体虽因非姊妹染色单体相互排斥而松懈,但由于某些片段在粗线期发生了交换,仍被交叉联结。

5.终变期

染色体变得更为浓缩和粗短,并且每个二价体分散在整个核内,此时是鉴定染色体数目的良好时期。

中期Ⅰ:核仁和核膜消失,细胞质里出现纺锤体,纺锤丝与各染色体的着丝点连接。各对同源染色体分散排列在赤道板的两侧,着丝点分别对向相反的两极。此时也是鉴定染色体数目的最佳时期。

后期Ⅰ:由于受附着在各个同源染色体着丝点上的纺锤丝的牵引,二价体各自分开。二价体的两个同源染色体分别被向两极拉开,每极只有各对同源染色体中的一个,实现了染色体数目的减半(由 $2n$ 到 n)。此时每个染色体仍包含两条染色单体,其着丝点尚未分裂。

末期Ⅰ:染色体移到两极后松散变细,逐渐形成两个子核。同时细胞质分为两部分,形成两个子细胞,称为二分体。在末期Ⅰ后大都有一个短暂停顿时期,称为中间期。此期与有丝分裂的间期不同的是时间很短,而且 DNA 不复制,所以中间期的前后 DNA 含量没有变化。在很多动物中几乎没有中间期,而是在末期Ⅰ后紧接着就进入下一次分裂。

第二次分裂(Ⅱ):与一般的有丝分裂相似,也可以分为四个时期。

前期Ⅱ:每个染色体有两条染色单体,仍由着丝点连接,但染色单体彼此散开。

中期Ⅱ:每个染色体的着丝点整齐地排列在赤道板上。纺锤体再次形成,着丝点开始分裂。

后期Ⅱ:着丝点分裂为二,各个染色单体由纺锤丝分别拉向两极。

末期Ⅱ:拉到两级的染色体形成新的子核,同时细胞质又分为两部分。这样经过两次分裂,形成四个子细胞,称为四分体或四分孢子。各个子细胞的染色体数为母细胞的 1/2,即从 $2n$ 减数为 n。

(二)减数分裂的遗传学意义

其一,减数分裂时核内染色体严格按照一定的规律变化,经过两次连续的分裂,而遗传物质只复制了一次。形成四个子细胞,以后发育为雌雄性细胞。因此,各雌雄性细胞只具有半数的染色体(n)。通过受精过程,雌雄性细胞结合形成合子,又恢复为全数的染色体($2n$)。从而保证了亲代与子代之间染色体数目的恒定性,为后代的正常发育和性状遗传提供了物质基础,同时保证了物种相对的稳定性。

其二,各对同源染色体在减数分裂中期Ⅰ排列在赤道板上,然后分别向两极拉开,而各对染色体中的两个成员在后期Ⅰ分向两极时是随机的,即一对染色体的分离与另一对染色体的分离彼此独立,各个非同源染色体之间均可能自由组合在一个子细胞里。n 对染色体就可能有 2^n 种自由组合方式。例如,水稻 $n=12$,其非同源染色体分离时的可能组合数即为 $2^{12}=4\,096$。这说明各个细胞之间在染色体组成上将可能出现多种多样的组合。

二维码 1-2-1　有丝分裂与减数分裂区别图解（知识链接）

其三,在减数分裂前期Ⅰ可能发生同源染色体的非姊妹染色单体之间的片段交换,将产生遗传物质重新组合,增加差异的复杂性。这些都为生物的变异提供了重要的物质基础,有利于生物的适应及进化,并为人工选择提供了丰富的材料。

第四节　植物的繁殖

植物的繁殖方式可分为无性繁殖和有性繁殖两类。无性繁殖(asexual reproduction)是通过亲本营养体的分割而产生许多后代个体,这一方式也称为营养体繁殖。例如,植物利用块茎、鳞茎、球茎、芽眼和枝条等营养体产生后代,都属于无性繁殖。无性繁殖是通过体细胞的有丝分裂而繁殖的,后代具有与亲代相同的遗传组成,因而能保持与亲代相似的遗传性状。有性繁殖(sexual reproduction)是通过亲本的雌配子和雄配子受精而形成合子,随后进一步分裂、分化和发育而产生后代。有性繁殖是高等植物的一种重要的繁殖方式,大多数植物都能进行有性繁殖。

▶ 一、高等植物雌雄配子的形成

高等植物有性繁殖的全部过程都是在花器里进行的(图 1-2-8)。由雄蕊和雌蕊内的孢原细胞经过减数分裂,形成雄性配子和雌性配子,即精子和卵细胞(图 1-2-9)。

(一)雄配子的形成过程

雄蕊的花药中分化出孢原组织,进一步分化为花粉母细胞($2n$),也称为小孢子母细胞,经过减数分裂形成四分孢子(n),发育成 4 个小孢子,小孢子进一步发育形成花粉粒。在花粉粒的发育过程中,先是经过一次有丝分裂,形成营养细胞和生殖细胞,而生殖细胞又经过一次有丝分裂,才成为一个成熟的花粉粒,其中包括两个精细胞(n)和一个营养核(n)。这样的一个成熟的三核花粉粒在

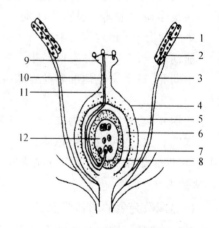

图 1-2-8　植物的雌蕊和雄蕊

1.花粉粒　2.花药　3.花丝　4.子房
5.子房壁　6.珠被　7.珠心　8.珠孔
9.柱头　10.花柱　11.花粉管　12.胚囊

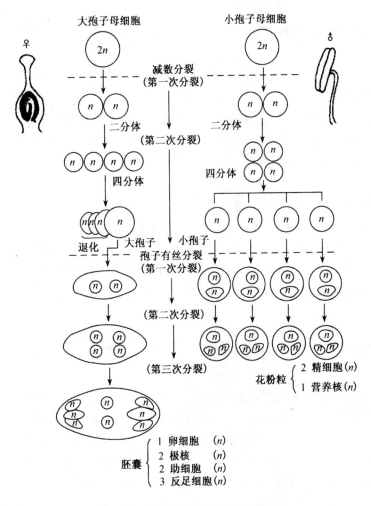

图 1-2-9　高等植物雌雄配子形成过程

植物学上称为雄配子体。

雄蕊的花药中分化出孢原组织,进一步分化为花粉母细胞($2n$),也称为小孢子母细胞,经过减数分裂形成四分孢子(n),发育成 4 个小孢子,小孢子进一步发育形成花粉粒。在花粉粒的发育过程中,先是经过一次有丝分裂,形成营养细胞和生殖细胞,而生殖细胞又经过一次有丝分裂,才成为一个成熟的花粉粒,其中包括两个精细胞(n)和一个营养核(n)。这样的一个成熟的三核花粉粒在植物学上称为雄配子体。

(二)雌配子的形成过程

在雌蕊子房里着生胚珠,由胚珠的珠心组织分化为胚囊母细胞($2n$),也称为大孢子母细胞。再由一个大孢子母细胞经过减数分裂形成直线排列的 4 个大孢子(n),即四分孢子。其中近珠孔的 3 个大孢子的养分被吸收而自然解体,只有一个远离珠孔的大孢子继续发育,其核连续通过三次有丝分裂,形成有 8 个核的胚囊,其中 3 个反足细胞、2 个助细胞、2 个极核和 1 个卵细胞。这样由 8 个核组成的胚囊在植物学上称为雌配子体。

◉ 二、授粉、受精与种子的形成

雄配子(精子)与雌配子(卵细胞)融合为一个合子称为受精(fertilization)。植物在受精前有一个授粉的过程,就是指成熟的花粉粒落在雌蕊柱头上。授粉后,花粉粒在柱头上萌发,形成花粉管,并穿过花柱、子房和珠孔进入胚囊。当2个精核与花粉管内含物一起进入胚囊时,其中一个精核(n)与卵细胞(n)受精结合成为合子($2n$),以后发育成胚;另一个精核(n)与2个极核($n+n$)结合成为胚乳核($3n$),以后发育为胚乳。这一过程称为被子植物的双受精。

通过双受精而最后发育成种子,这是种子植物的特点。种子的主要组成部分是胚、胚乳和种皮。胚和胚乳是双受精的产物,但种皮并不是受精的产物。双子叶植物的种皮是由胚珠的珠被组织形成的,单子叶植物中禾本科植物颖果上的种皮很薄,常与果皮合生不易区分。就遗传组成而言,胚和胚乳是真正雌雄配子受精结合的产物,而种皮或果皮只是母体组织的一部分。因此,通常一个种子可以说是由胚($2n$)、胚乳($3n$)和母体组织($2n$)三方面结合的嵌合体。

◉ 三、直感现象

根据上述双受精过程,已知胚乳细胞是$3n$,其中$2n$来自极核,n来自精核。如果在$3n$胚乳的性状上由于精核的影响而直接表现父本的某些性状,这种现象称为胚乳直感或花粉直感。一些单子叶植物的种子常出现这种胚乳直感现象。例如,以玉米黄粒的植株花粉给白粒的植株授粉,当代所结子粒即表现父本的黄粒性状。同样,以胚乳为非甜质的植株花粉给甜质的植株授粉,或以胚乳为非糯性的植株花粉给糯性的植株授粉,在杂交当代所结的种子上都会出现明显的胚乳直感现象。

如果种皮或果皮组织在发育过程中由于花粉影响而表现父本的某些性状,则称为果实直感。例如,棉花纤维是由种皮细胞延伸的。在一些杂交试验中,当代棉籽的发育常因父本花粉的影响,而使纤维长度、纤维着生密度表现出一定的果实直感现象。

胚乳直感和果实直感虽然由于花粉是否参与受精而有明显的区别,但是它们都同样是由花粉影响而引起的直感现象。

◉ 四、无融合生殖

雌雄配子不发生核融合的一种无性生殖方式,称为无融合生殖(apomixis)。它被认为是有性生殖的一种特殊方式或变态。由于其产生的后代只具有父本或母本一方的遗传物质,因而只表现父本或母本一方的性状。无融合生殖现象在动物界和植物界都有存在,但在植物界更为普遍。无融合生殖可以分为营养的无融合生殖、无融合结子、单性结实。

(一)营养的无融合生殖

营养的无融合生殖包括那些代替有性生殖的营养生殖类型。例如,大蒜的总状花序上

作物遗传育种

常形成近似种子的气生小鳞茎,可代替种子而繁殖。

(二)无融合结子

无融合结子是指能产生种子的无融合生殖。主要包括单倍配子体无融合生殖、二倍配子体无融合生殖和不定胚等三种类型。

1.单倍配子体无融合生殖

是指雌雄配子体不经过正常受精而产生单倍体胚(n)的一种生殖方式,简称为单性生殖。凡由卵细胞未经受精而直接发育成有机体的生殖方式称为孤雌生殖,由雄核直接发育成有机体的方式则称为孤雄生殖。孤雄生殖的产生一般是精子入卵后尚未与卵核融合,而卵核即发生退化、解体,雄核取代了卵核的地位,在卵细胞质内发育成仅具有父本染色体的胚。近年来,通过花药或花粉的离体培养,利用植物花粉发育潜在的全能性而诱导产生单倍体植株,也就是人为创造孤雄生殖的一种方式。

2.二倍配子体无融合生殖

从二倍体的配子体发育而成孢子体的无融合生殖类型称为二倍配子体无融合生殖。胚囊是由造孢细胞形成或者由邻近的珠心细胞形成,由于没有经过减数分裂,故胚囊里所有核都是二倍体($2n$),因此又称为不减数的单性生殖。

3.不定胚

不定胚是最简单的一种无融合结子方式。它直接由珠心或珠被的二倍体细胞产生胚,完全不经过配子阶段。这种现象在柑橘类中往往是与配子融合同时发生的。柑橘类中常出现多胚现象,其中有一个胚是正常受精发育而成的,其余的胚则是由珠心组织中二倍体的体细胞进入胚囊发育而形成的不定胚。

(三)单性结实

单性结实是在卵细胞没有受精,但在花粉的刺激下果实也能正常发育的现象。葡萄和柑橘的一些品系常有自然发生的单性结实。利用生长素代替花粉的刺激也可能诱导单性结实,番茄、烟草和辣椒等植物也有这种现象。

▶ 五、高等植物的生活周期

生物个体发育的全过程即称为生活周期(life cycle)。高等植物的一个完整的生活周期是指从种子胚到下一代种子胚的过程。在这一周期中无性世代和有性世代交替发生,故又称为世代交替(alternation of generations)。现以玉米为例(图1-2-10)说明高等植物的生活周期。由图1-2-10可见,高等植物从受精卵(合子)发育成一个完整的绿色植株,是孢子体的无性世代,也称为孢子体世代。这个世代中体细胞的染色体是二倍体($2n$),每个细胞中都含有来自雌性配子和雄性配子的一整套单倍数的染色体。孢子体发育到一定程度以后,在孢子囊(花药和胚珠)内发生减数分裂,产生单倍体的小孢子(n)和大孢子(n),这是有性世代开始,也称为配子体世代。雌雄配子受精结合形成合子($2n$)以后,遂即完成有性世代,又进入无性世代。高等植物的配子体世代是很短暂的,而且它是在孢子体内度过的。在高等植物的生活周期中大部分时间是孢子体体积的增长和组织的分化。

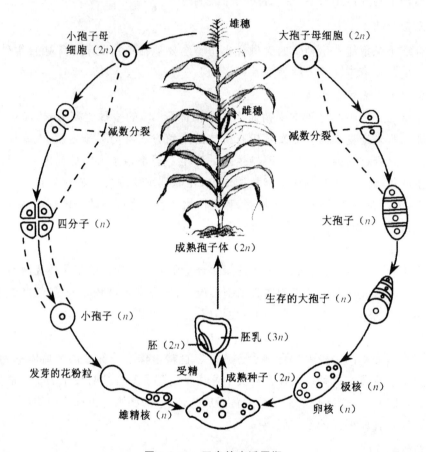

图 1-2-10　玉米的生活周期

二维码 1-2-2　细胞的发现
及细胞学说
（知识链接）

在整个生活周期中,孢子体世代(无性世代)与配子体世代(有性世代)的相互交替,恰与这两个世代中染色体数目的变化是一致的,因而能保证各物种染色体数目的恒定性,从而保证各物种遗传性状的稳定性。

❓复习思考题

1. 名词解释

同源染色体　非同源染色体　姊妹染色单体　非姊妹染色单体　联会　雄配子体　雄配子　雌配子体　有性繁殖　无性繁殖　无融合生殖　胚乳直感　果实直感。

2. 一般染色体的外部形态包括哪些部分? 染色体形态有哪些类型?

3. 玉米体细胞里有 10 对染色体,下列各组织的细胞中染色体数目是多少?

　　(1)叶　　(2)根　　(3)胚乳　　(4)胚囊母细胞　　(5)胚
　　(6)卵细胞　　(7)反足细胞　　(8)花药壁　　(9)花粉管核

4. 植物的双受精是如何进行的? 种子的形成有哪些特点?

5.有丝分裂和减数分裂有什么不同？各有哪些重要的遗传学意义？

6.在一个杂种细胞里含有 Aa、Bb、Cc 三对同源染色体,其中 A、B、C 来自父本,a、b、c 来自母本。试问通过减数分裂能形成几种配子？有哪几种染色体的组成类型？

7.什么是直感现象？并解释其产生的原因。

Chapter 3

遗传物质的分子基础

▶ **知识目标**

1. 了解核酸是遗传物质,掌握核酸的化学结构与自我复制过程。

2. 掌握遗传信息与遗传密码的概念,了解蛋白质合成过程。

3. 了解基因的本质及表达调控过程。

4. 了解遗传工程的概念,掌握基因工程的操作方法步骤。

▶ **技能目标**

1. 能够从分子水平解释遗传物质的本质及遗传现象。

2. 设计一个遗传工程操作的案例。

我们知道染色体是细胞核中载有遗传信息的物质,又在亲代和子代中具有连续性,它的成分主要由 DNA 和蛋白质组成。那么,染色体中的这两种成分究竟谁是遗传物质。无数事实证明,除少数不含 DNA,而含 RNA 的生物,RNA 是遗传物质以外,其他绝大多数的生物,主导生命的遗传物质均是 DNA。

第一节　DNA 作为主要遗传物质的证据

根据化学分析,染色体(chromosome)的主要成分由蛋白质(包括组蛋白和非组蛋白)、脱氧核糖核酸(DNA)和核糖核酸(RNA)三种不同类型的物质所组成,此外还含有少量的无机物质如钙、镁等。现在已经知道,除少数不含 DNA 的生物(如病毒)以 RNA 为遗传物质外,绝大多数具有细胞结构的生物,都以 DNA 为遗传物质。

一、间接证据

1. DNA 含量的恒定性

DNA 是所有生物染色体所共有的成分,而组成染色体成分的蛋白质则不尽然。所有的生物不同组织的细胞,无论年龄大小、功能如何,在一定条件下,每个细胞核的 DNA 含量基本相同,配子中 DNA 的含量正好是体细胞的一半,多倍体细胞中 DNA 的含量与染色体的倍数成正比,但细胞里的蛋白质并未有相似的分布规律。

2. DNA 的代谢稳定性

用放射性同位素跟踪,发现某一种元素的原子一旦成为 DNA 分子的组成成分,在细胞的正常生长中,这种元素不会离开 DNA,而细胞中的其他成分则常常是形成快,分解也快,这说明 DNA 在分子水平上保持它的相对稳定性。

3. DNA 的自我复制性

DNA 分布在细胞核的染色体内,是染色体的主要成分,在某些能自我复制的细胞器里都有自己的 DNA 分子,而细胞内的蛋白质、脂肪及糖都不能产生类似自己得物质,只有由其他物质来合成;唯独 DNA 能利用周围物质由一个分子变成两个分子,进行自我复制,这种独特的特性使 DNA 能够成为遗传物质,担负起生命延续的使命。

4. 基因突变与 DNA 分子变异有关

引起 DNA 结构改变的物理、化学和生物因素都有可能发生基因突变,用不同的波长的紫外线来诱发细菌、真菌、果蝇、玉米等生物,最有效的波长均是 260 nm,这与 DNA 对紫外线的吸收光谱是一致的,即在 260 nm 时 DNA 吸收量最大。由于 DNA 吸收了它所要求的光谱,所以才引起突变。这说明了基因突变与 DNA 分子的变异有关。

二、直接证据

1. 肺炎双球菌的转化实验

肺炎双球菌有许多不同的类型,其中,一种类型的菌株的每一个细胞外都有胶状荚膜,保护菌株不受宿主破坏,其菌落光滑,有毒性,能引起人的肺炎和小鼠的败血症,称S型;另一种类型的菌株细胞外没有荚膜,菌落粗糙、无毒,不致病,称为R型。1928年英国格里费斯对小家鼠进行了肺炎双球菌感染试验,实验过程与结果如下:

(1)用少量活的无毒R型细菌注射到小家鼠体内,小家鼠未被感染。

(2)用少量活的有毒S型细菌注射到小家鼠体内,小家鼠败血而死掉。

(3)用高温杀死有毒S型细菌注射到小家鼠体内,小家鼠也未被感染。

(4)用高温杀死有毒S型细菌与活的少量无毒R型细菌混合后,注射到小家鼠体内,小家鼠也败血死掉。

尸检结果分离出来的肺炎双球菌均是活的有毒S型细菌,没有无毒的R型细菌。唯一的解释就是被高温杀死的有毒S型细菌中的某些物质能够使无毒R型细菌转化成致病的有毒S型细菌。如图1-3-1所示。

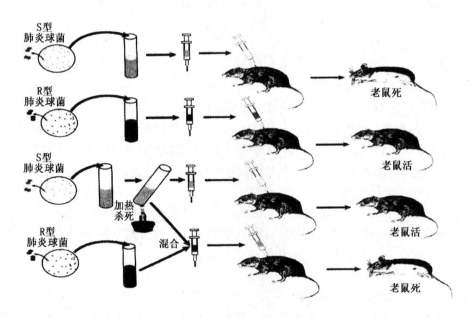

图 1-3-1　肺炎双球菌的转化实验

转化就是指一种细菌由于吸收了从另一细菌品系分离得来的DNA(转化因子)而发生遗传性状定向改变的现象。1944年,美国艾弗里(Avery)等从有毒S型菌的抽提液中部分纯化了转化因子,证明它是DNA,利用此DNA样品加入无毒R型细菌的培养物中,得到的菌落中含有有毒S型菌。这个实验证明了使肺炎链球菌的遗传性发生改变的转化因子是DNA,而不是蛋白质。

2. 噬菌体侵染细菌实验

噬菌体是一类侵害细菌(包括放线菌)的病毒,又称细菌病毒。由约60%蛋白质和约40%DNA两种物质组成,其外壳是蛋白质,壳内是DNA,如图1-3-2所示。

噬菌体在没有活细菌的情况下是不能繁殖的。它浸染大肠杆菌时,首先噬菌体的尾端吸附在细菌的表面,然后噬菌体通过尾轴将DNA全部注入细菌体内,而蛋白质外壳则留在细菌体外,不起作用。噬菌体的DNA在细菌体内利用细菌的化学成分合成噬菌体自

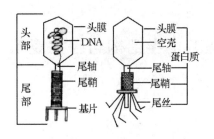

图 1-3-2　噬菌体结构图

身的 DNA 和蛋白质,新合成的 DNA 和蛋白质外壳组装出很多个与亲代一模一样的子代噬菌体。最后,这些噬菌体由于细菌的解体而被释放出来,再去浸染其他的细菌。如图 1-3-3 所示。

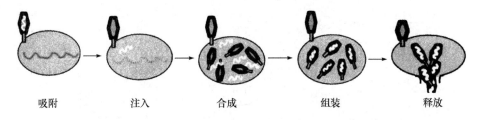

图 1-3-3　噬菌体侵染细菌过程示意图

　　分别用 ^{35}S 和 ^{32}P 标记噬菌体,因为 S 仅存于蛋白质中,而 99% 的 ^{32}P 则存在于 DNA 分子中。得到如下结果(表 1-3-1)。

表 1-3-1　^{35}S 和 ^{32}p 标记噬菌体的实验结果

亲代噬菌体	寄主细胞内	子代噬菌体
^{32}P 标记 DNA	有 ^{32}P 标记 DNA	DNA 有 ^{32}P 标记
^{35}S 标记蛋白质	无 ^{35}S 标记蛋白质	外壳蛋白质无 ^{35}S 标记

　　结果看出,噬菌体感染细菌时主要是 DNA 进入细菌体,而蛋白质则留在体外,说明噬菌体的各种性状是通过 DNA 传递给后代的,DNA 才是遗传物质。

　　3．烟草花叶病毒(TMV)的重建试验

　　TMV 病毒是由圆筒形的蛋白质外壳及壳内盘旋的单链 RNA 分子组成,没有 DNA。当把 TMV 病毒放在水和苯酚液中振荡,就可将组成病毒的蛋白质外壳和 RNA 这两种成分区分开来,然后分别用蛋白质和 RNA 接种到烟草叶子,进行感染。结果表明:单纯用病毒的蛋白质接种进行感染的烟草,烟草继续保持健壮,而用病毒的 RNA 接种进行感染的烟草,则形成新的花叶病毒(TMV),使烟草发病,且叶片上形成的病斑形状与完整的病毒所引起的病斑一样。说明在烟草花叶病毒中。RNA 是遗传物质,而不是蛋白质。

　　以上三个实例直接表明,DNA 是生物的遗传物质,在缺乏 DNA 的生物中,RNA 则为遗传物质。

第二节 核酸的化学结构与自我复制

▶ 一、核酸的化学结构

核酸是一种高分子化合物,是由许多个单核苷酸聚合而成的多核苷酸链。每个核苷酸是由一个五碳糖、一个环状含氮碱基和一个磷酸基团结合形成,若干个核苷酸聚合后就形成核酸。如图 1-3-4 所示。

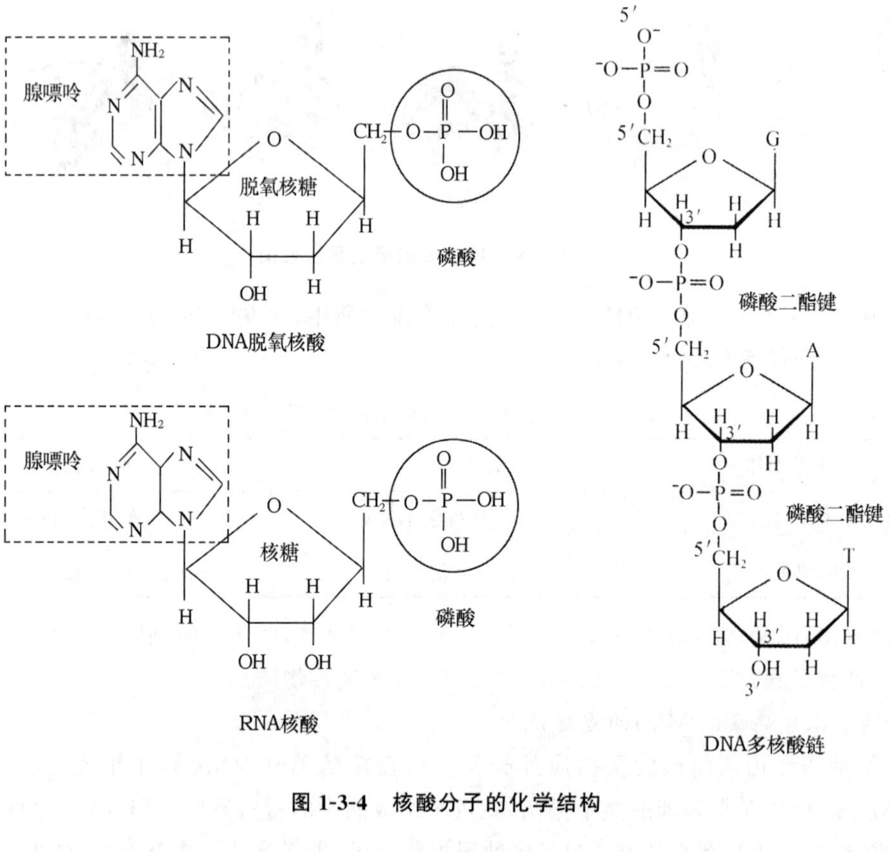

图 1-3-4　核酸分子的化学结构

核酸分为两大类,即脱氧核糖核酸(DNA)和核糖核酸(RNA)。这两种核酸的主要区别DNA 含有的糖五碳是脱氧核糖,RNA 含有的糖五碳是核糖;DNA 含有的碱基是腺嘌呤(A)、鸟嘌呤(G)、胞嘧啶(C)和胸腺嘧啶(T),RNA 含有的是腺嘌呤(A)、鸟嘌呤(G)、胞嘧啶(C)和尿嘧啶(U);DNA 通常为双链,分子链较长(图 1-3-5),RNA 一般为单链或局部双链,且分子链较短(图 1-3-6)。

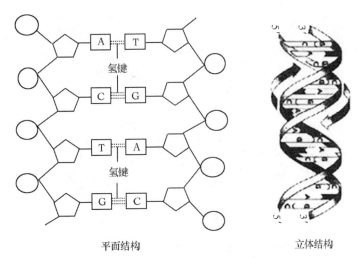

平面结构   立体结构

图 1-3-5　DNA 分子结构图

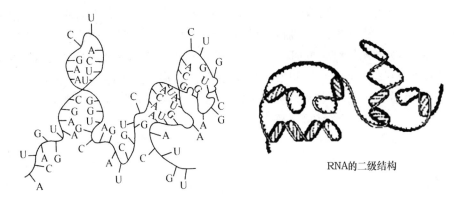

RNA的二级结构

图 1-3-6　一个 RNA 分子图示

▶ 二、核酸的自我复制

(一)DNA 的自我复制

DNA 作为遗传物质的基本特点就是能够准确地自我复制。瓦特森等根据 DNA 分子的双螺旋模式,认为 DNA 分子的复制首先是从它的一端沿氢键逐渐断开,因氢键较弱,在常温下不需要酶即可断开。当双螺旋的一端已拆开为两条单链时,而另一端仍保持为双链状态时,以分开的两条单链互为模板,按照 A-T,C-G 的碱基互补配对原则,从细胞核内吸取与自己碱基互补的游离核苷酸,进行氢键的结合,在复杂的酶系统(如聚合酶Ⅰ、Ⅱ、Ⅲ、连接酶等)的作用下,逐步连接起来,各自形成一条新的互补链,与原来的模板单链互相盘旋在一起,两条分开的单链恢复了 DNA 的双分子链结构。这样,随着 DNA 分子双螺旋的完全拆开,就逐渐形成了两个新的 DNA 分子,与原来的 DNA 分子完全一样(图 1-3-7)。DNA 的这种复制方式称为半保留复制,保留了原来亲本 DNA 双链分子的一条单链,这对保持生物遗传性状的稳定性是非常重要的。

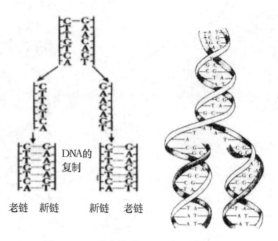

图 1-3-7 沃森等的 DNA 复制的假说

后来发现在复制中把相邻核苷酸连在一起的 DNA 聚合酶只能从 5′到 3′的方向发挥作用。这样一来,只能使 DNA 的双链之一连续合成,另一条从 3′到 5′方向的链就不能采取同样的合成方法了。为了克服这一矛盾,科恩伯格等提出在从 3′到 5′方向的链上,新链的合成是逆向进行的。即在从 3′到 5′方向的链上,按从 5′到 3′的方向一段一段地合成 DNA 单链小片段,然后再由连接酶将这些不相连的片段连接起来,形成一条连续的单链,完成 DNA 的复制。其合成是不连续,这些 DNA 单链小片段,称为"冈崎片段"(原核生物 1 000～2 000 个核苷酸,真核生物 100～150 个核苷酸)。

冈崎等进一步研究证明,在一个复制叉上的两条子链都是通过冈崎片段的连接,由不连续成为连续的。也就是说,这两条子链的复制,都是由 5′到 3′方向合成许多片段,然后连接起来形成的(图 1-3-8)。

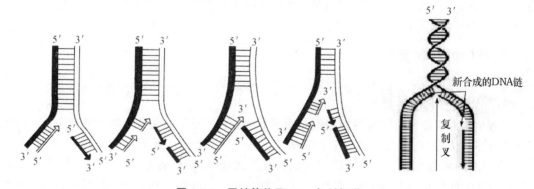

图 1-3-8 冈崎等关于 DNA 复制假说

冈崎等研究还发现,DNA 的复制与 RNA 有密切关系。在合成 DNA 片段之前,先由一种特殊类型的 RNA 聚合酶以 DNA 为模版,合成一小段含 10-16 个核苷酸的 RNA,这段 RNA 起"引物"的作用,称为"引物 RNA"。然后 DNA 聚合酶才开始起作用,按 5′到 3′方向合成 DNA 片段。也就是引物 RNA 的 3′端与 DNA 片段的 5′端接在一起,然后 DNA 聚合酶 I 再将引物 RNA 除去,并且弥补上引物 RNA 的 DNA 片段,最后由 DNA 连接酶将 DNA

片段连接成一条连续的 DNA 链。见图 1-3-9 所示。

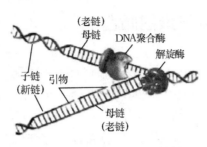

图 1-3-9　冈崎解释 DNA 复制假说

(二)RNA 的自我复制

RNA 在传递 DNA 遗传信息和控制蛋白质的生物合成中起着重要作用。在有些生物中,RNA 还是遗传信息的基本载体,并能通过复制而合成出与自身相同的分子。

真核生物中,各种 RNA 是以染色体 DNA 为模板,在 RNA 聚合酶的作用下,在细胞核内合成的。最初转录的 RNA 产物常需要经过一系列断裂、拼接、修饰和改造过程才能得到成熟的 RNA 分子。

原核生物中,很多 RNA 病毒,如流感病毒、烟草花叶病毒、小儿麻痹症病毒和 RNA 噬菌体等,在宿主细胞里能以自身的 RNA 为模板,在 RNA 复制酶作用下,进行 RNA 的合成。这说明 RNA 也具有自我复制能力。

RNA 病毒的复制方式主要有两种,一种是当 RNA 病毒侵染宿主细胞时,将其正链注入细胞中,首先合成复制酶及有关蛋白质,再以宿主细胞中的核苷酸为原料,以病毒 RNA 为模板,合成一条与其互补的单链,然后再以这条互补的 RNA 单链为模板合成互补的 RNA 链。最后利用宿主细胞内的氨基酸合成其蛋白质外壳,这样就形成了一个新的病毒颗粒(图 1-3-10 上)。另一种是致癌 RNA 病毒,如白血病毒、肉瘤病毒等,当它们的 RNA 进入宿主细胞后,就以自身的 RNA 为模板,在逆转录酶的作用下,反向合成 DNA 前病毒,再以 DNA 为模板,合成新的病毒 RNA,其碱基顺序与模板 RNA 完全一样。如图 1-3-10 下所示:

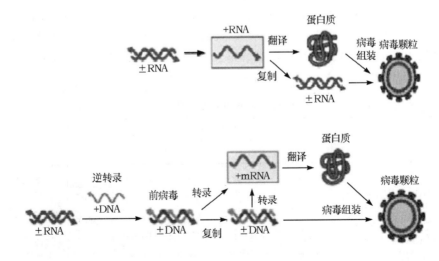

图 1-3-10　RNA 病毒的复制方式

第三节　DNA 与蛋白质合成

蛋白质是一种复杂的有机化合物,它是是执行生命功能、表现生命特征的主要物质。DNA 贮存着决定生物特征的遗传信息,只有通过蛋白质才能表达出它的生命意义。直接决定蛋白质合成及蛋白质特征的不是 RNA 而是 DNA,因而人们确定 DNA 是遗传信息贮存者,并推测 DNA 是通过 RNA 去决定蛋白质合成的,20 世纪 50 年代末 RNA 聚合酶的发现开始证实了这一推测,也就是说,以 DNA 为模板在细胞核内合成 RNA,然后转移到细胞质中,在核糖体上控制蛋白质的合成。

▶ 一、遗传信息与遗传密码

(一)遗传信息

遗传信息是指 DNA 分子中基因上的脱氧核苷(碱基)排列顺序。我们知道 DNA 分子是由两条多核苷酸链互相缠绕而形成的双螺旋结构。DNA 分子的碱基有四种,组成 A-T 和 C-G 两种碱基对,其中一种碱基对的排列顺序就代表一种遗传信息。假设某一段 DNA 分子链含有 1 000 个碱基,则该段就可有 4^{1000} 种不同的排列组合方式,可反映 4^{1000} 种遗传信息。DNA 分子这种特殊结构完全可以蕴藏地球上所有生物的遗传物质。

(二)遗传密码

遗传密码决定蛋白质中氨基酸顺序的核苷酸顺序,由 3 个连续的核苷酸组成的密码子所构成。由于脱氧核糖核酸(DNA)双链中一般只有一条单链(称为模板链)被转录为信使核糖核酸(mRNA),而另一条单链(称为编码链)则不被转录,所以即使对于以双链 DNA 作为遗传物质的生物来讲,密码也用核糖核酸(RNA)中的核苷酸顺序,而不用 DNA 中的脱氧核苷酸顺序表示。

遗传密码是核酸的碱基序列和蛋白质的氨基酸序列的对应关系。由三个碱基代表一种氨基酸,称为密码子。四种碱基可以组合成 64 种密码子,而体内仅有 20 种氨基酸,故说明一个氨基酸由一个或多密码子所决定的。到 1966 年,马太与尼伦伯格研究破译了全部遗传密码,成功地编汇了 mRNA 的遗传密码表。见表 1-3-2。

表 1-3-2　20 种氨基酸的遗传密码表

第一碱基	第二碱基								第三碱基
	U		C		A		G		
U	UUU	苯丙氨酸 Phe	UCU	丝氨酸 Ser	UAU	酪氨酸 Tyr	UGU	半胱氨酸 Cys	U
	UUC		UCC		UAC		UGC		C
	UUA	亮氨酸 Leu	UCA		UAA	终止信号	UGA	终止信号	A
	UUG		UCG		UAG		UGG	色氨酸 Trp	G

作物遗传育种

续表 1-3-2

第一碱基	第二碱基								第三碱基
	U		C		A		G		
C	CUU	亮氨酸 Leu	CCU	脯氨酸 Pro	CAU	组氨酸 His	CGU	精氨酸 Arg	U
	CUC		CCC		CAC		CGC		C
	CUA		CCA		CAA	谷氨酰胺 Gln	CGA		A
	CUG		CCG		CAG		CGG		G
A	AUU	异亮氨酸 Ile	ACU	苏氨酸 Thr	AAU	天冬酰胺 Asn	AGU	丝氨酸 Ser	U
	AUC		ACC		AAC		AGC		C
	AUA	甲硫氨酸 Met 起始信号	ACA		AAA	赖氨酸 Lys	AGA	精氨酸 Arg	A
	AUG		ACG		AAG		AGG		G
G	GUU	缬氨酸 Val 兼作起始信号	GCU	丙氨酸 Ala	GAU	天冬氨酸 Asp	GGA	甘氨酸 Gly	A
	GUC		GCC		GAC		GGG		G
	GUA		GCA		GAA	谷氨酸 Glu	GGU		U
	GUG		GCG		GAG		GGC		C

由密码子表可以看出,除甲硫氨酸和色氨酸外,其他的氨基酸均有两种以上的密码子,代表一种氨基酸的密码子称为同义密码子。此外,还有 3 个三联体密码 UAA、UAG、UGA 是表示蛋白质合成终止的信号、三联体密码子 AUG 和 GUG 还兼有蛋白质合成起点信号的作用。

整个生物,从单细胞病毒到多细胞人类的遗传密码都是通用的,即所有的蛋白质都是由 20 种氨基酸编成,而且有共同的密码。遗传密码的发现对阐明生物的进化原因,以及遗传工程的建立都有重要意义。

二、RNA 的合成

以 DNA 为模板合成 RNA 的过程称为转录(transcription),转录是生物界 RNA 合成的主要方式,是遗传信息由 DNA 向 RNA 传递的过程,也是基因表达的开始。在转录的过程中,DNA 双链中的一条为模板,称为模板键,而另一条链称为编码链,转录起始于 RNA 聚合酶和启动结合之下、转录起始的第一个碱基称为转录起始点、在 RNA 聚合酶的作用下合成RNA、至终止处终止。mRNA(信使 RNA)以 DNA 模板链为模板,根据碱基互补配对原则、即 DNA 分子中的 A、G、C、T 分别对应于合成 RNA 分子中的 U、C、G、A 的规律,在 RNA聚合酶的作用下、按照 DNA 模板中核苷酸的排列顺序合成一条与 DNA 互补的 RNA 短链。最后,新生成的 RNA 分子从模板 DNA 分子上脱离、形成 RNA,而 DNA 的两个短链又重新恢复为双链。这样,就把 DNA 上的遗传信息转移到 RNA 上了(图 1-3-11)。

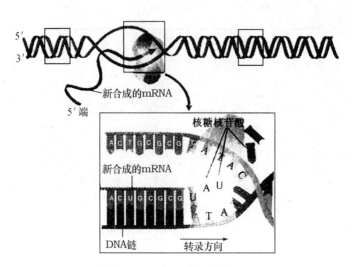

图 1-3-11　DNA 转录成 RNA

RNA 的转录合成从化学角度来讲类似于 DNA 的复制,但有两个不同点,一是在 DNA 复制时、每个链都作为新互补链的模板,而 RNA 转录时,只有 DNA 的一条链为模板,二是在 DNA 复制时,两条亲本链保持永久的分离,DNA 的一条链复种出的另一条也是稳定的,而转录时,RNA 聚合酶离开合成区后,mRNA(信使 RNA)脱离下来,原来的两条亲本链又结合到一起。

RNA 在遗传信息传递过程中的功能分为三种类型,即 mRNA(信使 RNA)、tRNA(转运 RNA)和 rRNA(核糖体 RNA)。

1. mRNA(信使 RNA)

mRNA 是由 DNA 的一条链作为模板转录而来的携带遗传信息的能指导蛋白质合成的一类单链核糖核酸。起到遗传传递信息的作用。主要具有把 DNA 上的遗传信息准确无误地转录下来,同时负责将它携带着的遗传信息在核糖体上翻译成蛋白质的功能。

2. tRNA(转运 RNA)

tRNA 是具有携带并转运氨基酸功能的类小分子核糖核酸。它的主要功能是携带氨基酸进入核糖体,在 mRNA 指导下合成蛋白质。

tRNA 具有特异性,一种 tRNA 只能运转一种氨基酸,20 种氨基酸就必须有 20 种 tRNA 来运转。现在已有的 tRNA 的种类在 40 种以上,说明,每一种氨基酸至少有 2 种以上的 tRNA 来转运。

tRNA 的分子比较小,一般含 80 个的核苷酸,而且具有稀有碱基的特点。稀有碱基除假尿核苷与次黄嘌呤核苷外主要是甲基化了的嘌呤和嘧啶。这种稀有碱基一般是 tRNA 在转录后,经过特殊酶的修饰而成的。研究证明 tRNA 的空间结构为三叶草结构,有一个氨基酸臂一个鸟嘌呤环,二个胸腺嘧啶环,一个反密码子环,一个附加环(图 1-3-12)。在反密码子环的顶端有三个裸露在外面的碱基,称为反密码子,是专门识别 tRNA 上的密码子位置的;另一端的氨基酸臂是携带氨基酸的部位。

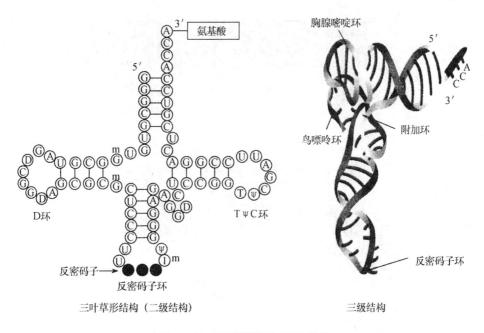

图 1-3-12　酵母丙氨酸 tRNA 结构

3. rRNA(核糖体 RNA)

rRNA 是组成核糖体的主要成分,占核糖体总量的 60%。核糖体则是合成蛋白质的场所,因此,RNA 与蛋白质的合成密切相关,其功能是在 mRNA 的指导下将氨基酸合成蛋白质。

▶ 三、蛋白质的合成

由于 mRNA 上的遗传信息是以密码(见遗传密码)形式存在的,只有合成蛋白质才能表达出生物性状,因此将蛋白质生物合成比拟为转译或翻译,蛋白质生物合成包括氨基酸的活化及其与专一转移核糖核酸(tRNA)的连接、肽链的合成(包括起始,延伸和终止)和新生肽链加工成为成熟的蛋白质 3 大步骤,其中心环节是肽链的合成。蛋白质生物合成需核糖体、mRNA、tRNA、氨酰转移核糖核科(氨基酰-tRNA 合成酶、可溶性蛋白质因子等 200 多种生物大分子协同作用来完成。

当 mRNA 单链合成后,通过核孔进入细胞质,附着在核糖体的亚基上。核糖体 RNA 能保护 mRNA 的活动,能选择相应的氨基酰-tRNA。氨基酰-tRNA 一臂连着一个特定的氨基酸,另一臂具有与 mRNA 密码子互补的三个暴露的碱基,叫作"反密码子"。氨基酰-tRNA 有这一个反密码子,就可以识别 mRNA 上密码子的位置,把特定氨基酸送到准确的位置上。

在翻译过程中,通常是多个核糖体与 mRNA 分子结合形成多聚核糖体。核糖体附着在mRNA 单链的一端,逐渐向 mRNA 另一端移动,识别 mRNA 分子的密码子。同时接受相应的带着氨基酸的氨基酰-tRNA,并一个接一个地将氨基酸结合成多肽。当核糖体移动到mRNA 单链的终止密码时,形成多肽链的过程便告结束,mRNA 便与核糖体脱离。最后形成的几个多肽链相连,并成为有一定空间结构的蛋白质分子。细胞的结构蛋白、血红蛋白和酶等都是以这样的过程翻译出来的。遗传信息的传递过程如图 1-3-13 所示。

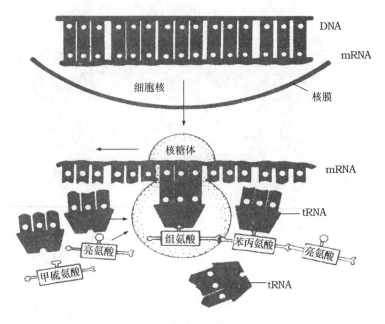

图 1-3-13　遗传信息的转录与翻译

四、中心法则及其发展

　　根据前面的叙述,生物的遗传信息是从 DNA 传递给 mRNA,再由 mRNA 翻译成蛋白质的。1958 年克里克(Crick)将生物遗传信息的这种传递方式称为中心法则。随后,科学家又陆续发现,那些只含有 RNA 不含 DNA 的病毒,在感染宿主细胞后,RNA 与宿主的核糖体结合,形成一种 RNA 复制酶,在这种酶的催化作用下,以 RNA 为模板复制出 RNA。也就是说,RNA 的遗传信息可以传向 RNA。

　　近年来,又发现 RNA 病毒复制的另一种形式。一种路斯肿瘤病毒是 RNA 病毒,存在反转录酶,浸染鸡的细胞后,它能以 RNA 为模板合成 DNA,并结合到宿主染色体的一定位置上,成为 DNA 前病毒。前病毒可与宿主染色体同样复制,并通过细胞有丝分裂,传递给子细胞,并成为肿瘤细胞。某些肿瘤细胞可以前病毒 DNA 为模板,合成前病毒 RNA,并进入细胞中合成病毒外壳蛋白质,最后病毒体释放出来进行第二次浸染。

　　反转录酶的发现,不仅具有重要的理论意义,而且对肿瘤机理的研究,以及在遗传工程方面,以这种酶合成基因都有重要作用,这些称为中心法则的发展。如图 1-3-14 所示。

　　RNA 的自我复制和逆转录过程,在病毒单独存在时是无法进行的,只有寄生到寄生细胞后才发生。逆转录酶在基因工程中是一种很重要的酶,它能以已知 mRNA 为模板合成目的基因。

　　由此可见,遗传信息并不一定是从 DNA 单向

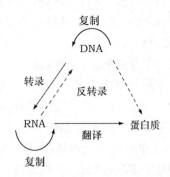

图 1-3-14　遗传信息传递的中心法则

作物遗传育种

地流向 RNA,RNA 携带的遗传信息同样也可以流向 DNA。但是 DNA 和 RNA 中包含的遗传信息只是单向地流向蛋白质,迄今为止还没有发现蛋白质的信息逆向地流向核酸。

第四节　基因的本质及表达调控

▶ 一、基因的本质

1909 年,丹麦遗传学家约翰逊(Johannsen)首次提出了基因(gene)的概念,用以替代孟德尔(Mendel)1866 年所提出的遗传因子(genetic factor)一词。1910 年,美国遗传学家摩尔根(H. Morgan)利用果蝇做研究材料,证明基因是在染色体上呈直线排列的遗传单位,提出了基因的连锁互换规律,发表了著名的《基因论》。以后,随着遗传学的发展,特别是分子生物学的迅猛发展,人们对基因概念的认识正在逐步深化。

(一)1 个基因 1 个酶

英国生理生化学家盖若德(Garrod. A. E)研究了人类中的先天代谢疾病。通过对白化病等疾病的分析,认识到基因与新陈代谢之间的关系,即 1 个突变基因,1 个代谢障碍。这种观点可以说是 1 个基因 1 个酶观点的先驱。比得尔(Beadle. G. W)和塔特姆(Tatum. E. L)对红色链孢霉做了大量的研究,1941 年发表了链孢霉中生化反应遗传控制的研究;进而使应用各种生化突变型对基因作用的研究有了发展。Beadle 在 1945 年总结了这些结果,提出了一个基因一个酶的假说。他们认为,野生型的红色链孢霉之所以能在基本培养基上生长,是因为它们自身具有合成一些营养物质的能力。控制这些物质合成的基因发生突变,将产生一些营养缺陷型的突变体,并证实了红色链孢霉各种突变体的异常代谢是由一种酶的缺陷所致,产生这种酶缺陷的原因是单个基因的突变。

(二)1 个基因 1 条多肽链

早期对红色链孢霉和大肠杆菌营养缺陷型的研究表明,在各种氨基酸、维生素、嘌呤和嘧啶的生物合成路线上,催化每一步反应的酶都是在 1 个基因的监控下进行的。到了 20 世纪 50 年代,扬诺夫斯基(Yanofsky)发现并提出了新的问题,即 1 个基因控制 2 步反应。他发现在大肠杆菌中,催化吲哚磷酸甘油酯生成色氨酸反应的酶,即色氨酸合成酶的结构比较复杂,实际上是由 2 种多肽构成,A 肽可以独立催化吲哚磷酸甘油酯分解生成吲哚,B 肽则可以单独催化吲哚转变为色氨酸。因此,对 1 个基因 1 个酶的学说做了第 1 次修正。

(三)基因的化学本质是 DNA(在没有 DNA 时,是 RNA)

1944 年,埃维里(Avery)等人通过肺炎双球菌的转化实验,第 1 次证实了 DNA 是遗传物质,由此,基因的化学本质得到了阐明。人们通过研究发现有些病毒如烟草花叶病毒、脊髓灰质病毒等只含有 RNA,而不具有 DNA,这些 RNA 病毒可以在 RNA 复制酶的作用下,以自身为模板进行复制,这类生物中基因的化学组成为 RNA。1953 年沃森(Watson)和克里克(Crick)建立了 DNA 分子的双螺旋结构模型,这是遗传学史上的一个里程碑。近几十年来遗传学的发展,特别是遗传工程技术的发展充分证实这一模型的正确性。

(四)基因顺反子的概念

1957 年,美国分子生物学家西莫尔·本泽(Seymour Benzer)用大肠杆菌 T_4 噬菌体为材料,在 DNA 分子结构水平上,通过互补实验,揭示了基因内部的精细结构,提出了比传统基因概念更小的基本功能单位即顺反子(cistan)的概念。证明基因是 DNA 分子上的一个特定区段,其功能是独立的遗传单位,并提出了一个顺反子一条多肽链的概念,然而实际情况并不是每条多肽链都能在互补实验中被检测出来。在一个基因内部可能有若干不同位点的突变,突变后可以产生出变异的最小单位——突变子(muton)。这些突变位点之间可以发生重组,故一个基因内可能含有多个重组单位,是不能由重组再分开的最小单位,又称为重组子(recon)。理论上讲,基因的内部每一对核苷酸的改变即可导致一个突变的发生,每两个核苷酸之间就可以发生重组。顺反子学说的提出,把基因具体化为 DNA 分子上特定的一段顺序,即负责编码特定的遗传信息的功能单位,也就是顺反子,其内部包含突变和重组单位。现代遗传学的研究证明美国分子生物学本兹尔(Benzer)1955 年提出的概念基本上是正确的。

(五)结构基因与调控基因

随着研究的深入,人们首先在原核生物中发现,不是所有的基因都能为蛋白质编码。人们把决定某种蛋白质分子结构的基因称为结构基因,把调节蛋白质合成的基因叫作调节基因。结构基因把负载的遗传信息转录给 mRNA,再以 mRNA 所携遗传指令合成有特定氨基酸序列的蛋白质。调节基因能使结构基因在需要那种酶时就合成那种酶,不需要时便停止合成。因此,结构基因直接与性状的发育和表现有关。

操纵基因是操纵结构基因的基因,位于结构基因(一个或多个)的一端,控制结构基因的活动。当操纵基因"开动"时,它所控制的结构基因便开始转录和翻译;当其"关闭"时,结构基因就停止活动。操纵基因与其控制下的一系列结构基因组成 1 个功能单位,称作操纵子。

调节基因和操纵基因都有控制结构基因的作用,但它们之间又有区别,调节基因可调节不同染色体上的结构基因,而操纵基因只控制同一染色体上的结构基因。

(六)断裂基因

在 20 世纪 70 年代以前,人们一直认为遗传物质是双链 DNA,且 DNA 上排列的基因是连续的。博杰特(Robert)和 Sharp 彻底改变了这一观念,他们以 DNA 排列序列同包括人在内的高等动物很接近的腺病毒作为研究对象。结果发现它们的基因在 DNA 上的排列是由一些不相关的片段隔开,是不连续的。在 20 世纪 70 年代由凯姆伯恩(Chambon)和博杰特(Berget)首次报道断裂基因。在 1977 年美国冷泉港举行的定量生物学讨论会上,有些实验室报道了在猿猴病毒 SV40 和腺病毒 Ad2 上发现基因内部的间隔区,间隔区的 DNA 序列与该基因所决定的蛋白质没有关系。用该基因所转录的 mRNA 与其 DNA 进行分子杂交,会出现一些不能与 mRNA 配对的 DNA 单链环。人们把基因内部的间隔序列称为内含子,而把出现在成熟 RNA 中的有效区段称为外显子。这种基因分割的现象后来在许多真核生物中都有发现,因此是一种普遍现象。

断裂基因的初级转录物称作前体 RNA,把前体 RNA 中由内含子转录下来的序列去除,并把由外显子转录的 RNA 序列连接起来这一过程称作剪接。值得一提的是,1981 年切赫(Cehe. T)首次报道了原生动物四膜虫(*Tetrahymena*)前体 rRNA 的中间序列(IVS)具有催化功能,可以催化该前体 rRNA 进行自我剪接。

(七)重叠基因

1977年维纳(Weiner)在研究某种病毒的基因结构时,意外发现了基因的重叠现象。1978年费尔(Feir)和桑戈尔(Sanger)在研究分析X174噬菌体的核苷酸序列时,也发现在由5 375个核苷酸组成的单链DNA所包含的10个基因中有几个基因具有不同程度的重叠,但是这些重叠的基因具有不同的阅读框架。以后在噬菌体G4、MS2和SV40中都发现了重叠基因。重叠基因的发现使人们冲破了关于基因在染色体上成非重叠的线性排列的传统概念。

(八)跳跃基因(又称移位基因,或转座子)

跳跃基因是那些能够进行自我复制,并能在生物染色体上一个位置转移到另一个位置,甚至在不同染色体之间跃迁的基因物。1950年麦克林托克(Mcclintock,B.)在玉米染色体组中发现1个激——解离系统,它们在染色体上的位置不固定,可以由1条染色体跳到另外1条染色体上。这项研究在当时并未引起人们的关注,但是随着科学的发展,人们在果蝇、酵母、大肠杆菌中都发现了跳跃基因的存在,并对它们进行了广泛的研究。

在历史发展的不同时期,人们对基因概念的理解有着不同的内涵。现代基因的概念是:基因是DNA分子上一段特定的核苷酸序列,它具有突变、重组、转录或对其他基因起调控作用的遗传学功能。概括地说,基因就是DNA分子上具有一定遗传效应的一段特定的核苷酸序列。

二、基因的表达调控

从DNA到蛋白质的过程叫基因表达,对这个过程的调节即为基因表达调控。人类个体的生长、发育始于受精卵,受精卵的基因组含有形成成年机体的全部遗传信息。然而,在任何一个细胞中,并非全部基因都能表达,而是在一定时间和条件下,只有部分基因有秩序的进行转录和翻译。这是受精卵卵裂后,逐渐分化为各种细胞、组织和器官的遗传学基础。这说明对基因的表达存在着一个调控系统。

研究基因调控是一个难度加大的课题,因此把基因调控研究看成为分子生物学的第三个里程碑。生物有原核与真核生物之分,其基因表达的调控系统也有别。

(一)原核类基因表达的调控系统

原核类基因表达的调控可以发生在转录和翻译等不同阶段,但主要是在转录水平进行。1961年Jacob和Monod提出的操纵子学说(operon theory),就是说明细菌系统在转录水平调控基因表达的典型例证。

目前认为操纵子调控模式是原核生物基因调控的主要方式。下面以乳糖操纵子为例作具体介绍。

操纵子是由多数基因构成的更大遗传单位,是调节和控制某一生化代谢过程的基因集团。一个操纵子包括三个结构基因和三个调控基因。三个结构基因分别编码三种酶:lacY编码半乳糖苷酶,催化乳糖水解为葡萄糖和半乳糖;lacZ编码半乳糖苷透性酶,促进乳糖进入细胞,加速乳糖利用率;lacA编码半乳糖乙酰转移酶,功能不详。大肠杆菌乳糖操纵子中的结构基因(Z. Y. A)紧密连锁。

三个调控基因分别称为调节基因(lacl)、启动基因(p)、和操纵基因(o)。如图1-3-15所示。

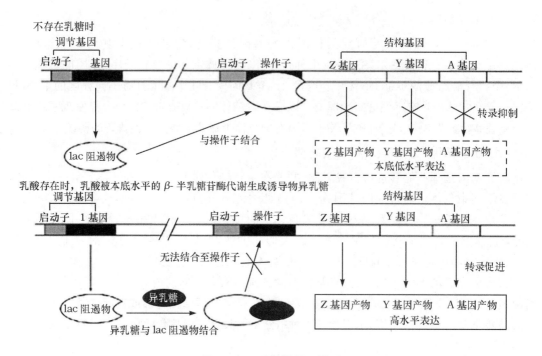

图 1-3-15 乳糖操纵子模型

启动基因无基因产物,是 RNA 聚合酶的附着部位。操纵基因也无基因产物,为阻遏物附着的部位,它能控制结构基因转录的启闭。调节基因能转录出自己的 mRNA,并能翻译为相应的蛋白质,即阻遏物(repressor)。调节基因可调节位于不同染色体上的结构基因。

阻遏物是一种变构蛋白质,它的分子上有两个特异部位一个部位可识别操纵基因区的特异核苷酸序列,另一个部位可识别诱导物(inducer)。

当大肠杆菌的培养基内有乳糖存在时,乳糖与阻抑物结合并改变其构型,使不能附着于操纵基因上,从而放行附着于启动基因的 RNA 聚合酶,于是结构基因便开始转录、翻译,产生半乳糖苷酶、半乳糖苷透膜酶和乙酰转移酶。乳糖被分解为葡萄糖和半乳糖。

当培养基中的乳糖完全被分解后,代谢终产物(半乳糖)便与阻遏物结合,但因不会改变其构型,所以能附着于操纵基因上,结果阻碍附着于启动基因的 RNA 聚合酶沿着 DNA 模板运动,而使结构基因转录停止。这样的基因调节系统,使大肠的活动更有效地适应环境因素的变化。

◉(二)真核类基因表达的调节系统

由于真核细胞在结构和功能方面远较原核细胞复杂,在许多方面与原核细胞有着本质差别,所以尽管对原核生物基因表达的调节、控制,目前已有了比较深入的了解,但若把这些知识直接运用于真核细胞还须十分慎重。事实上,前面谈到的操纵子学说,在真核生物中迄今尚未确证其存在。

真核细胞中转录和翻译的部位,在空间上是分开的,在时间上是次第连续的。转录发生在细胞核内,而遗传信息的翻译则是在细胞质中进行。因此,遗传信息在真核细胞内有二个转移过程。这一过程包括 DNA 转录形成前体 RNA;前体 RNA 的加工和运输;有功能的 RNA 在细胞质内形成翻译的复合物。这一过程的每一阶段都需作适当的调节才能形成表型产物。在时间上可以把这种多阶段的调节过程,大致划分为转录水平的调节和转录后的调节。转录后的调节又包括前体 RNA 的加工和运送、翻译及翻译后的调节。鉴于真核生物基因调控的复杂性,这里仅就激素对转录水平的调节作一简单介绍。

女性胎儿的卵巢中已具备全部卵子的前体细胞(即母细胞),然而,在出生后 12 年左右的时间内,却一直停留在第一次减数分裂的中期阶段,由于青春期到来,激素水平的升高,卵母细胞(常每月一个)开始生长、发育,完成减数分裂,开始第二次减数分裂,最后发育成为成熟的卵子。这里,激素是基因表达的调控物质。

月经周期中,由于雄性激素增加、子宫内膜细胞积极合成 RNA,继而合成蛋白质,结果表现为子宫内膜增厚。这一应答性反应可被放线菌素 D 结合于细胞核的 DNA,阻抑了 mRNA 的转录,细胞的蛋白质合成便告停止。这一事实表明雌性激素是基因转录的调控物质。

目前认为,激素对基因的调控过程,可分为如下 4 个步骤:

(1)激素分子扩散入细胞,与细胞内的受体结合,形成激素-受体复合物。

(2)激素-受体复合物进入细胞核。

(3)进入细胞核的激素-受体复合物,选择性的与染色体特定位点上的非组蛋白类蛋白质结合后脱离了 DNA,这部分 DNA 裸露出来。

(4)基因启动,进行转录,产生前体 mRNA. 经过改造、加工成为成熟的 mRNA,进入细胞质并与核糖体结合,进行翻译,产生特异性蛋白质。

近年许多学者提出一些真核生物细胞基因调控系统模型。现选一被大多数人接受的模型为例做一介绍。按照这个模型的观点,在 DNA 分子中有一个感受基因,它与激素受体复合物作用后即被活化,并因此导致邻近的整合基因亦被活化。整合基因活化后,可转录生成有活性的 RNA,这个有活性的 RNA 能够有选择地识别接受器的基因,并与其互作,遂使与接受基因毗邻的一个发生基因解除抑制,进而转录合成 mRNA,并经翻译形成相应的蛋白质。在这个调控系统中,一个感受基因可控制数个整合基因。

第五节　遗传工程

▶ 一、遗传工程的概念

遗传工程是生物工程的一个重要分支,它和细胞工程、酶工程、蛋白质工程和微生物工程共同组成了生物工程。遗传工程一般可分为广义和狭义的两种。广义的遗传工程包括传统遗传操作中的杂交技术、现代遗传操作中的基因工程和细胞工程等。狭义的遗传工程仅指基因工程,这里只介绍基因工程。

基因工程,又称基因拼接技术和 DNA 重组技术。是指按照人们的愿望,进行严格的设计,将一种生物体(供体)的基因与载体在体外进行拼接重组,然后转入另一种生物体(受体)细胞内,使重组基因在细胞内表达,创造出更符合人们需要的新的基因产物,或者改造、创造新特性的生物类型。可见,基因工程是在 DNA 分子水平上进行设计和施工的。

从实质上讲,强调了外源 DNA 分子的新组合被引入到一种新的寄主生物中进行繁殖。这种 DNA 分子的新组合是按工程学的方法进行设计和操作的,这就赋予基因工程跨越天然物种屏障的能力,克服了固有的生物种间限制,扩大和带来了定向改造生物的可能性,这是基因工程的最大特点。

二、基因工程的操作过程

基因工程是在分子水平上对基因进行操作的复杂技术。它是用人为的方法将所需要的来自不同生物体(供体)的遗传物质——DNA 大分子提取出来,在离体条件下用适当的工具酶("剪刀")进行切割后,把它与有自主复制能力的载体 DNA 分子在体外人工连接,构成新的重组 DNA,然后与载体一起导入某一更易生长、繁殖的受体细胞中,以让外源物质在其中"安家落户",进行正常的复制和表达,从而获得新物种的一种崭新技术,它克服了远缘杂交的不亲和障碍。因此,基因工程包括外源 DNA(目的基因),工具酶,载体分子和受体细胞(如大肠杆菌、枯草杆菌、土壤农杆菌、酵母菌和动植物细胞等)等要素。基因工程的操作过程可归纳为获取目的基因、目的基因与运载体结合、目的基因的转化及目的基因的检测和表达四步。

(一)获取目的基因

1. 常用的工具酶

基因工程这种分子水平的操作,是依赖于一些重要的酶才能获得,如限制性内切核酸酶、连接酶、DNA 连接酶(DNA 黏合酶)、DNA 多聚酶、DNA 末端转移酶、反转录酶等,作为工具对 DNA 进行切割和拼接(缝合)与转运,一般把这种有关的酶统称为基因工程工具。

2. 获取目的基因的方法

基因工程的主要目的是使优良性状相关的基因聚集在同一生物体中创造出具有高度应用价值的新物种,为此,必须在现有生物群体中,根据需要分离出符合人们要求的 DNA 片段,这种 DNA 片段被称为目的基因。获取目的基因是实施基因工程的第一步。如植物抗病的相关基因、毒物降解相关基因等。其方法包括鸟枪法、mRNA 分离法、转座子标签法、T-DNA 插入突变法、基因图谱的克隆法。但归纳起来不外乎有两种途径,一是从已有生物基因组中直接酶切法分离目的基因,二是用酶学和化学法合成目的基因。

(二)目的基因与运载体结合(基因表达载体的构建)

基因工程中,携带目的基因进入宿主细胞进行扩增和表达的工具称为载体。目的基因与运载体结合是实施基因工程的第二步,也是基因工程的核心。

将目的基因与载体结合的过程,实际上是不同来源的 DNA 重新组合的过程。在 Cohen 和 Boye 的实验中所用的质粒都可以在大肠杆菌中复制。因此,它们都可以作为允许重组 DNA 复制的载体。所有的基因克隆实验都需要这种载体,因为被克隆的外源 DNA 片段没

作物遗传育种

有复制起始点,即 DNA 复制开始的地方,所以除非被放在一个具有复制起始点的载体中,否则它不能复制。从 20 世纪 70 年代中期开始,诸多的载体应运而生,它们主要分为两类,即质粒载体和噬菌体载体。目前还发展出细菌人工染色体及酵母人工染色体载体等。

作为基因工程所用的克隆载体必须具备的条件:一是有复制子(即复制起始点),这是一段具有特殊结构的 DNA 序列,载体有复制起点才能使与它结合的外源基因在宿主细胞中独立复制繁殖;二是有一个或多个利于检测的遗传表型,易于识别和筛选,如抗药性、显色表型反应等;三是有一或几个限制性内切酶的单一识别位点,便于外源基因的插入;四是具有较小的相对分子质量和较高的拷贝数。一般而言,克隆了外源基因后应小于 15kb,能有效地转化给受体细胞较高的拷贝数不仅利于载体的制备,同时还会使细胞中克隆基因的剂量增加。另外可插入一段较大的外源 DNA,又不影响本身的复制,也是载体发展的目标。具备上述条件的载体,目前最常用的载体主要有质粒、噬菌体及酵母人工染色体等三种。

(三)目的基因导入受体细胞

目的基因导入受体细胞是实施基因工程的第三步。就是用人工方法使体外构建好的重组 DNA 分子转移到受体细胞,这个过程,称为转化。如果接受异源 DNA 的细胞不是细菌,而是动物细胞或植物细胞,常常称为转染。

按照基因引入受体植物细胞的方法,目的基因的导入技术大体可分为三类:载体介导(以载体为媒介的基因转移)、DNA 的直接转移和种质系统法转移。所谓以载体为媒介的基因转移就是将目的基因连于某一载体 DNA 上,然后通过寄主感染受体植物等途径将外源基因转入植物细胞的技术。DNA 的直接转移是指利用植物细胞生物学特性,通过物理、化学和生物学方法将外源基因转入植物细胞的技术。

(四)目的基因的表达和检测

目的基因导入受体细胞后,是否随着受体细胞的繁殖而大量扩增,是否可以稳定维持和表达其遗传特性,只有通过检测与鉴定才能知道。这是基因工程的第四步工作。关键看目的基因的表达,并通过外源基因表达的检测,转基因植物的鉴定,最终来确定与判断。

二维码 1-3-1　基因工程大事与成功案例

二维码 1-3-2　全球转基因种植现状
(知识链接)

? 复习思考题

1.名词解释

遗传信息　顺反子　突变子　重组子　前体 RNA　跳跃基因　重叠基因　基因表达　转录　翻译　中心法则　冈崎片段　简并　三联体密码　基因　遗传工程　转化　载体

2.怎样证明 DNA 是生物主要的遗传物质。

3.简述蛋白质合成的主要过程。

4.已知有一碱基顺序是 A-T-G-C 的核苷酸链。

(1)这条短链是 DNA 还是 RNA?

(2)若以这条短链为模板,形成一条互补的 DNA 链,画出它的碱基顺序。

(3)若以这条短链为模板,形成一条互补的 RNA 链,画出它的碱基顺序。

5.以乳糖操纵子为例,画图并说明原核生物基因调控的方式。

6.试述基因工程的操作步骤。

Chapter 4

孟德尔遗传定律

▶▶ **知识目标**

1. 了解植物一对相对性状在遗传过程中的分离现象和分离规律;认识并掌握植物产生性状分离的原因及分离规律的实质。

2. 了解和掌握两对相对性状遗传现象和实质。

3. 掌握一对相对性状与两对相对性状及多对相对性状在遗传上的联系和区别。

▶▶ **技能目标**

掌握分离规律、独立分配规律在育种上的广泛应用。

第一节 分离规律

一、孟德尔的豌豆杂交试验

分离规律是孟德尔从一对相对性状遗传试验中总结出来的。孟德尔选取用严格自花授粉的豌豆为试验植物,从中选取了许多稳定的、易于区分的性状作为观察分析的对象,从一对相对性状遗传试验中总结出了分离规律。所谓性状,是生物体所表现的形态特征和生理特性的总称。孟德尔把植物表现的性状区分为各个单位作为研究对象,这些被区分开的每一个具体性状称为单位性状。例如,豌豆的花色、种子形状、子叶颜色、豆荚形状、豆荚颜色、花序着生部位和植株高度等性状,就是 7 个不同的单位性状。不同的单位性状有着各种不同的表现,如豌豆花色有红花和白花,种子形状有圆粒和皱粒、子叶颜色有黄色和绿色等等。这种同一单位性状在不同个体间所表现出来的相对差异,称为相对性状。

孟德尔在做豌豆的杂交试验时,选用有明显差异的 7 对相对性状的品种作为亲本,分别进行杂交,按照杂交后代的系谱关系进行详细的记载,并采用统计学的方法对杂种后代表现相对性状的株数进行计算,最后分析了它们的比例关系。

现以红花×白花的杂交组合试验结果为例加以说明(图 1-4-1)。红花与白花为一对相对性状。

图 1-4-1 中,P 表示亲本,♀ 表示母本,♂ 表示父本,× 表示杂交。F_1 表示杂交第一代,是指杂交当代母本所结的种子及由它所长成的植株,在杂交时先将母本的雄蕊完全摘除(去雄)然后将父本的花粉授到母本的柱头上(人工授粉),去雄和授粉后还必须套袋隔离,防止其他花粉授粉。⊗表示自交,是指同一植株上的自花授粉或同一植株上的异花授粉。F_2 表示杂种第二代,是指由 F_1 自交产生的种子及由它所长成的植株。依此类推,F_3、F_4 分别表示杂种第三代和杂种第四代等。

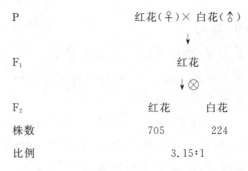

图 1-4-1 豌豆花色的遗传

杂交结果:红花×白花所产生的 F_1 植株全部开红花。F_1 自交后,在 F_2 群体中出现了开红花和开白花的两种类型,两种花色的株数表现,共 929 株,其中 705 株开红花约占总数的 3/4,224 株开白花约占总数的 1/4,两者的比例接近于 3∶1。

孟德尔还反过来进行白花(♀)×红花(♂)的杂交试验,所得结果与前一杂交组合完全一样,F_1全部开红花,F_2群体中红花与白花比例也同样接近于3:1。如果把前一杂交组合称为正交,则后一代杂交组合为反交。正、反交的结果一样,说明F_1和F_2的性状表现不受亲本杂交组合方式的影响。

孟德尔在豌豆的其他6对相对性状的杂交试验中,也获得了同样的结果。现将其试验资料汇总于表1-4-1。

表1-4-1　孟德尔豌豆一对相对性状杂交试验结果

性状	杂交组合	F_1表现的显性性状	F_2的表现		
			显性性状	隐性性状	显性:隐性
花色	红花×白花	红花	705 红花	224 白花	3.15:1
种子形状	圆粒×皱粒	圆粒	5 474 圆粒	1 850 皱粒	2.96:1
子叶颜色	黄色×绿色	黄色	6 022 黄色	2 001 绿色	3.01:1
豆荚形状	饱满×不饱满	饱满	882 饱满	299 不饱满	2.95:1
未熟豆荚色	绿色×黄色	绿色	428 绿色	152 黄色	2.82:1
花着生位置	腋生×顶生	腋生	651 腋生	207 顶生	3.14:1
植株高度	高的×矮的	高的	787 高的	277 矮的	2.84:1

杂交结论:孟德尔从以上7对相对性状的杂交结果中看到了两个共同的特点,如下所述。

(1)F_1所有植株的性状表现都是一致的,都只表现一个亲本的性状,而另一个亲本的性状隐而未现。他将在F_1中表现出来的性状称为显性性状,如红花、圆粒等;在F_1未表现出来的性状称为隐性性状,如白花、皱粒等。

(2)在F_2代群体中,植株个体之间在性状上表现不同,一部分植株表现了显性性状,另一部分植株则表现了隐性性状,即显性性状和隐性性状都同时表现出来,二者之比大约为3:1。隐性性状在F_2代中能够重新表现出来,说明隐性性状在F_1代是暂时隐蔽并没有消失。孟德尔把同一个体后代出现不同性状的现象称为性状的分离现象。

二、分离规律的解释

这7对相对性状在F_2中为什么都出现了3:1的分离比例呢?孟德尔在解释这些现象时,提出了遗传因子分离假说,科学地解释了分离现象产生的原因。这一假说后来被细胞学的大量的遗传实验所证实,并发展成现代基因学说。假说的要点:

(1)每一性状都是由遗传因子(基因)决定的。

(2)每个植株的体细胞内控制一对相对性状的遗传因子是成对存在的,即一对遗传因子控制花色,另一对控制种子形状。例如F_1植株必须有一个控制显性性状的遗传因子和一个控制隐性性状的遗传因子。

(3)在杂种F_1体细胞内成对的遗传因子各自独立,互不混杂、互不影响、互不干扰。

(4)在形成配子时,成对遗传因子彼此分离,均等地分配到不同的配子中去,结果每个配子(花粉或卵细胞)中只含有成对遗传因子中的一个。

(5)雌雄配子结合,形成合子或新的个体是随机的、机会均等的。

现仍以豌豆红花×白花的杂交试验为例,加以分析。

假设:在豌豆花色这对相对性状中,以 C 表示显性的红花因子,以 c 表示隐性的白花因子。由于纯系红花亲本在体细胞中应具有一对红花因子 CC,白花亲本应具有一对白花因子 cc。红花亲本产生的配子中只有一个遗传因子 C,白花亲本产生的配子中只有一个遗传因子 c。虽然产生的雌雄配子的数目很多,但两亲本的配子中分别只有一种,即 C 或 c。受精时,雌雄配子结合 F₁ 所有个体应具有 C 和 c 两个遗传因子,即基因组合为 Cc。由于 C 对 c 有显性作用,所以 F₁ 植株的花色全部为红色,只表现显性性状。子一代虽然开红花,但控制白色性状的 c 基因仍独立存在。当 F₁ 植株自交产生配子时,由于减数分裂,C 与 c 又彼此分离,各被分配到一个配子中(基因分离),所以,产生的配子(雌配子和雄配子)有两种:一种带有遗传因子 C,另一种带有遗传因子 c,两种配子数目相等,而且成 1:1 比例。含有不同遗传因子的雌雄配子结合是随机的。F₁ 自交时雌雄配子的结合如图 1-4-2 所示。

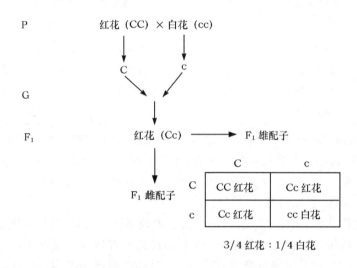

图 1-4-2 孟德尔对分离现象的解释

由此可见,含有不同遗传因子的雌雄配子结合是随机的,可有 4 种组合,但实际上遗传因子组合只有三种:1/4 个体带有 CC,2/4 个体带有 Cc,1/4 个体带有 cc。其中 1/4CC 和 2/4Cc 都开红花,而只有 1/4cc 开白花,所以,F₂ 群体中红花植株与白花植株的比例为 3:1。

▶ 三、表现型和基因型

孟德尔在解释上述遗传试验中所用的遗传因子,就是我们现在所称的基因,如红花基因 C 和白花基因 c,相互为等位基因。因此,在遗传学上,把植物个体细胞内的基因组合称为基因型。例如,决定红花性状的基因型为 CC 和 Cc,决定白花性状的基因型为 cc。基因型是生物性状表现的内在的遗传基础,是肉眼见不到的,只能根据杂交试验通过表现型来确定。表现型是指生物的性状表现,如红花和白花等。表现型是基因型和外界环境共同作用下的具体表现,是可以直接用肉眼观察到的。从基因的组成看,CC 和 cc 两个基因型,等位基因是一样的,这在遗传学上称为纯合基因型,具有纯合基因型的个体称为纯合体。在纯合体中,只含有显性基因的叫显性纯合(CC),只含有隐性基因的叫隐性纯合(cc)。具有一个显性基因和一个隐性基因组成的基因型(Cc),等位基因不同,称为杂合基因型,含有杂合基因型的个体称为杂合体。

◢ 四、分离规律的应用

根据分离规律,必须重视表现型与基因型之间的联系。例如,在杂交育种工作中应严格选用合适的遗传材料,获得预期的效果。如果选用纯合亲本杂交时,其 F_1 表现一致,F_2 出现性状分离,就应在 F_2 群体中,根据育种目标的要求选择所需要的类型;如果选用双亲不是纯合体进行杂交时,F_1 即出现分离现象,就应在 F_1 群体中进行选择。

分离规律表明,杂种通过自交将产生性状分离,同时也使基因型纯合。在杂交育种工作中,要在杂种后代连续进行自交和选择,目的就是促使个体基因型的纯合,并且,根据各性状的遗传表现,可以比较准确地预计后代分离的类型及其出现的频率,从而可以有计划地种植杂种后代,提高选择效果,加速育种进程。

例如,水稻对稻瘟病的抗病性和感病性是由一对显性基因和隐性基因控制的,在 F_2 群体内虽然很容易选择到抗病植株,但根据分离规律,可以预知某些抗病植株的抗病性仍要分离。因此,还需通过自交和进一步的选择,才能从中选出抗病性稳定的纯合体植株。

在生产上为了保持良种的种性和增产作用,在良种繁育过程中,必须防止品种因天然杂交而发生变异及性状分离造成的退化,因此,需要进行经常性的选择,做好去杂去劣和适当的隔离防止生物学混杂。

例如,根据分离规律,杂种产生的配子在基因型上是纯的,可利用花粉培养的方法,培育优良的纯合二倍体植株;根据分离规律,生产上应用 F_1 代杂种的强大优势,F_2 代会发生分离、优势衰退,所以,F_2 代种子不能作为大田生产用种,必须年年制种。

第二节　独立分配规律

分离定律只揭示了一对相对性状的遗传表现,但是杂交育种的目的总是设法将两个亲本的多个优良性状组合在后代中。后来,孟德尔又对两对相对性状间的关系做了研究,并提出了独立分配规律(自由组合定律)。

◢ 一、两对相对性状的遗传试验

(一)豌豆的杂交试验

孟德尔在研究两对相对性状的遗传时,仍以豌豆为材料。他选取具有两对相对性状差异的两个纯合亲本进行杂交,一个亲本的子叶为黄色、种子的形状为圆粒;另一个亲本的子叶是为绿色、种子的形状为皱粒。两亲本杂交的 F_1 全部是黄色子叶圆粒种子,表明黄色子叶和圆粒都是显性,这与 7 对性状分别进行杂交的结果是一致的。由 F_1 自交,得到 F_2 的种子,共有 4 种类型,其中两种类型与亲本相同,而另外两种类型是亲本性状的重新组合,且有一定的比例(图 1-4-3)。

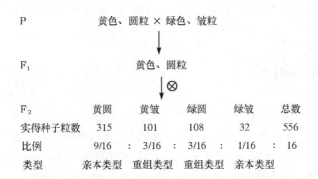

图 1-4-3　豌豆两对相对性状杂交试验结果

(二)独立分配现象

如果把以上两对相对性状个体杂交试验的结果,分别按一对性状进行分析,其结果如下:

黄子叶:绿子叶＝(315＋101):(108＋32)＝416:140＝2.97:1≈3:1

圆粒种子:皱粒种子＝(315＋108):(101＋32)＝423:133＝3.18:1≈3:1

通过上述分析,两对相对性状都是由亲代传给子代的,但每对性状在 F_2 的分离仍符合 3:1 的分离比例,与分离规律相同。说明一对相对性状的分离与另一对相对性状的分离是彼此独立地由亲代遗传给子代,两对相对性状之间没有发生任何干扰,二者在遗传上是独立的。

再把两对相对性状结合在一起分析,按照概率定律,两个独立事件同时出现的概率,是分别出现的概率的乘积。因而黄子叶出现的概率应为 3/4,圆粒出现的概率也为 3/4,两者的乘积就是黄子叶、圆粒同时出现的机会,即 3/4×3/4＝9/16;黄子叶、皱粒同时出现的机会为 3/4×1/4＝3/16;绿子叶、圆粒同时出现的机会为 1/4×3/4＝3/16;绿子叶、皱粒同时出现的机会为 1/4×1/4＝1/16。

亦即:黄子叶 $\begin{cases} \text{圆粒—黄子叶圆粒}(3/4×3/4＝9/16) \\ \text{皱粒—黄子叶皱粒}(3/4×1/4＝3/16) \end{cases}$

　　　　绿子叶 $\begin{cases} \text{圆粒—绿子叶圆粒}(1/4×3/4＝3/16) \\ \text{皱粒—绿子叶皱粒}(1/4×1/4＝1/16) \end{cases}$

将孟德尔试验的 556 粒 F_2 种子,按上述的 9:3:3:1 的理论推算,即 556 分别乘以 9/16、3/16、3/16 和 1/16,所得的理论数值与实际结果比较,是基本一致的。

	黄圆	黄皱	绿圆	绿皱
实得粒数	315	101	108	32
按理论比例(9:3:3:1)推算	312.75	104.25	104.25	34.75
差数	＋2.25	－3.25	－3.25	－2.75

以上结果说明:两对相对性状可以自由组合,使 F_2 出现新性状重新组合的类型。

▶ 二、独立分配规律的实质及其解释

(一)独立分配规律的解释

以上述杂交试验为例,用 Y 和 y 分别代表子叶黄色和绿色的基因,R 和 r 分别代表种子

作物遗传育种

圆粒和皱粒的基因。黄色、圆粒亲本的基因型为 YYRR，绿色、皱粒亲本的基因型为 yyrr。两者杂交产生的 F_1 的基因型为 YyRr，表现型为黄子叶圆粒。可用图 1-4-4 表示等位基因的分离和组合。

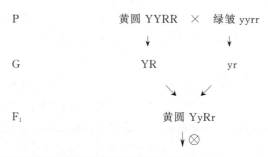

F_2	♀ ＼ ♂	YR	Yr	yR	yr
	YR	YYRR 黄圆	YYRr 黄圆	YyRR 黄圆	YyRr 黄圆
	Yr	YYRr 黄圆	YYrr 黄皱	YyRr 黄圆	Yyrr 黄皱
	yR	YyRr 黄圆	YyRr 黄圆	yyRR 绿圆	yyRr 绿圆
	yr	YyRr 黄圆	Yyrr 黄皱	yyRr 绿圆	yyrr 绿皱

图 1-4-4　豌豆黄色、圆粒×绿色、皱粒的 F_2 分离图解

从图 1-4-4 可以看到，F_1 产生的雌配子和雄配子都是 4 种，即 YR、Yr、yR、yr，其中 YR 和 yr 称为亲型配子，Yr 和 yR 称为重组型配子。且 4 种配子相等，为 1∶1∶1∶1。雌雄配子结合，共有 16 种组合。F_2 群体中共有 9 种基因型，4 种表现型，其表现型比例为 9∶3∶3∶1。

从细胞学角度分析这 4 种配子的形成过程如下：Y 与 y 是一对等位基因，位于同一对同源染色体的相对应位点上；R 与 r 是另一对等位基因，位于另一对同源染色体的相对应位点上。当 F_1 的胞源细胞进行减数分裂形成配子时，随着这两对同源染色体在后期 I 的分离，两对等位基因也彼此分离，而各对等位基因中的任何两个基因都有相等的机会自由组合，即 Y 可以与 R 组合，也可以与 y 组合，y 可以与 R 组合，也可以和 r 组合，故形成 4 种不同的配子，而且数目相等，成为 1∶1∶1∶1 的比例。雌雄配子都是这样。雌雄配子相互随机结合，因而有 16 种组合，在表现型上出现 9∶3∶3∶1 的比例。

(二)独立分配规律实质

独立分配规律是当两个纯种杂交时，子一代全为杂合体，只表现亲本的显性性状。当子一代自交时，由于两对等位基因在子一代形成性细胞时的分离是互不牵连、独立分配的，同时它们在受精过程中的组合又是自由的、随机的。因此，子一代产生 4 种不同配子，16 种配子组合；产生 9 基因型，4 种表现型，表现型之比为 9∶3∶3∶1。

独立分配规律的实质：控制两对相对性状的 2 对等位基因，位于不同的两对同源染色体上。在减数分裂形成配子时，每对同源染色体上的每对等位基因发生分离，而位于非同源染色体上的基因可以自由组合。

(三)独立分配规律的验证

1.测交法

就是用 F_1 与双隐性纯合个体测交。当 F_1 形成配子时,无论雌配子还是雄配子,都有 4 种类型,即 YR、Yr、yR、yr,而且出现比例相等(1:1:1:1)。由于双隐性纯合体的配子只有 yr,因此,测交子代的表现型种类和比例,能反应 F_1 所产生的配子种类和比例。

2.自交法

按分离规律和独立分配规律的理论推断,F_2 自交时,由两对基因都是纯合的 F_2,基因型为 YYRR、yyRR、YYrr、和 yyrr 自交产生的 F_3 不会出现性状的分离;由一对基因杂合的 F_2,基因型为 YrRR、YYRr、yyRr、Yyrr 自交产生的 F_3,一对性状是稳定的,另一对性状将分离为3:1比例;由两对基因都是杂合的 F_2,基因型为 YyRr 自交产生的 F_3,将分离为9:3:3:1的比例。从孟德尔所做的试验结果看,完全符合预定的推论,即理论推断和自交实际的结果是一致的。

三、多对基因的遗传

当具有 3 对不同性状的植株杂交时,只要决定 3 对性状的基因分别位于 3 对非同源染色体上,它们的遗传都是符合独立分配规律的。如果以黄色、圆粒、红花和绿色、皱粒、白花的两个亲本杂交,F_1 全部为黄色、皱粒、白花。F_2 则出现复杂的分离现象,因为 F_1 的 3 对杂合基因分别位于 3 对同源染色体上,减数分裂过程中,这 3 对染色体有 $2^3=8$ 种分离方式,因而产生 8 种雌雄配子(YRC、YrC、yRC、YRc、yrC、Yrc、yRc 和 yrc),且各种配子数目相等。由于各种雌雄配子之间的结合是随机的,F_2 将出现 64 种组合,8 种表现型,27 种基因型,见表1-4-2。

表 1-4-2　豌豆红花黄色圆粒×白花绿色皱粒的 F_2 基因型、表现型及 F_2 分离比例

基因型种类	基因型比例	表现型种类	表现型比例
YYRRCC	1		
YyRRCC	2		
YYRrCC	2		
YYRRCc	2	Y-R-C-	27
YyRrCC	4	黄色、圆粒、红花	
YyRRCc	4		
YYRrCc	4		
YyRrCc	8		
yyRRCC	1		
yyRrCC	2	yyR-C-	9
yyRRCc	2	绿色、圆粒、红花	
yyRrCc	4		
YYrrCC	1		
YyrrCC	2	Y-rrC-	9
YYrrCc	2	黄色、皱粒、红花	
YyrrCc	4		

基因型种类	基因型比例	表现型种类	表现型比例
YYRRcc	1		
YyRRcc	2	Y-R-cc	
YYRrcc	2	黄色、圆粒、白花	9
YyRrcc	4		
yyrrCC	1	yyrrC-	
yyrrCc	2	绿色、皱粒、红花	3
YYrrcc	1	Y-rrcc	
Yyrrcc	2	黄色、皱粒、白花	3
yyRRcc	1	yyR-cc	
yyRrcc	2	绿色、圆粒、白花	3
yyrrcc	1	绿色、皱粒、白花	1

随着两个杂交亲本相对性状数目的增加,杂种分离将更为复杂,但并不是没有规律可循,只要各种基因是独立遗传的,在亲代一对基因差别的基础上,每增加一对基因,F_2 表现型种类及其比例和基因型种类仍存在一定比例关系(表 1-4-3)。

表 1-4-3　杂种杂合基因对数与 F_2 表现型和基因型种类的关系

杂种杂合基因对数	显性完全时 F_2 表现型种类	F_1 形成的不同配子种类	F_2 基因型种类	F_1 产生的雌雄配子的可能组合数	F_2 纯合基因型种类	F_2 杂合基因型种类	F_2 表现型分离比例
1	2	2	3	4	2	1	$(3:1)^1$
2	4	4	9	16	4	5	$(3:1)^2$
3	8	8	27	64	8	19	$(3:1)^3$
4	16	16	81	256	16	65	$(3:1)^4$
5	32	32	243	1024	32	211	$(3:1)^5$
⋮	⋮	⋮	⋮	⋮	⋮	⋮	⋮
n	2^n	2^n	3^n	4^n	2^n	3^n-2^n	$(3:1)^n$

由表 1-4-3 可见,只要各对基因都是属于独立遗传的,其杂种后代的分离就有一定规律可循。也就是说,在一对等位基因的基础上,每增加一对等位基因,F_1 形成的不同配子种类就增加为 2 的倍数,即 $2n$;F_2 的基因型种类就增加为 3 的倍数,即 $3n$;F_1 的配子的组合数就增加为 4 的倍数,即 $4n$。

▶ 四、独立分配规律的应用

按照独立分配规律,在显性作用完全的条件下,亲本之间有 2 对基因差异时,F_2 有 $2^2 = 4$ 种表现型;有 3 对基因差异时,F_2 有 $2^3 = 8$ 种表现型;有 4 对基因差异时,F_2 有 $2^4 = 16$ 种表现型;若两个亲本有 10 对基因差异时,F_2 有 $2^{10} = 1\ 024$ 种不同的表现型。至于 F_2 的基因型数目就更为复杂了。

不同基因的独立分配是自然界生物发生变异的重本来源之一,生物有了丰富的变异类型就可以广泛适应于各种不同的自然条件,有利于生物的进化。因此,可通过杂交产生基因的重新组合,来改良原来品种具有某些缺点的遗传原理。

根据独立分配规律,在杂交育种工作中,除有目的地组合两个亲本的优良性状外,还可预测在杂种后代中出现优良性状组合及其大致的比例,以确定育种的规模。

例如,某水稻品种无芒而感病,另一水稻品种有芒而抗病。已知有芒(A)对无芒(a)为显性,抗病(R)对感病(r)为显性。在有芒、抗病(AARR)无芒感病(aarr)的杂交组合中,可以预见在 F_2 中分离出来无芒抗病(aaR_)植株的机会占 3/16,其中纯合的(aaRR)植株占 1/3,杂合的(aaRr)占 2/3。在 F_3 中纯合的不再分离,而杂合的将继续分离。因此,如在 F_3 希望获得稳定遗传的无芒抗病(aaRR)株系,那么,可以预计在 F_2 中至少要选择 30 株以上无芒抗病的植株,供 F_3 株系鉴定。

第三节 孟德尔规律的补充和发展

▶ 一、显隐性关系的相对性

(一)完全显性

相对性状不同的两个亲本杂交,F_1 只表现某一亲本的性状,而另一亲本的性状未能表现,这种显性称完全显性。孟德尔所研究的 7 对豌豆性状都是完全显性。

(二)不完全显性

相对性状不同的两个亲本杂交,F_1 表现的性状,是双亲性状的中间型,这种显性称不完全显性。如紫茉莉的花色,有红色、粉红色和白色,当红色与白色这两个品种进行杂交时,F_1 的花不是红色而是粉红色,即双亲的中间型,F_1 的表现型为 1 红:2 粉红:1 白。

(三)共显性

相对性状不同的两个亲本杂交,双亲的性状同时在 F_1 个体上出现,这种显性称共显性。如人的血型是根据人的红血细胞上不同抗原而分类的。现已发现有 20 多个血型系统,其中主要的并具有临床意义的血型有 ABO、MN、Rh 等系统。下面讨论 MN 血型,它可分为三种表现型,即 M 型、N 型和 MN 型,是由一对等位基因(L^M,L^N)控制的,L^M 与 L^N 这一对等位基因的两个成员分别控制不同物质,而这两种物质同时在杂合体中表现出来,因而称为共显性。所以,这三种表现型和基因型分别为 M 型($L^M L^M$),N 型($L^N L^N$)和 MN 型($L^M L^N$)。

当然,显隐性关系是相对的,它会随着衡量标准的不同而发生改变,以至于随着条件的变化还可以相互转化。如豌豆圆粒与皱粒一对性状杂交,F_1 表型均为圆粒种子,似乎圆粒对皱粒是完全显性,但是在显微镜下检查种子里的成分,却表现为不完全显性。因为圆粒种子含淀粉粒数目多,皱粒种子中含淀粉粒数目少,且呈多角形,于是种子干燥后便皱缩起来。而 F_1 种子表型虽然是圆粒,但其中淀粉粒数目和形状都介于双亲之间,所以是不完全显性、由此可见,显隐性是随分析标准不同而发生变化。

(四)镶嵌显性

双亲的性状在后代的同一个体不同部位表现出来,形成镶嵌图式,这种显性现象称为镶嵌显性。例如,我国学者谈家桢教授对异色瓢虫色斑遗传的研究,他用黑缘型鞘翅(SAu-SAu)瓢虫(鞘翅前缘呈黑色)与均色型鞘翅(SESE)瓢虫(鞘翅后缘呈黑色)杂交,子一代杂种(SAuSE)既不表现黑缘型,也不表现均色型,而出现一种新的色斑,即上下缘均呈黑色。在植物中,如玉米花青素的遗传也表现出这种现象。

▶ 二、复等位基因

复等位基因是指在同源染色体的相同位点上,存在三个或三个以上的等位基因,这种等位基因在遗传学上称为复等位基因。复等位基因存在于群体中的不同个体,对于一个具体的个体或细胞而言,仅可能有其中的两个。由于复等位基因的出现,增加了生物的多样性和适应性,为育种工作提供了丰富的资源,也使人们在分子水平上进一步理解了基因的内部结构。如人类的 ABO 血型遗传。

▶ 三、致死基因

致死基因是指当其发挥作用时导致个体死亡的基因。致死基因包括显性致死基因和隐性致死基因。

▶ 四、非等位基因间的相互作用

在独立分配规律中 F₂ 出现 9:3:3:1 的分离比例,表明这是由两对相对基因自由组合的结果。但是,有时两对相对基因的自由组合却不一定会出现 9:3:3:1 的分离比例,这是什么原因呢?研究表明,这是由于不同对基因间相互作用的结果。这种现象,称为基因互作。基因互作的形式有多种,现以 2 对非等位基因为例,对各种互作方式简介如下。

1. 互补作用

2 对独立遗传基因分别处于纯合显性或杂合状态时,共同决定一种性状的发育;当只有一对基因是显性,或两对基因都是隐性时,则表现为另一种性状。这种基因互作的类型称为互补作用。例如,在香豌豆中有两个白花品种,二者杂交产生的 F₁ 开紫花,自交后其 F₂ 群体分离为 9/16 紫花:7/16 白花。显然,开紫花是由于显性基因 C 和 P 互补的结果。因此,这两个基因称为互补基因。图解如下(图 1-4-5):

$$P \qquad 白花\ CCpp \times 白花\ ccPP$$

$$\downarrow$$

$$F_1 \qquad 紫花\ CcPp$$

$$\downarrow \otimes$$

$$F_2 \qquad 9\ 紫花(C\_P\_):7白花(3C\_pp + 3ccP\_ + 1ccpp)$$

图 1-4-5 基因互补作用

后来的实验证实,只有当显性基因C和P同时存在时,在花朵中才可以形成各种花苷色素,前驱物 $\xrightarrow[\text{酶}_1]{C}$ 花色素原 $\xrightarrow[\text{酶}_2]{P}$ 花色苷色素 这两个互补基因任缺一个,则此生化过程不能完成,所以 C_pp、ccP_、ccpp 都开白花。后来还从不同的白花品种得出无色的提取液,它们在试管中混合后产生紫色。显然基因之间的交互作用与它们所产生的简单指示剂型的化学物质有关。

2. 积加作用

两种显性基因同时存在时产生一种性状,单独存在时表现另一种性状,都不存在时又表现一种性状,这种基因互作现象称为积加作用。例如将两种基因型不同的圆球形南瓜杂交后,F_1 产生扁盘形,F_2 出现三种果形:9/16 扁盘形、6/16 圆球形、1/16 长圆形。见图1-4-6。

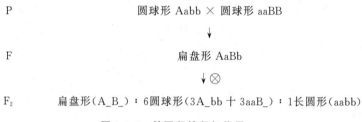

$$P \qquad 圆球形\ Aabb \times 圆球形\ aaBB$$
$$\downarrow$$
$$F \qquad 扁盘形\ AaBb$$
$$\downarrow \otimes$$
$$F_2 \qquad 扁盘形(A\_B\_):6圆球形(3A\_bb + 3aaB\_):1长圆形(aabb)$$

图1-4-6 基因积的积加作用

3. 重叠作用

两种显性基因同时存在或单独存在时表现同一种性状,都不存在时表现另一种性状。这种基因互作现象称为重叠作用。例如将荠菜中的三角形蒴果与卵形蒴果植株杂交,F_1 全是三角形,F_2 三角形为 15/16,卵形为 1/16,由此可见这两对非等位基因的显性基因控制同一性状(三角形蒴果)的发育,而且具有重叠的作用,所以这些具有相同效应的非等位基因称为重叠基因。见图1-4-7。

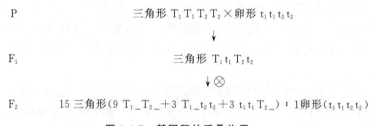

$$P \qquad 三角形\ T_1T_1T_2T_2 \times 卵形\ t_1t_1t_2t_2$$
$$\downarrow$$
$$F_1 \qquad 三角形\ T_1t_1T_2t_2$$
$$\downarrow \otimes$$
$$F_2 \qquad 15\ 三角形(9\ T_1\_T_2\_ + 3\ T_1\_t_2t_2 + 3\ t_1t_1T_2\_):1卵形(t_1t_1t_2t_2)$$

图1-4-7 基因积的重叠作用

4. 抑制作用

一个基因本身并不能独立地表现任何可见的效应,但能抑制另一个非等位基因的表现,这种基因称为抑制基因,这种互作现象称为抑制作用。例如,家蚕中有结黄茧的,也有结白茧的,而且结白茧的有两种:一种为隐性白(iiyy),这是亚洲种,另一种为显性白(IIyy)也称为优白,欧洲种。而纯黄茧基因型为 iiYY。如果将结隐性白茧的蚕和结黄茧的蚕杂交,结果 F_1 全为结黄茧的,这说明白茧是隐性的,但是如果把结显性白茧的蚕和结黄茧的蚕杂交,结果 F_1 全为结白茧的,且 F_2 表现为白13:黄3。见图1-4-8。

作物遗传育种

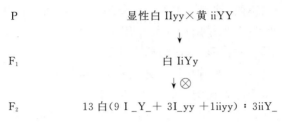

P   显性白 IIyy×黄 iiYY

F₁   白 IiYy

F₂   13 白(9 I _Y_ + 3I_yy +1iiyy) ：3iiY_

图 1-4-8　基因积的抑制作用

显然黄茧基因是 Y,白茧基因是 y,另外还有一个非等位的抑制基因 I。当 I 基因存在时就抑制了黄茧基因 Y 的作用,只有 I 不存在时 Y 的作用才表现,所以白 13:黄3。

5.上位作用

一对基因对另一对基因的表现起遮盖作用,称为上位作用。起遮盖作用的基因叫上位基因,如果是显性基因,称为上位显性基因,如果是隐性基因,称为上位隐性基因。上位基因不仅对另一个非等位基因表现遮盖作用,同时它本身还能决定性状的表现。

(1)显性上位

例如,燕麦的颖壳有黑色(BByy)和黄色(bbYY),将这两种类型进行杂交,其结果如下(图 1-4-9)。

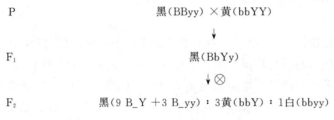

P   黑(BByy)×黄(bbYY)

F₁   黑(BbYy)

F₂   黑(9 B_Y +3 B_yy):3黄(bbY):1白(bbyy)

图 1-4-9　基因积的显性上位

显然黄色基因是 Y,白色基因是 y,另外还有一个非等位的显性上位基因 B。当 B 基因存在时就抑制 Y 与 y 的作用,而表现为 B 基因所控制的黑色性状;只有 B 不存在时,Y 与 y 才分别表现为黄色和白色。

(2)隐性上位

例如,萝卜皮色的遗传,当基本色基因 C 存在时,另一对基因 Pr 和 pr 都能表现各自的作用,即 Pr 表现紫色,pr 表现红色。缺 C 因子时,隐性上位基因 c 抑制了 Pr 和 pr 的作用,而表现为 c 基因所控制的白色性状。图示如下(图 1-4-10)。

P   红皮 CCprpr × 白皮 ccPrPr

F₁   紫皮 CcPrpr

F₂   紫皮(C_Pr_)：3红皮(C_prpr)：4白皮(3ccPr_+1ccprpr)

图 1-4-10　基因积的隐性上位

上位作用和抑制作用不同,抑制基因本身不能决定性状,而上位基因除遮盖其他基因的表现外,本身还能决定性状;上位作用和显性作用也不同,上位作用发生于两对非等位基因之间,显性作用则发生于同一对等位基因的两个成员之间。

从以上实验结果可见,由于基因互作的方式不同,其表现型比例也不同,但各种表现型的比例都是在两对独立基因分离比例9∶3∶3∶1的基础上演变而来的,其基因型的比例仍然和独立分配一致。由此可知,基因互作的遗传方式仍然符合孟德尔的遗传定律,而且是对它的进一步深化和发展。见表1-4-4。

表1-4-4　六种形式可以归纳表

基因互作类型	表现型比率	相当于自由组合比率
互补作用	9∶7	9∶(3∶3∶1)
积加作用	9∶6∶1	9∶(3∶3)∶1
重叠作用	15∶1	(9∶3∶3)∶1
抑制作用	13∶3	(9∶3∶1)∶3
显性上位	12∶3∶1	(9∶3)∶3∶1
隐性上位	9∶3∶4	9∶3∶(3∶1)

▶ 五、多因一效和一因多效

在上述两个遗传规律中,孟德尔用一个遗传因子代表一个性状,用相对遗传因子的分离和重组来解释相对性状的遗传规律。但在孟德尔以后,许多试验证明基因与性状远不是"一对一"的关系,相对基因间的显隐性关系就是最简单的说明。这种一对等位基因控制一对相对性状的遗传形式,称为"一因一效"。但是,生物体是一个整体,任何性状都十分复杂,除"一因一效"外,还有一对基因影响一对以上性状的表现,称为"一因多效",这是因为基因通过酶不但控制了某个主要生化过程,同时也影响着与其相联系的其他过程,进而影响着与其他相关性状的表现。也有多对基因共同影响一对性状的表现,称为"多因一效"。

二维码1-4-1　多因一效或一因多效案例

二维码1-4-2　现代遗传学之父——孟德尔
（知识链接）

？复习思考题

1.小麦毛颖基因 P 为显性,光颖基因 p 为隐性。写出下列杂交组合亲本的基因型:

毛颖×毛颖,后代全部毛颖;

毛颖×毛颖,后代 3/4 毛颖∶1/4 光颖;

毛颖×光颖,后代 1/2 毛颖∶1/2 光颖。

2.小麦无芒基因 A 为显性,有芒基因 a 为隐性。写出下列杂交组合中 F_1 的基因型和表现型。表现型的比例如何？

①AA×aa ②AA×Aa ③Aa×aa ④Aa×Aa ⑤aa×aa

3.大豆的紫花基因 P 对白花基因 p 为显性，紫花×白花的 F_1 全为紫花，F_2 共有 1 653 株，其中紫花 1 240 株，白花 413 株。试说明父、母本及 F_1 的基因型。

4.纯种甜玉米和纯种非甜玉米间行种植，收获时发现甜粒玉米果穗上结有非甜粒的籽实。如何解释这种现象？怎样验证解释。

5.试写出以下六种基因型的个体各能产生哪几种配子？

AABB、Aabb、aaBB、AaBB、AABb、AaBb

6.花生种皮紫色(R)对红色(t)为显性，厚壳(T)对薄壳(t)为显性。它们是独立遗传的。指出下列各种杂交组合的：①亲本的表现型、配子种类和比例；②F_1 的基因型种类和比例、表现型种类和比例。

TTrr×ttRR TTRR×ttrr TtRr×ttRt ttRr×Ttrr

7.设有 3 对独立遗传、彼此没有互作并且表现完全显性的基因 Aa、Bb、Cc，在杂合基因型个体 AaBbCc(F_1)自交所得的 F_2 群体中，试求具有 5 个显性基因和 1 个隐性基因的个体的频率以及具有 2 显性状和 1 隐性性状的频率。

8.光颖、抗锈、无芒(ppRRAA)小麦和毛颖、感锈、有芒(PPrraa)小麦杂交，希望从 F_3 获得毛颖、抗锈、无芒(PPRRAA)的小麦 10 个株系，试问在 F_2 群体中至少应选择表现型为毛颖、抗锈、无芒(P_R_A_)的小麦多少株？

Chapter 5

连锁遗传

➤➤ **知识目标**

1. 掌握连锁遗传、完全连锁、不完全连锁的概念,了解连锁遗传的遗传机理。
2. 掌握连锁遗传规律在育种中的应用。

➤➤ **技能目标**

1. 掌握交换值的测定与计算方法。
2. 学会杂交后代群体选择数量的计算方法。

第一节 连锁遗传的表现及特征

▶ 一、杂交试验

贝特生(W. Bateson)和柏乃特(R. C. Pumett)在香豌豆两对性状的杂交试验中首先发现了连锁遗传现象。

第一组试验用的两个亲本是紫花、长花粉和红花、圆花粉。紫花(P)对红花(p)为显性，长花粉(L)对圆花粉(l)为显性,杂交试验结果如下:

P   紫花、长花粉 PPLL × 红花、圆花粉 ppll

$$\downarrow \otimes$$

F_1   紫花、长花粉 PpLl

$$\downarrow$$

F_2 紫、长 P_L_：紫、圆 P_ll：红、长 ppL_：红、圆 ppll

	紫、长 P_L_	紫、圆 P_ll	红、长 ppL_	红、圆 ppll
实际数	4 831	390	393	1 338
按 9:3:3:1推算的理论数	3 910.5	1 303.5	1 303.5	434.5

从以上结果看,F_2 出现四种表现型,不符 9:3:3:1的分离比例,且差距很大,其中亲组合性状(紫、长和红、圆)实际数值多于理论数值,而重组合性状(紫、圆和红、长)少于实际数值,不符合独立分配规律。

第二组试验用的两个杂交亲本是紫花、圆花粉和红花、长花粉。分别具有一对显性基因和一对隐性基因,杂交试验结果如下:

P   紫花、圆花粉 PPll × 红花、长花粉 ppLL

$$\downarrow$$

F_1   紫花、长花粉 PpLl

$$\downarrow \otimes$$

F_2 紫、长 P_L_：紫、圆 P_ll：红、长 ppL_：红、圆 ppll

	紫、长 P_L_	紫、圆 P_ll	红、长 ppL_	红、圆 ppll
实际数	226	95	97	1
按 9:3:3:1推算的理论数	235.8	78.5	78.5	26.2

试验结果同样显示出,在 F_2 出现四种表现型与9:3:3:1的分离比例相比,仍然是亲组合性状(紫、长和红、圆)偏多,而重组合性状(紫、圆和红、长)偏少。

二、连锁遗传的概念

1.连锁遗传

原来为同一亲本所具有的两个性状,在F_2中常常有连在一起遗传的现象,我们把这种现象称为连锁遗传。

2.相引组

在遗传学上,把两个显性性状连在一起遗传,两个隐性性状连在一起遗传的杂交组合,称为相引组。

3.相斥组

把一个显性性状和一个隐性性状连在一起遗传,一个隐性性状和一个显性性状连在一起遗传的杂交组合,称为相斥组。

第二节 连锁遗传原理

一、连锁遗传的解释

上述香豌豆试验中各个单位性状的相对差异是否受分离规律支配。根据分析无论相引组和相斥组的F_2群体内紫花对红花、长花粉对圆花粉的分离比例都接近3:1。

第一组试验:

紫花:红花=(4 831+390):(1 338+393)=5 221:1 731≈3:1

长花粉:圆花粉=(4 831+393):(1 338+390)=5 224:1 728≈3:1

第二组试验:

紫花:红花=(226+95):(97+1)=321:98≈3:1

长花粉:圆花粉=(226+97):(95+1)=323:96≈3:1

从上述分析中说明,虽然两个单位性状的综合分离不符合独立分配规律,但每个单位性状而言,仍是受分离规律支配的。在独立遗传情况下F_2四种表现型所呈现9:3:3:1的分离比例,是以F_1个体通过减数分裂过程中形成同等数量的配子为前提的,如果F_1形成的四种配子数不相等,就不可能获得F_2的9:3:3:1的比例。据此可以这样推论,在连锁遗传中F_2不表现独立分配的比例,可能是F_1形成的四种配子的比例是不同数目也不相等的缘故。

二、连锁遗传的验证

通过测交并根据测交后代的表现型种类及其比例来确定F_1产生的配子种类及其比例。现以玉米为材料,测定F_1产生的四种配子比例。

1.相引组

已知玉米籽粒的糊粉层有色(C)对无色(c)为显性;饱满(Sh)对凹陷(sh)为显性。以玉

作物遗传育种

米籽粒的糊粉层有色(C)、饱满(Sh)的纯种与无色(c)、凹陷(sh)的纯种杂交得 F_1，然后用双隐性纯合体(籽粒无色、凹陷)与 F_1 测交，结果如下：

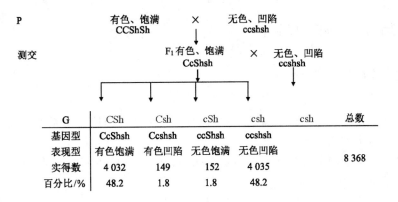

G	CSh	Csh	cSh	csh	csh	总数
基因型	CcShsh	Ccshsh	ccShsh	ccshsh		
表现型	有色饱满	有色凹陷	无色饱满	无色凹陷		8 368
实得数	4 032	149	152	4 035		
百分比/%	48.2	1.8	1.8	48.2		

$$亲本组合类型 = \frac{4\ 032 + 4\ 035}{8\ 368} \times 100\% = 96.4\%$$

$$重新组合类型 = \frac{149 + 152}{8\ 368} \times 100\% = 3.6\%$$

从试验中看出 F_1 能够形成四种配子，但数目不像独立分配规律那样为 1∶1∶1∶1，而是数目不等，比例为 48.2∶1.8∶1.8∶48.2，这样就证明原来亲本具有的两对非等位基因(Cc 和 Shsh)不是独立分配，而是连锁遗传的，亲组合中所得的配子数目偏多，而重组合中所得配子数目偏少，若用百分率表示，就是重组合类型的配子数占配子总数的百分比，则叫重组率。在两对基因为连锁遗传时，其重组率总是小于 50%。

2. 相斥组

试验方法与相引组相同，只是两个亲本各具有一个显性性状和一个隐性性状，测交试验结果如下：

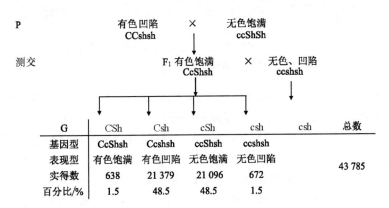

G	CSh	Csh	cSh	csh	csh	总数
基因型	CcShsh	Ccshsh	ccShsh	ccshsh		
表现型	有色饱满	有色凹陷	无色饱满	无色凹陷		43 785
实得数	638	21 379	21 096	672		
百分比/%	1.5	48.5	48.5	1.5		

$$亲本组合类型 = \frac{21\ 379 + 21\ 096}{43\ 785} \times 100\% = 97.01\%$$

$$重新组合类型 = \frac{638 + 672}{43\ 785} \times 100\% = 2.99\%$$

相斥组测交试验结果与相引组的基本一致，同样证实 F_1 的四种配子数不等。F_1 的亲本型配子(Csh 和 cSh)数多于配子总数的 50%，重组型配子(CSh 和 csh)数少于配子总数的

50％。进一步证明了分属于两个亲本的非等位基因(相引组的 CSh 和 csh,相斥组的 Csh 和 cSh)是连锁在一起遗传的。

三、连锁遗传的遗传机理

(一)完全连锁和不完全连锁

1. 完全连锁

通过贝特生和摩尔根等科学家的多次试验证明,具有连锁遗传关系的一些基因,是位于同一染色体上的非等位基因。

当基因 A-a 和基因 B-b 位于同一对染色体上,其个体 AABB 与另一个体 aabb 杂交,得到 F_1 AaBb 的遗传如图 1-5-1。

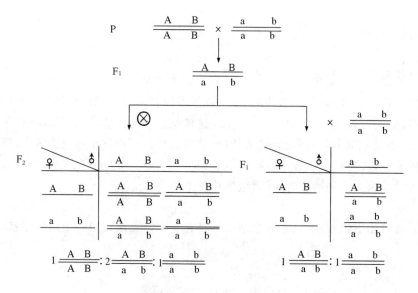

图 1-5-1 完全连锁遗传的自交后代和测交后代的比较

(仿浙江农业大学的《遗传学》)

在图 1-5-1 中,━━表示一对同源染色体,双线上下的字母表示位于该染色体上的连锁基因,并以此区别于独立基因。为了书写方便亦可省去一线以──表示。在横向书写时常写成 AB/ab。由于连锁基因位于同一染色体上,当细胞减数分裂时,染色体移到哪个配子,则该染色体上的基因也就跟随着一起移到哪个配子,不能进行非等位基因间的自由组合。如果 AB/ab 杂合体自交或测交其后代中只表现亲本类型,而无重组类型,则这种遗传称为完全连锁(图 1-5-1)。图中表明在完全连锁时,基因 A 与 B 始终联系在一起,杂合体只产生亲型配子没有重组型配子,遗传表现就相当于一对等位基因的遗传,即 F_2 表现型比为 3:1,测交后代表现型比为 1:1。

2. 不完全连锁

在生物界中,完全连锁遗传现象非常罕见,一般都是不完全连锁。当连锁的非等位基因,在形成配子过程中发生了互换,F_1 不仅产生亲本型配子,也产生重组型配子。就相引组的杂种 F_1 AB/ab 而言,若交换发生在两基因连锁区段之外,所形成的配子全部为亲型配子;若交换发

作物遗传育种

生在两基因连锁区段之内,所形成的配子50%的为亲本型配子,50%的为重组型配子。

(二)连锁和交换形成

生物性状的连锁与互换遗传关系同细胞中染色体的行为完全一致。当减数分裂过程进入粗线期时,每对同源染色体的非姊妹染色单体之间经常发生某些区段的交换。在染色体上除了着丝点不能发生交换以外,其他位置均可发生交换。如交换位置发生在两对连锁基因相连的区段以外,则连锁关系没有改变,如发生在两对连锁基因区段之内,则出现重组型配子(图1-5-2)。

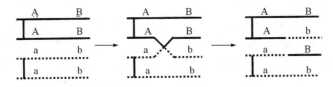

图 1-5-2　基因交换简图

在连锁遗传中,为什么重组型配子比亲型的配子少,而且还不超过50%呢?一个原因是孢母细胞在减数分裂时,交换在染色单体上发生的位置不定而导致的,如果发生在该两对基因连锁区段之外,就等于没有重组,即使是发生了交换的细胞中,四条染色单体中还有两条没有发生交换。另一个原因是有部分的细胞染色单体根本未发生交换,所以重组型的配子数总是比亲型的少。两对基因交换的数量与两对基因间的距离远近有密切的关系,距离远的,发生交换的机会多,产生的重组型配子多;距离越近,发生交换的机会少,重组型配子越少,如果近到无法交换,就成为完全连锁了。所以重组型配子最多也不会超过50%。

第三节　交换值及其测定

▶ 一、交换值

交换值是指杂种所产生的重组型配子数占总配子数的百分数,也称为交换价、交换率、重组率。它代表基因间的距离单位。用交换值来表示发生交换的孢母细胞的多少,是重组型配子百分率的2倍。交换值的公式是:

$$交换值 = \frac{重新组合的配子数}{总配子数} \times 100\%$$

▶ 二、交换值的测定

应用上述公式来进行交换值的估算,就必须知道重组型的配子数。测定重组型的配子数的简易方法有测交法和自交法两种。

(1)测交法

该方法适用于异花授粉作物。

就是用 F_1 与隐性纯合体进行杂交,前述玉米测交试验的重新组合类型比率,即交换值(相引组为 3.6%,相斥组为 2.99%),就是依据测交结果和应用上述公式计算出来的。

(2)自交法

该方法适用于自花授粉作物。

贝特生和柏乃特的香豌豆连锁遗传资料就是通过自交方法获得的。现在以其相引组为例,说明交换值估算的理论根据和具体方法。

香豌豆的 F_2 有四种表现型,就可以推测它的 F_1 能够形成四种配子。其基因组成为 $\underline{PL}$、$\underline{Pl}$、$\underline{pL}$、$\underline{pl}$。假设各种配子的比例分别为 a、b、c、d,经过自交而产生的 F_2 结果,自然是这些配子的平方,即 $(aPL:bPl:cpL:dpl)^2$,其中表现型为纯合双隐性 ppll 的个体数应是 d 的平方,即 $d \times d = d^2$。反过来说,组合成 F_2 表现型 ppll 的 F_1 配子必然是 pl,其频率为 d。本例中 F_2 表现型 ppll 的个体数为 1 338 个,应占总个体数 6 952 的 19.2%,F_1 配子 pl 的频率应为 $\sqrt{0.192} = 0.44$,即 44%。因为配子 $\underline{PL}$ 和 pl 的频率是相等的,所以也应为 44%,它们在相引组中都是亲本组合。而重组型的配子 $\underline{Pl}$ 和 pL 各为 $(50-44)\% = 6\%$。这样 F_1 形成四种配子的比例应该为 $0.44\underline{PL}:0.06\underline{Pl}:0.06\underline{pL}:0.44pl$。交换值是两种重组型配子数的总和,则交换值就为 $6\% + 6\% = 12\%$,这就是相引组交换值估算的方法。对于相斥组交换值估算也可用同样方法,应该指出的是,F_1 形成的配子 PL 和 pl 在相引组为亲本型配子,而在相斥组为重组型配子。

以上推理估算,可以得出如下结论:

相引组杂交组合,则:

$$交换值 = 100\% - 2 \times \sqrt{F_2 群体内双隐性个体的比率} \times 100\%$$

$$或交换值 = 100\% - 2 \times \sqrt{\frac{F_2 群体内双隐性个数}{F_2 群体总数}} \times 100\%$$

相斥组杂交组合,则:

$$交换值 = 2 \times \sqrt{F_2 群体内双隐性个体的比率} \times 100\%$$

$$或交换值 = 100\% - 2 \times \sqrt{\frac{F_2 群体内双隐性个数}{F_2 群体总数}} \times 100\%$$

一般来讲,染色体上发生断裂的位置是随机的,根据在染色体上基因呈直线排列的理论,可以设想基因间距离愈远,就愈有机会发生交换,也就是指发生交换的孢母细胞数愈多,新组合的配子数也就愈多,交换值也就愈大,所以交换值的大小,可以用来表示基因间的相对距离。通常以交换值 1% 作为 1 个遗传距离单位或称为 1 个图距单位。如交换值为 15% 时,表示两基因间相距 15 个遗传距离。

据此可以理解,交换值也表示基因间的连锁强度。交换值愈小,连锁强度愈大,重组型出现的机会也愈少;反之,交换值愈大,连锁强度愈小,重组型出现的机会也愈多。

交换值的大小在 0～50% 之间变化。当交换值为 0,则表示两基因间完全连锁,后代中没有重组型出现;当交换值越接近 50% 时,则表示两基因连锁强度越小,基因间相对距离越远,以至于几乎 100% 的孢母细胞都发生了交换,这与独立遗传没有什么区别。但通常情况下,交换值总是大于 0 而小于 50%,属于不完全连锁。

第四节 基因定位与连锁遗传图

一、基因定位

基因定位是确定基因在染色体上的相对位置和排列次序。基因在染色体上的相对位置取决于基因在染色体上的次序与距离,而基因之间的次序与距离又是由交换值的多少来决定的。因而只要准确的求得交换值,基因在染色体上的位置即可以确定下来。如果把知道基因之间的距离和次序在染色体上标志出来,绘成图,就称为连锁图。

(一)两点测验

两点测验是基因定位最基本的方法,他通过一次杂交和一次用双隐性亲本测交来确定两对基因是否连锁,然后再根据其交换值来确定它们在同一染色体上的位置。

例如,为了确定 Aa、Bb、Cc 三对基因在染色体上的相对位置,方法是:通过一次杂交和一次测交求出 Aa 和 Ba 两对基因的重组率(交换值),根据重组率来确定它们是否是连锁遗传,通过相同的方法和步骤来确定 Bb 和 Cc 两对基因以及 Aa 和 Cc 两对基因是否连锁遗传、如果通过上述 3 次试验,确认 Aa 和 Bb、Bb 和 Cc 以及 Aa 和 Cc 是连锁遗传的,就说明这三对基因都是连锁遗传的。这样就可以依据 3 个重组率(交换值)的大小,进一步确定这三对基因在染色体上的位置。

例:已知玉米籽粒的有色(C)对无色(c)为显性,饱满(Sh)对凹陷(sh)为显性,非糯性(Wx)对糯性(wx)为显性。为了确定这 3 对基因是否连锁遗传,曾分别进行了下述 3 个试验:

试验Ⅰ:用有色、饱满的纯种玉米(CCShSh)与无色、凹陷的纯种玉米(ccshsh)杂交,再使 F$_1$(CcShsh)与无色、凹陷的双隐性纯合体(ccshsh)测交。

试验Ⅱ:用糯性而饱满的纯种玉米(wxwxShSh)与非糯性而凹陷的纯种玉米(WxWxsh-sh)杂交,再使 F$_1$(WxwxShsh)与糯性、凹陷的双隐性纯合体(wxwxshsh)测交。

试验Ⅲ:用非糯性、有色的纯种玉米(WxWxCC)与糯性、无色的纯种玉米(wxwxcc)杂交,再使 F$_1$(WxwxCc)与糯性、无色的双隐性纯合体(wxwxcc)测交。

将 3 个试验的结果列于表 1-5-1。

表 1-5-1 玉米两点测验的 3 个测交结果

试验类别	亲本和后代	表现型及基因型		种子粒数
		种　类	亲本组合或重新组合	
第一试验	P$_1$	有色、饱满(CCShSh)		
	P$_2$	无色、凹陷(ccshsh)		
	测交后代	有色、饱满(CcShsh)	亲本组合	4 032
		无色、饱满(ccShsh)	重新组合	152
		有色、凹陷(Ccshsh)	重新组合	149
		无色、凹陷(ccshsh)	亲本组合	4 035

试验类别	亲本和后代	表现型及基因型		种子粒数
		种 类	亲本组合或重新组合	
第二试验	P₁	糯性、饱满（wxwxShSh）		
	P₂	非糯性、凹陷（WxWxshsh）		
	测交后代	非糯性、饱满（WxwxShsh）	重新组合	1 531
		非糯性、凹陷（Wxwxshsh）	亲本组合	5 885
		糯性、饱满（wxwxShsh）	亲本组合	5 991
		糯性、凹陷（wxwxshsh）	重新组合	1 488
第三试验	P₁	非糯性、有色（WxWxCC）		
	P₂	糯性、无色（wxwxcc）		
	测交后代	非糯性、有色（WxwxCc）	亲本组合	2 542
		非糯性、无色（Wxwxcc）	重新组合	739
		糯性、有色（wxwxCc）	重新组合	717
		糯性、无色（wxwxcc）	亲本组合	2 716

试验 I 结果表明：Cc 和 Shsh 两对基因是连锁遗传的。因为，它们在测交后代所表现的交换值是 $[(152+149)/(4\,032+4\,035+152+149)] \times 100\% = 3.6\%$，远远小于 50%，就是说，Cc 和 Shsh 两对基因在染色体上相距 3.6 个遗传单位。

试验 II 结果说明：Wxwx 和 Shsh 这两对基因也是连锁遗传的。因为它们在测交后代所表现的交换值为 $[(1\,531+1\,488)/(5\,885+5\,991+1\,531+1\,488)] \times 100\% = 20\%$，也小于50%，这证明 Wxwx 和 Shsh 这两对基因在同一染色体上相距 20 个遗传单位。既然 Cc 和 Shsh 是连锁遗传的，Wxwx 和 Shsh 又是连锁遗传的，那么，Cc 和 Wxwx 自然也是连锁遗传的。但是，仅仅根据 Cc 和 Shsh 的交换值为 3.6% 与 Wxwx 和 Shsh 的交换值为 20%，还是无法确定它们三者在同一染色体上的相对位置。只能依据这两个交换值，断定它们在同一染色体上的排列顺序有两种可能性。即有下列两种可能（图 1-5-3）：

如果是第一种排列顺序，则 Wxwx 和 Cc 之间的交换值应该是 23.6%；如果是第二种排列顺序，则 Wxwx 和 Cc 之间的交换值应该是 16.4%。那么究竟是 23.6%、还是 16.4% 呢？则需根据第三个试验结果来确定。

试验 III 结果表明：Wxwx 和 Cc 的交换值为 $[(739 + 717)/(2\,542 + 2\,716 + 739 + 717)] \times 100\% = 22\%$，这与 23.6% 比较接近，与 16.4% 相差较远。所以，可以确认第一种排列顺序符合这三对连锁基因的实际情况，即 Shsh 在染色体上的位置应排在 Wxwx 和 Cc 之间。这样就把这三对基因的相对位置初步确定下来。用同样的方法和步骤，还可

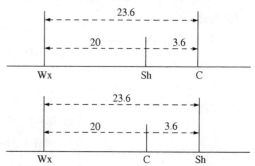

图 1-5-3 二点试验基因可能排列顺序

以把第四对、第五对及其他各对基因的连锁关系和位置确定下来。不过,如果两对连锁基因之间的距离超过 5 个遗传单位,两点测验法准确性较差,加之两点测验需分别进行三次杂交和三次测交才能完成,工作烦琐,那么更好的测验方法便是下面介绍的三点测验法。

(二)三点试验

三点测验是基因定位最常用的方法,它只通过一次杂交和一次用隐性亲本测交,就可以同时确定三对基因在染色体上的位置。采用三点测验能够达到两个目的:其一可以纠正两点测验的缺点,使估算的交换值更加准确;其二可以通过一次试验同时确定三对连锁基因的位置。具体步骤如下:

利用籽粒凹陷、非糯性、有色的玉米纯系 shshWxWxCC 与子粒饱满、糯性、无色的玉米纯系 ShShwxwxcc 杂交得 F_1,再使 F_1 与凹陷、糯性、无色 shshwxwxcc 的隐性纯合体进行测交,测交的结果如下。为了便于说明,以"+"号表示各显性基因,其对应的隐性基因仍分别以 c、sh 和 wx 代表。

P　　　凹陷、非糯性、有色　　×　　饱满、糯性、无色

　　　　Shsh　++　++　　　　　++　wxwx　cc

　　　　　　　　↓

测交　　F_1饱满、非糯性、有色　×　凹陷、糯性、无色

　　　　+sh　+wx　+c　　　shsh　wxwx　cc

　　　　　　　　↓

测交后代表现型	据测交后代的表现型推知的 F_1 配子种类			粒数	交换类别
饱满、糯性、无色	+	wx	c	2 708	亲本型
凹陷、非糯性、有色	sh	+	+	2 538	亲本型
饱满、非糯性、无色	+	+	c	626	单交换
凹陷、糯性、有色	sh	wx	+	601	单交换
凹陷、非糯性、无色	sh	+	c	113	单交换
饱满、糯性、有色	+	wx	+	116	单交换
饱满、非糯性、有色	+	+	+	4	双交换
凹陷、糯性、无色	sh	wx	c	2	双交换
总数				6 708	

1. 确定三对基因是否连锁遗传

(1)如果是独立遗传,则八种表现型的植株数应相近,而实际却差异较大。

(2)如果是其中两对基因在一对染色体上,一对基因在另一对染色体上,则测交后代的八种表现型中应该是每四种的表现型数相同,只有两种比例,而实际上并非如此。

(3)如果是三对基因连锁,则每两种的表现型数相同,就会有四类不同的比例值,这与本试验结果相符,表明该三对基因位于同一对染色体上,有连锁遗传关系。

2. 确定三对基因在染色体上的排列次序

在测交后代中,根据个体数最多的两种表现型是亲本型,即饱满、糯性、无色和凹陷、非

糯性、有色。产生的配子是＋wx c 和 sh ＋ ＋；最少的是双交换的个体，即凹陷、糯性、无色和饱满、非糯性、有色，产生的配子是 sh wx c 和＋＋＋。但根据两亲本的表现型推测，F₁ 的基因排列次序可能是＋wx c 或＋ c wx，或 wx ＋ c，在三种排序中只有后者才能产生＋＋＋和 sh wx c 两种双交换的配子，前两种情况都不能产生。由此可以确定三对基因在一对同源染色体上的位置是 Shsh 在 Wxwx 和 Cc 两对基因之间，即 WxwxShshCc。

3.确定三对基因在染色体上的相对距离

由于每个双交换都包括两个单交换，因此在估算两个单交换值时，应该分别加上双交换值，才能正确地反映实际发生的单交换的频率。在本例中：

$$双交换值 = \frac{4+2}{6\,708} \times 100\% = 0.09\%$$

$$WX\ 和\ Sh\ 间的单交换值 = \frac{601+626}{6\,708} \times 100\% + 0.09\% = 18.4\%$$

$$Sh\ 和\ C\ 间的单交换值 = \frac{116+113}{6\,708} \times 100\% + 0.09\% = 3.5\%$$

那么，三对基因在染色体上的位置和距离可以确定如下图：

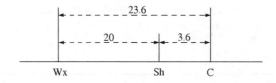

上述试验结果表明，基因在染色体上有一定的位置，顺序和距离，它们是呈直线排列的。

(三)干扰与符合

从理论上讲，染色体的交换可能发生在除着丝点外的任何一点，但一个单交换发生后能否影响到另一个单交换的发生？邻近的两个单交换间彼此是否有影响？这是需要进一步研究探讨的问题。

根据概率原理，如果两个单交换是彼此独立、互不影响而同时发生的，则双交换出现的理论值应该是：单交换 1 的百分率×单交换 2 的百分率。上述玉米三点测验理论的双交换值应为：0.184×0.035＝0.64%，而实际的双交换值仅为 0.009。可见一个单交换发生后，在他邻近再发生第二个单交换的机会就要减少。这种现象称为干扰。通常用符合系数来表示受到干扰的程度。即：

$$符合系数 = \frac{实际双交换值}{理论双交换值}$$

按此公式，上例的符合系数$= \frac{0.09}{0.64} = 0.14$

符合系数变动于 0～1 之间，为 0 时，发生完全干扰，即一点发生交换，其邻近一点就不会发生交换。为 1 时，两个单交换独立发生，完全没有受到干扰。上例的符合系数是 0.14，很接近 0，这说明一个单交换发生后，另一个单交换就受到相当严重的干扰。

通过两点测验或三点测验,可以确定某些基因存在于同一染色体上,即具有连锁遗传的关系。通过一系列有关连锁基因之间交换率的测定,可以把一对同源染色体上各基因次序和相对遗传距离标志出来,绘成连锁遗传图或染色体图。

1.连锁遗传图的概念

位于同一染色体上的基因组成为一个连锁群,故一个生物连锁群的数目总是与其染色体对数是一致的。

例如:玉米有 10 对染色体,它只有 10 个连锁群,水稻 12 对染色体,现已确定有 12 个连锁群。由于对有些作物连锁群资料研究还不充分,还不足以把全部连锁群绘制出来,所以连锁群的数目不会超过染色体的对数,并且目前还会出现连锁群的数目少于染色体对数的现象。目前研究最清楚的是玉米的连锁群,有些作物的连锁遗传图还没有完整绘出来。如陆地棉有 26 对染色体。现已明确了 13 个连锁群。基因在染色体上的相对距离是根据重组值决定的,就是把重组值去掉%后作为图距。

2.连锁遗传图的绘制

(1)基因在连锁遗传图上有一定的位置,这个位置叫作座位。一般以最先端的基因点为 0,但随着研究的进展,发现有基因在更先端的位置时,把 0 点给新的基因,其余的基因位置做相对移动。

(2)重组值 0～50% 之间,但在遗传图上却可能出现 50% 以上的遗传距离,这是因为这些数字是以染色体最先端一个基因为 0 点依次累加而成的缘故。所以由实验得到的重组值与图上的数值不一定是一致的。从而要从图上数值知道基因间的重组值,只限于邻近的基因座之间。

3.连锁遗传图的意义

杂交育种工作的目的,就是将有利的性状组合到同一子代中去,而把不利的性状扔掉,而连锁的基因通过交换,使基因重新组合,就可以达到综合优良性状的目的。如果我们预先了解到基因间的交换值,还可以估计取得成功的难易。根据交换值的大小,还可以预计杂交后代中出现新类型的百分比率,从而适当的安排后代群体的大小,经济利用人力、物力,根据连锁基因的交换值来预测后代中某种类型出现的比率及后代群体的大小。

二维码 1-5-1　连锁遗传图实例

第五节　连锁遗传的应用

已知水稻的两个连锁基因抗稻瘟病(Pi-z^t)与晚熟(Lm)是显性,感病与早熟是隐性,交换值是 2.4%。如果用抗病、晚熟亲本与感病、早熟的另一亲本杂交,计划在 F_3 中选出抗病、早熟的 5 个纯合株系,那么要 F_2 在这个杂交组合的群体至少要种植多少株?

根据上述杂交组合,F_1 的基因型应该是 Pi-z^t Lm/pi-z^t lm,简写成 <u>PL/pl</u>。要知道理想

类型在 F_2 出现的比率，应先根据交换值求得 F_1 形成配子的类型与比例。已知交换值为 2.4%，表明 F_1 的两种配子（Pl）和（pL）应各为交换值的一半，即为 1.2%，两种亲型配子（P L）和（p l）各为（100－2.4）%/2＝48.8%。求得了各类配子及其比例，就可知道 F_2 可能出现的基因型及其比例（表 1-5-2）。

表 1-5-2 水稻抗稻瘟病性与成熟连锁遗传结果

♂ ＼ ♀	P L 48.8	P l 1.2	p L 1.2	p l 48.8
P L 48.8	PPLL 2 381.44	PPLl 58.56	PpLL 58.56	PpLl 2 381.44
P l 1.2	PPLl 58.56	PPll※ 1.14	PpLl 1.14	Ppll※ 58.56
p L 1.2	PpLL 58.56	PpLl 1.14	ppLL 1.14	ppLl 58.56
p l 48.8	PpLl 2 381.44	Ppll※ 58.56	ppLl 58.56	ppll 2 381.44

注：※表示理想类型；PPll 表示理想类型中的纯合体。

表中知道，在 F_2 群体中出现理想的抗病、早熟类型共计 $\dfrac{118.56}{10\,000}\times100\%=1.185\,6\%$，其中属于纯合体的仅有 $\dfrac{1.44}{10\,000}$ 株，也就是在 10 000 中，只可能出现 1.44 株。

由此得知，要从 F_2 群体中选出 5 株理想的纯合体，按 $10\,000:1.44 = x:5$ 的比例式计算，其群体至少要种 3.5 万株才能满足计划的要求。

实践表明，当基因间连锁强度越大时，F_2 中出现重组型的机会越少，需要种植的 F_2 群体也就越大，所以在育种工作中，要尽量避免选用优良性状与不良性状紧密连锁的材料作为杂交亲本。

育种实践还告诉我们，可以利用性状间连锁的关系来提高选择效果。例如，大麦抗秆锈病基因与抗散黑穗病基因是紧密连锁的，只要选择抗锈病的优良单株，也就等于同时得到了抗散黑穗病的材料，一举两得，可提高选择效果的目的。

二维码 1-5-2 遗传基本定律在遗传学
及生命科学发展中的作用
（知识链接）

二维码 1-5-3 摩尔根简介
（知识链接）

复习思考题

1.分离规律、自由组合规律和连锁遗传这三大规律之间的区别和联系是什么？

2.为什么地球上哺乳动物的性别比总是保持在1∶1左右？

3.已知大麦的矮生性状基因(br)与抗条锈能力(T)有较强连锁关系,它们的交换值为12%。如果用矮生抗病(brbrTT)材料作为一个亲本,与正常感病(BrBrtt)的另一个亲本杂交,计划在F_3选出正常株高、抗病能力的5个纯合株系,这个杂交组合的F_2群体至少要种植多少株？

4.在果蝇中,有一品系对三个常染色体隐性基因a、b、c是纯合的,但不一定在同一条染色体上。另一品系对显性野生型等位基因A、B、C是纯合体,把这两品系交配,用F_1雌果蝇与隐性纯合果蝇亲本回交,观察到下列结果：

表型	数目
abc	211
ABC	209
aBc	212
Abc	208

①问这三个基因中哪两个是连锁的？

②连锁基因间的交换值是多少？

5.a和b是连锁基因,交换值为16%,位于另一染色体上的d和e也是连锁基因,交换值为8%。假定AABBDDEE和aabbddee都是纯合体,杂交后的F_1又与纯隐性亲本测交,其后代的基因型及其比例如何？

6.在大麦中,带壳(N)对裸粒(n),散穗(L)对密穗(l)为显性。今以带壳散穗与裸粒密穗的纯种杂交,F_1表现如何？ 让F_1与双隐性纯合体测交,其后代为:带壳散穗201株,裸粒散穗18株,带壳密穗20株,裸粒密穗203株。试问:这两对基因是否连锁？ 如果连锁,其交换值是多少？ 要使F_2出现纯合的裸粒散穗20株,F_1至少应种多少株？

Chapter 6

基因突变和染色体变异

➤➤ **知识目标**

1. 了解基因突变的一般特征。

2. 了解染色体结构变异的类型、特征及遗传效应。

3. 了解染色体数目变异的类型、特征及遗传效应。

➤➤ **技能目标**

1. 掌握基因突变的识别和鉴定方法。

2. 掌握染色体结构变异的细胞学鉴定方法。

3. 植物多倍体的诱导和鉴定方法。

4. 熟悉基因突变即染色体变异在作物育种中的应用。

变异是生物的普遍现象,由环境引起的变异大多属于不可遗传的变异;还有些是可遗传的变异。这一类可遗传的变异一方面可由基因的分离、重组、连锁与交换而导致,另一方面是由内在的遗传物质发生改变而引起的,它包括基因突变和染色体变异。

第一节　基因突变

▶ 一、基因突变的概念

基因突变(gene mutation)是指基因内部某一位点的结构发生改变,使其由原来的存在状态而变为另一种新的存在状态,与原来的基因形成对性关系。因而又将基因突变称为点突变。带有突变基因的细胞或个体,称为突变体(mutant)。所以说基因突变是从一个基因突变为它的等位基因,并且产生一种新的基因型上的差异。例如:水稻的高秆变为矮秆,棉花的长果枝变为短果枝等。

1. 突变的发现

最初提出突变这个名词的是 DeVriesl 在 1901—1903 年栽培月见草中发现多种可遗传的变异,而且这些变异是不连续的,好像突然发生的,故叫突变。首先确定基因突变的是 T. H. Morgan,他在 1910 年从许多红眼的野生型果蝇中偶然发现了一只白眼雄蝇,通过杂交试验证明是一个性连锁基因的突变。此后,大量的研究也表明基因突变并非偶然发生的,而是生物界中普遍存在的现象,这种在自然情况下产生的突变,称为自然突变或自发突变(spontaneous mutation)。1927 年,Morgan 的学生 H. J. Muller 首次用 X 射线照射果蝇,发现 X 射线可以诱发基因突变。这种由人们有意识地利用一些物理或化学因素而诱发的产生的突变称为诱发突变。自发突变受自然界的各种辐射、环境中的化学物质等的影响,但通常自发突变体发生概率非常低,不能满足遗传研究和育种工作的需要。所以经常需要进行诱发突变。

2. 突变的类型

突变引起的变化是多种多样的,大致可分为以下几类:

(1)隐性突变和显性突变　在一对同源染色体的相同位点上,每次突变通常只发生在其中之一,而不大可能两个基因同时发生突变。如果突变基因在杂合体中表现出突变性状,就叫显性突变;如果突变基因在杂合体中不表现,则叫隐性突变。大多数突变属于隐性突变。

(2)可见突变和生化突变　有些突变可以从生物的表型上直接看出来,称为可见突变。而有些突变则要通过特殊方法的测定才知道。例如野生型细菌可以在基本培养基中生长,而在突变后则一定要在基本培养基中添加某种营养成分才能生长。这是由于突变导致了某个特定的生化功能丧失的原因,因而,将这种突变称为生化突变。

(3)致死突变　致死突变可分为显性致死突变和隐性致死突变两类,显性致死突变在杂合体时就表现致死效应,而隐性致死突变则在纯合体时才有致死作用。一般以隐性致死较为常见。但致死突变不一定都伴有可见的表型效应。因为致死突变的致死作用可以发生在不同的发育阶段,如配子期、合子期或胚胎期,当在这些时期发生致死时,就见不到成体的表型效应。

（4）条件突变　任何基因都可以出现条件突变,条件突变体表现为条件致死。即在某种条件是能成活的,而在另一些条件下是致死的。最常见的条件突变是温度敏感型突变,例如细菌温度敏感型突变体的许可温度是 30℃左右,非许可温度是 42℃左右,也有少数突变体的致死温度低于 30℃。

基因突变对生物进化具有重要意义,在实践中它不仅是诱变育种的理论基础,而且与环境污染问题密切相关。

3.基因突变率和突变的时期及部位

基因突变率(mutation rate)是指在一个世代中或其他规定的单位时间中,在特定的条件下,一个细胞发生某一突变的概率。在有性生殖的生物中,突变率通常用一定数目配子中的突变型配子数来表示;而无性繁殖的细菌则用一定数目的细菌在分裂一次过程中发生突变的次数表示。据测定在一定条件下,不同的生物以及同一生物的不同的基因都具有一定的突变率(表 1-6-1)。

表 1-6-1　几种生物的不同基因的自发突变率

生物	表型	基因	突变率	单位
大肠杆菌	乳糖发酵	$lac^+ \rightarrow lac^-$	2×10^{-6}	每次细胞分裂
	乳糖发酵	$lac^- \rightarrow lac^+$	2×10^{-7}	
	需组氨酸	$his^+ \rightarrow his^-$	2×10^{-6}	
	不需组氨酸	$his^- \rightarrow his^+$	4×10^{-8}	
肺炎双球菌	青霉素抗性	$pen^s \rightarrow pen^r$	1×10^{-7}	每次细胞分裂
链孢酶	要求肌醇	$inos^s \rightarrow inos^s$	8×10^{-8}	在无性孢子中的突变频率
	不需嘌呤	$ade^- \rightarrow ade^+$	4×10^{-8}	
玉米	皱缩种子	$Sh^+ \rightarrow Sh^-$	1×10^{-6}	每一世代每一配子
	紫色种子	$Pr^+ \rightarrow Pr^-$	1×10^{-5}	
	无色种子	$C^+ \rightarrow C^-$	1×10^{-5}	
	甜粒种子	$Su^+ \rightarrow Su^-$	2×10^{-6}	
果蝇	黄体	$Y \rightarrow y$	1.2×10^{-6}	每代每个配子
	白眼	$W \rightarrow w$	4×10^{-5}	
	黑檀体	$e^+ \rightarrow e$	2×10^{-5}	
	无眼	$eg^+ \rightarrow eg$	6×10^{-5}	
小鼠	浅色皮毛	$--d^+ \rightarrow d$	3×10^{-5}	每代每个配子
	粉红色眼	$p^+ \rightarrow p$	3.5×10^{-6}	
人	血友病	$h^+ \rightarrow h$	2×10^{-5}	每代每个配子
	视网膜色素瘤	$R^+ \rightarrow R$	2×10^{-5}	
	软骨发育不全	$A^+ \rightarrow A$	5×10^{-5}	

从表 1-6-1 所列的资料可以看出,各种生物的突变率都很低,高等生物中的突变率为 $1\times10^{-5}\sim10^{-10}$,细菌和噬菌体的突变率为 $1\times10^{-4}\sim10^{-10}$;不同生物的突变率不同,同一生物的不同基因的突变率也互不相同,有的容易发生突变,有的则十分稳定。但由于微生物的繁殖周期较短,所以,细菌和噬菌体比高等生物更容易获得突变体。突变的发生往往受到生

物体内的生理生化状态以及外界环境条件(温度、化学物质、营养条件和自然界的辐射等)的影响。其中以生物的年龄和温度的影响比较大。比如久藏的种子比新鲜的种子更易发生基因突变,而且研究也表明,一般在 $0 \sim 25℃$ 的温度范围内,每增加 $10℃$,突变率将提高 2 倍以上,当温度降到 $0℃$ 时,突变率也有所增加。

4.基因突变的时期和部位

基因突变可以发生在生物个体发育的任何一个时期,在体细胞、性细胞中都可以发生,试验表明,发生在性细胞的突变频率往往较高。

体细胞突变可以在个体的不同组织中独立发生,既可以发生显性突变,也可以发生隐性突变。当发生显性突变时,可以在当代表现出来,一般与原来性状形成镶嵌现象,镶嵌范围的大小取决于突变时期的早晚,突变越早,镶嵌范围越大,反之,越小;而隐性突变只有在纯合状态时才能在当代表现出来,当是杂合状态时,则有可能随着世代的交替而消失。因而对于体细胞发生的突变,一般先通过无性繁殖的方式将其保留下来,然后再通过有性繁殖的方式进行筛选、培育。

性细胞发生突变可直接通过性细胞进行传递,一般发生显性突变可在后代直接表现,发生隐性突变必须是后代在纯合状态才能表现出来。

二、基因突变的一般特征

1.突变的重演性

相同的基因突变可以在同一种生物的不同个体上重复发生,称为突变的重演性。例如,果蝇的白眼突变曾在很多个体上出现过;在有角的海福特牛群中同时发生几头无角牛的突变体;玉米籽粒的 6 个基因发生的突变在许多实验中都重复的发生过,并都获得相似的突变率。

2.突变的可逆性

基因突变是可逆的,由一个显性基因 A 突变为隐性基因 a 为正突变;反之,由隐性基因突变 a 为显性基因 A 为反突变,或称回复突变。通常野生型基因突变为突变型基因是正向突变(forward mutation),而突变型基因通过突变成为原来的野生型状态,是回复突变(back mutation)。但是真正的回复突变(即回复到野生型的 DNA 序列)是很少发生的。多数所谓回复突变是指突变体所失去的野生型性状可以通过第二次突变而得到恢复,即原来的突变位点依然存在,但它的表型效应被第二位点的突变所抑制。一般情况下回复突变率总是显著低于正向突变率。例如表 1-6-1 中大肠杆菌野生型(his^+)突变为组氨酸缺陷型(his^-)的正向突变率是 2×10^{-6},而 $his^- \rightarrow his^+$ 的回复突变率是 4×10^{-8}。通常以 u 表示正突变率,以 v 表示反突变率,在多数情况下,正突变率总是高于反突变率,即 $u > v$。

3.突变的多方向性和复等位基因

同一个基因在不同个体中或者在不同的时期里,不仅可以向一个方向突变(如 $A \rightarrow a$),也可以朝不同方向突变为 a_1、a_2 或 a_3 等等。因此在一个群体里,同一个基因可以有三个以上的等位基因,这一系列的等位基因就是复等位基因(multiple alleles)。这是由于同一基因的不同位点上的化学结构发生变化而产生的。在一个种群里,不论复等位基因有多少个,但在一个个体的体细胞内只有其中的两个,配子只有其中的一个,而且同一基因的一系列复等位基因都影响同一性状的不同表现形式。比如,果蝇白眼基因(w)的复等位基因就有 W^+

（红眼）、w^{co}（珊瑚色眼）、w^{b1}（血红眼）、W^c（樱红色眼）、W^a（杏色眼）、W^e（伊红眼）、W^b（浅黄色眼）、w^t（微色眼）、W^h（密色眼）、w^p（珍珠眼）等，这些复等位基因都与眼色的表现有关。烟草（Nicotiana tabacco）的自交不亲和特性也是由于一系列复等位基因的存在。

人类的 ABO 血型也是复等位基因，A、B、O 血型是由 3 个复等位基因，即 I^A、I^B 和 i 3 个复等位基因所控制，I^A、I^B 对 i 都是显性，而 I^A 和 I^B 之间没有显隐性关系，是共显性。因此，它们之间共组成 6 种基因型、4 种表现型（表 1-6-2）。例如，母的血型都是 O 型，子女的血型肯定是 O 型；父母之一为 AB 型，另一方为 O 型，则子女可能是 A 型或 B 型，但绝对不会是 O 型或 AB 型，所以据此遗传规律可进行亲子鉴定。

表 1-6-2　人类血型的表型和基因型

血型（表现型）	O	A		B		AB
基因型	ii	I^{A}I^A	I^{A}i	I^{B}I^B	I^{B}i	I^{A}I^B

由于突变的多方向性产生一系列复等位基因，这不仅增加了生物性状的多样性，而且在生物进化和育种实践上也具有重要意义，但每一个基因的突变方向也不是无限制的，它只是在一定的范围内发生，基因本身化学结构和该基因表达的物种（细胞）遗传背景等会影响突变的方向，即所谓的多方向性也是相对的。如陆地棉花瓣基点颜色由一组复等位基因控制，从不显颜色到不同深浅的红紫色，但从来没有出现过蓝色或黑色。

4. 突变的有害性和有利性

大多数基因突变，对生物的生长发育是有害的，因为现存的生物都是经历长期自然选择进化而来的，它们的遗传物质及其控制的代谢过程，都已达到相对平衡和协调状态，如果某一基因发生突变，则原有的协调关系要不可避免的遭到破坏和削弱，生物赖以正常生活的代谢关系就会被打乱，从而引起程度不同的有害后果，突变造成的有害程度可能不同，一般表现为某种性状的缺陷或生活力和育性的降低，例如，果蝇的残翅，鸡的卷羽、人的镰刀型红细胞贫血症、色盲、植物的雄性不育等。严重的会导致死亡，这种能使生物体死亡的突变称为致死突变（lethal mutation），植物与动物中都常有发生。

植物中常见的致死突变是隐性白化苗突变。由于白化苗不能形成叶绿素，因而也就不能进行光合作用，所以当幼苗子叶中的养分耗尽时，个体就会死亡。其遗传表现如图 1-6-1。

图 1-6-1　白化苗突变的遗传

动物中致死突变比较典型的是小鼠的毛色遗传，在黑色鼠中发现一种黄色突变型，但从未获得纯合的黄色个体，以黄色鼠与黄色鼠交配的后代总是 2 黄色∶1 黑色；而以黄色鼠与黑色鼠交配的后代比例分离比例却是 1 黄色∶1 黑色。研究表明，突变的黄色基因 A^Y 对黑色基因 a 为显性，但 A^Y 具有纯合致死效应，因此，基因型为 A^{Y}a 的杂合体黄色鼠能正常存活，而

纯合体 $A^Y A^Y$ 却在母体胚胎时就已死亡,其遗传表现如图 1-6-2。

黄色鼠 × 黄色鼠　　　　　　　黄色鼠 × 黑色鼠

$A^Y a$ ↓ $A^Y a$　　　　　　　　$A^Y a$ ↓ aa

$1/4 A^Y A^Y$ ： $2/4 A^Y a$ ： $1/4 aa$　　　$1/2 A^Y a$ ： $1/2 aa$

(死亡)　黄色　黑色　　　　　　黄色　黑色

图 1-6-2　小鼠黄毛皮致死基因的遗传

迄今为止所发现的致死突变多为隐性致死(recessive lethal)—即突变纯合体表现致死效应。若致死基因表现为显性,则带有突变基因的杂合体就会死亡,称为显性致死(dominant lethal)。显性致死突变不多,但这并不意味着它比隐性致死发生得少。因为致死作用如果发生在配子期、合子期或胚胎发育早期,就无法获得突变体。人的神经胶症(epiloia)基因是已知的显性致死基因之一,该基因会引起皮肤畸形生长、严重智力缺陷、多发性肿瘤,具有这个基因的人在年轻时就会死亡。致死突变若发生在性染色体上,则表现为伴性致死(sex linked lethal)。

有的基因突变对生物的生存和生长发育是有利的,例如作物的抗病性、早熟性突变,牛的高泌乳量突变等。通常基因突变的有害性和有利性是相对的,并不是绝对的,在一定条件下可以相互转化,比如植物的高秆突变为矮秆,刚开始因其植株矮,受光不足,影响生长发育,是有害突变;但在多风和高肥水地区却表现为抗倒伏,又成为有利突变。

有的基因突变性状虽然对生物本身有利,但人类而言是有害的,比如谷类作物的落粒性。有些基因突变虽然对生物本身有害但却对人类有利。如植物雄性不育对生物本身而言是有害的,但对人类而言,恰好可以利用此特性进行杂交种生产,可免去人工去雄的麻烦且能保证杂交种的纯度。

5.突变的平行性

亲缘关系相近的一些物种,因其遗传基础相近,往往会发生相似的基因突变,这种现象称为基因突变的平行性。

根据突变的这个特点,当我们在某一属内发现某种变异类型时就可以预见与其近缘的其他种、属中也能存在相似的变异类型。例如,小麦有早熟、晚熟变异类型,属于禾本科的其他作物也存在这些变异类型,在籽粒和其他性状方面也具有这种平行性,如表 1-6-3 所示。

表 1-6-3　禾本科部分物种若干性状的变异

遗传变异的性状		黑麦	小麦	大麦	燕麦	黍	高粱	玉米	水稻	冰草
籽粒颜色	白色	+	+	+	+	+	+	+	+	
	红色	+	+	+		+	+	+	+	
	绿色(灰绿色)	+	+	+	+			+	+	+
	黑色(暗灰色)	+					+	+	+	
	紫色	+	ǀ	+				+	+	+
籽粒形状	圆形	+	+	+	+	+	+	+	+	
	长形	+	+	+	+	+	+	+	+	+

遗传变异的性状		黑麦	小麦	大麦	燕麦	黍	高粱	玉米	水稻	冰草
粒质	角质	+	+	+	+	+	+	+	+	+
	粉质	+	+	+	+	+	+	+	+	+
	蜡质			+		+	+	+	+	
熟性	早熟	+	+	+	+	+	+	+	+	+
	晚熟	+	+	+	+	+	+	+	+	+
芒	长芒	+	+	+	+		+		+	+
	无芒	+	+	+	+	+	+		+	+

◥ 三、基因突变的鉴定

变异有可遗传变异和不可遗传变异,由基因本身发生化学结构变化而引起的变异是可遗传的,而由环境所引起的变异是不可遗传的。因而,在发现变异植株后,为确定是否属于真实的变异,一种方法是把变异株与原始亲本种植在土壤和栽培条件基本均匀一致的环境中,然后仔细观察比较两者的表现,如果变异株和原始亲本表现大体相似,则为不可遗传变异,是由环境不同而引起的;如果与原始亲本表现不同,则说明它是可遗传的,是基因发生了突变。另一种方法是把突变体与原始亲本杂交。若发生的是隐性突变,则 F_1 表现亲本性状,F_2 发生分离,原始亲本性状与突变性状的分离比例为 3:1;若发生的是显性突变,则 F_1 表现突变性状,F_2 亦分离,原始亲本与突变体的分离比例为 1:3。

第二节 染色体结构变异

染色体结构变异主要是因为染色体在断裂—重接的过程中出现差错而形成的,在正常情况下,染色体的形态、结构和数目是相对稳定的,这是保证物种稳定和个体正常生长发育的基本前提,但是如果外界的自然条件,如营养、温度、生理等出现异常,或人为地用某些射线(如紫外线、x 射线、中子等)及化学药剂处理,就有可能使染色体折断为分开的断片,由于每一断片产生两个断头,这些断头在重接时,就容易造成染色体结构变异。因"折断—重接"而出现的染色体结构变异类型有四类:缺失、重复、倒位和易位。

◥ 一、缺失

1.缺失的概念和类型

缺失是指染色体缺少了其上的某一片段。根据缺失的片段的位置可将缺失分为顶端缺失(terminal deficiency)和中间缺失(interstitial deficiency)两种类型,当染色体缺失的区段是某臂的外端时,称为顶端缺失;当染色体缺失的区段是某臂的内段时,称为中间缺失。例如,某染色体各区段的正常直线排列顺序是 ab·cdef(·代表着丝点),缺失"ef"区段就是顶端缺失,缺失"de"区段就是中间缺失,缺失的"ef"或"de"区段称为断片(fragment)。如图 1-6-3 所示。

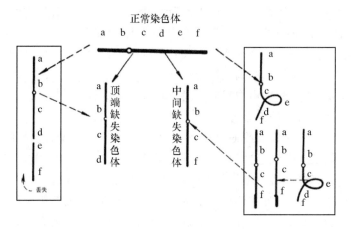

图 1-6-3　缺失形成示意图

2.缺失的细胞学鉴定

一般顶端缺失的染色体因其断裂端较难愈合,所以不稳定,会发生进一步的变化,常见的是中间缺失。如果在一个个体的细胞中,一对同源染色体的一个发生了缺失,那么这个个体称为缺失杂合体,如果两条染色体都发生了缺失则称为缺失纯合体。

缺失纯合体在细胞学上很难鉴定,在最初发生缺失的细胞可以在分裂时见到无着丝粒断片。缺失的杂合体在细胞减数分裂的粗线期可以看到缺失环(环形或瘤形突出)。但是即使看到这种拱起,也还不能产全确定,因为后面讲的重复染色体与正常染色体配对时也可以出现类似的图像,因而鉴别缺失染色体变异时还需要再根据其他形态指标(如染色体长度等)来测定,如果缺失区段很小,往往并不表现出明显的细胞学特征,则很难检出,所以有些微小缺失和基因突变很难区分,不过基因突变之后还可产生回复突变.但微小缺失一般不能回复。

如果同源染色体中一条染色体有缺失,而另一条染色体是正常的,那么在同源染色体相互配对时,因为一条染色体缺了一个片段,它的同源染色体在这一段不能配对,因此拱了起来,形成一个弧状的结构。见图 1-6-4。

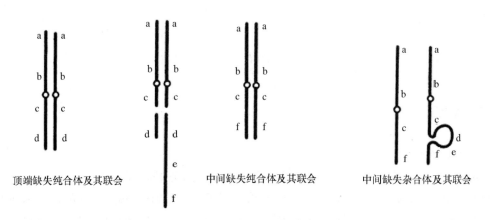

顶端缺失纯合体及其联会　　　　中间缺失纯合体及其联会　　　　中间缺失杂合体及其联会

图 1-6-4　缺失纯合体、杂合体联会示意图

3.缺失的表型效应

当染色体发生缺失染色体变异时,不管缺失的区段大小,都伴随着其中所含的基因也随之丢失,则会影响个体的生活力。如果缺失涉及的遗传物质较多,对生物的生长发育是有害的,其有害程度则随缺失基因的多少及其对生物有机体的重要性而有所不同。对于二倍体生物来说,缺失纯合体一般是很难存活的。大片段的缺失杂合体也可以引起显性致死效应,例如,人类的一种染色体遗传病叫猫叫综合征(Cri-du-Chat-syndrome)。表现为小头四肢的生长异常和智力减退,患儿的哭声像猫叫。通常在婴儿期或幼儿期夭折。染色体检测表明:患者为第五条染色体短臂是缺失杂合体。

在有些缺失杂合体中常常表现假显性(pseudo-dominant)现象。这是因为一个杂合体,缺失了带有显性基因的一个染色体片段,隐性基因就在表型上显现出来。例如在玉米中,B. Mcclintock 曾用 X 射线照射紫色株(隐性),如图 1-6-5,在子代的 734 株中出现了二株是绿色的,其余都是紫。对这例外的两株绿苗进行染色体检查,发现其第 6 染色体是缺失杂合体,这些隐性基因表现出来的显性称为假显性,由于相对染色体上丢失了一个区段导致不能与隐性突变互补。从而表现出假显性现象,假显性现象也是识别缺失的一种方法。

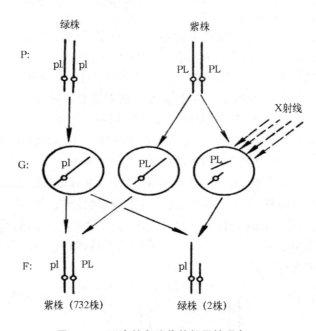

图 1-6-5 玉米株色遗传的假显性现象

二、重复

1.重复的类型及其形成

重复指某一个染色体多了自己的某一区段,根据重复区段的排列顺序及所处位置,可分为两种类型:顺接重复(tanden duplication)和反接重复(reverse duplication)。如果重复区段与原来区段的基因排列顺序相同则为顺接重复;反之,则为反接重复。例如,某条染色体的正常排列顺序是 1・2345,倘若"34"区段重复了,顺接重复是"1・234345";反接重复是

"1·243345"(图1-6-6)。

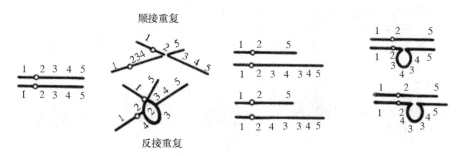

顺接重复

反接重复

图 1-6-6　重复形成示意图

重复的形成是由于同源染色体的不等交换,因而当某一条染色体发生重复结构变异时,就有可能在另一条染色体上出现缺失。

2.重复的细胞学鉴定

可以用检查缺失染色体的同样方法检查重复染色体,即在细胞减数分裂的偶线期或粗线期观察同源染色体的联会现象,如果重复的区段较长时,重复杂合体会出现环或瘤(图1-6-7),由于这个环或瘤是由重复染色体形成的,因而要与缺失杂合体的环或瘤区分;若重复的区段较短时,重复染色体会略有收缩,镜检时就很难观察到该现象,因此还需要结合其他细胞学鉴定,才能确定。

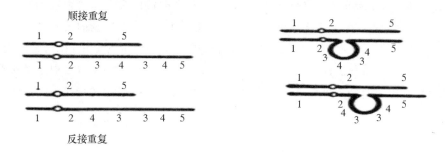

顺接重复

反接重复

图 1-6-7　重复的细胞学鉴定

3.重复的遗传效应

生物体对重复的忍受能力比缺失要高一些,但由于增加了一个额外的染色体片段,也就是增加了一些多余的基因,因而扰乱了基因间的原有平衡关系,重复区段上的基因在重复杂合体的细胞内是 3 个,在重复纯合体内是 4 个,从而产生一些后果,往往表现为位置效应和基因效应。例如果蝇的棒眼是 x 染色体上 16A 区 A 段重复的结果,果蝇的复眼由许多小眼组成,野生型果蝇的复眼为宽卵圆形,由大约 800 个小眼组成;当 16A 区 A 段重复一次时,果蝇的复眼变成条形的棒眼,大约由 400 个小眼构成,重复的纯合体(16A 区 A 段重复二次)其复眼表现为更细的棒眼,小眼个数为 70 个左右,由此说明 16A 区的重复可使小眼的数目减少,并有累加效应,即重复数越多,小眼数愈少,眼睛愈小。如图 1-6-8。

进一步的研究还发现,小眼数多少不仅与重复区段的次数有关,而且还跟重复区段的排列位置有关(图1-6-11)。野生型雌果蝇的小眼数是 780,重复杂合体(B/b)的小眼数约是

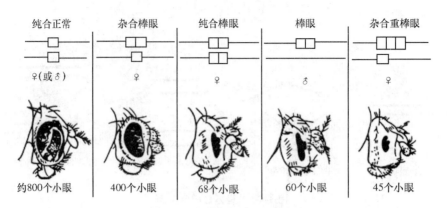

纯合正常　　　杂合棒眼　　　纯合棒眼　　　棒眼　　　杂合重棒眼

♀(或♂)　　　　♀　　　　　　♀　　　　　　♂　　　　　　♀

约800个小眼　　400个小眼　　68个小眼　　60个小眼　　45个小眼

图 1-6-8　重复导致果蝇复眼变异的类型

400 个,重复纯合体(B/B)是 68,BB/b 是 45,B/B 和 BB/b 都有 4 个 16A 区,但 B/B 个体的一对同源染色体的每一条都有一次重复,而 BB/b 个体的两次重复都集中在一条染色体上。虽然两者的重复次数一样,但由于重复的排列位置不同,导致表现型不同,前者小眼个数是 68,后者为 45,这就是重复引起的位置效应。

除果蝇外,其他生物的染色体片段重复一般很难检出,也没有明显可见的表型效应。但从进化观点来看,重复是很重要的。据研究,高等生物的单倍体基因组中 DNA 含量的增加,主要是进化过程中基因重复的结果。基因重复是新基因产生的基础。在没有重复的情况下,和某种生理功能有关的基因只有一个,那么这个基因的任何突变都会影响到基因产物的活性和功能,而且多数情况下是不利的。但如果发生了重复,重复的基因就不止一个。如果其中一个基因发生了突变,另一个野生型基因仍然可以发挥正常的作用,在这种情况下,即使这个突变的重复基因有某种不利影响,也不会导致配子或合子的死亡,因而这个突变基因也就可能保留下来。如果它再通过第二次或第三次突变,便有可能产生新的有功能的基因。

三、倒位

1. 倒位的类型

倒位是一个染色体的某一区段发生断裂后,中间的断片反转 180° 重新接上的现象。由于倒位不涉及遗传物质的增加或减少,因而一般不影响个体的发育,是一种能够存活并能传递给后代的染色体结构变异。

根据倒位的部位是否包含着丝点,可分为臂内倒位(paracentric inversion)和臂间倒位(pericentric inversion)两种类型,前者的倒位区段不包括着丝点,仅在着丝点一侧的臂内发生,也称一侧倒位;后者的倒位区段包括着丝点在内,即涉及染色体的两个臂,也称两侧倒位。如正常的染色体是 1·2345,则 1·2435 是臂内倒位,1432·5 是臂间倒位染色体(图 1-6-9)。

2. 倒位的细胞学鉴定

鉴别倒位的方法也是根据倒位杂合体减数分裂时的联会形象。当倒位区段过长时,则倒位染色体的倒位区段可能反转与正常染色体的相应区段进行配对,而倒位区段以外的部

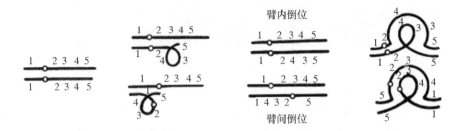

图 1-6-9　倒位形成和倒位杂合体联会示意图

分保持分离状态;当倒位区段较短时,则倒位染色体与正常染色体会在倒位区段内形成"倒位圈",但倒位圈与缺失、重复所形成的环或瘤有明显的差异,前者是由一对染色体形成的,而后两者是由单个染色体形成的。

在倒位圈内外,非姊妹染色单体之间总是要发生交换的,其结果不仅能引起臂内和臂间杂合体产生大量的缺失和重复—缺失的染色单体,而且能引起臂内杂合体产生双着丝点染色单体,出现后期Ⅰ桥或后期Ⅱ桥(图 1-6-10),所以,当某个体减数分裂时形成后期Ⅰ桥或后期Ⅱ桥,亦可以作为是否出现染色体倒位的依据之一,但倒位纯合体一般很难检出。

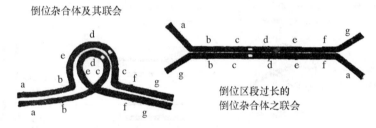

图 1-6-10　倒位的细胞学鉴定示意图

3. 倒位的遗传学效应

抑制或明显减少重组的发生,使重组率降低。不论是臂间倒位还是臂内倒位,倒位圈内外会因联会不太紧密而使连锁基因的交换受到抑制,加之由于在倒位圈内发生单交换,使所产生的配子有的带有缺失或重复,因而是败育的,故交换值比正常情况下降。

倒位杂合体产生败育的配子,导致部分不育。由于两种倒位在倒位圈内交换产生的重组染色体往往是重复和缺失的,因而形成的配子也都不能发育,只有带有正常的染色体和倒位染色体的配子才能成活,因此,导致倒位杂合体是部分不育。一般情况下胚囊的败育率低于花粉,例如玉米的臂内倒位杂合体,其大孢子母细胞经减数分裂所形成的四个大孢子呈直线排列,由最内层的一个大孢子发育成为胚囊,而臂内倒位杂合体在倒位圈内交换后形成的染色体桥,有利于正常的和倒位的染色单体分向两极,从而使最后形成的雌配子是正常可育的,而雄配子则是败育的。

倒位是物种进化的因素之一。虽然染色体倒位并不显著地影响生物体的外部形态和生理功能,但由于倒位可以改变有关连锁基因之间的交换值,改变基因的位置,产生物种之间的差异,因此它在物种进化上具有重要的作用。例如果蝇的一些分布在不同地理区域的种,就是一些具有不同倒位特点的种。

▶ 四、易位

1.易位的类别

一条染色体的某一区段移接到另一条非同源染色体上,叫作易位。易位有相互易位(reciprocal translocation)和简单易位(simple translocation)两种。如果两条非同源染色体互相交换染色体片断,叫作相互易位,相互易位交换的片段长度不一定相等。如果只有一条染色体的某一区段移接到另一非同源的染色体上称为简单易位。简单易位比较少见,常见的是相互易位。

其中 abcd 和 wxyz 是两条正常的非同源染色体。两对同源染色体中,有两条为正常染色体,另两条为相互易位染色体,称为易位杂合体。如果两对同源染色体那是同样的相互易位染色体,称为相互易位纯合体。相互易位和简单易位的发生和形成如图 1-6-11 所示。

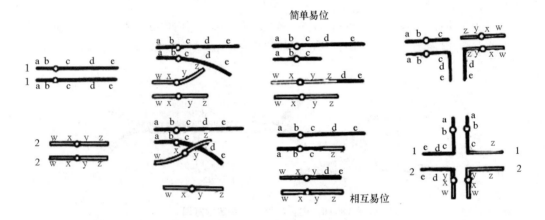

图 1-6-11　相互易位和简单易位形成示意图

如果以 1 和 2 分别代表二条正常染色体,1^2 和 2^1 代表二条相互易位染色体,其中 1^2 表示第 1 染色体缺失了一小段后接上了第 2 染色体上的一小段;2^1 表示第 2 染色体缺失了一小段后接上了第 1 染色体的一小段。因而正常个体的染色体组成为(1,1,2,2),易位杂合体的染色体组成为$(1,1^2,2,2^1)$,易位纯合体的染色体组成为$(1^2,1^2,2^1,2^1)$。

2.易位的细胞学鉴定

从细胞学上鉴定易位,也是根据易位杂合体减数分裂时染色体联会时的特殊形象。减数分裂的粗线期,可以见到由四条染色体紧密配对形成的十字形象,到了终变期,由于交叉端化而形成由四条染色体组成的四体环或四体链,到了中期 I,终变期的环又可能变成 8 字形。

3.易位的遗传学效应

易位的一个显著遗传效应是易位杂合体植株的半不育性,即有半数花粉是不育的,胚囊也有半数是不育的,所以结实率只有 50%。易位杂合体植株的半不育性是由于减数分裂后期 I 的两种分离方式造成的(图 1-6-12)。相邻式分离产生的小孢子和大孢子都只能形成不育花粉和胚囊,交替式分离产生的小孢子和大孢子都可能成为可育的花粉和胚囊。由于这

作物遗传育种

两种分离方式发生的机会一般大致相等,因而导致杂易位植株的半不育性。

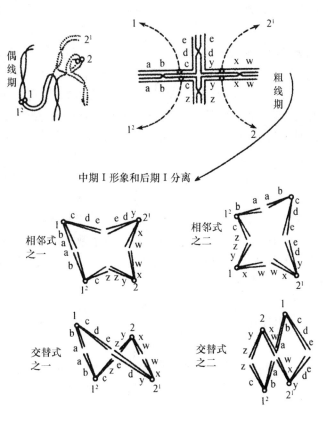

图 1-6-12　易位杂合体联会和分离示意图

　　易位杂合体的基因重组值降低。易位使易位杂合体邻近易位接合点的一些基因间的重组值有所下降,这与易位杂合体联会不紧密有关。易位使两个正常的连锁群改组为两个新的连锁群,易位还可导致染色体融合,引起染色体数目变异。

　　易位促进生物进化和导致新物种形成。目前已知道,许多植物的变种就是由于染色体在进化过程中不断发生易位造成的,例如,直果曼陀罗(Datura stramonium)的许多品系就是不同染色体的易位纯合体。

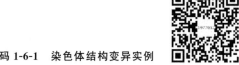

二维码 1-6-1　染色体结构变异实例

第三节　染色体数目变异

　　各种生物的染色体数目是相对稳定的,但在一定条件下也能发生变化。染色体数目发生变异,包括染色体数目成倍的变化和非成倍的变化,这种变异也会引起个体性状发生改变,并且可以遗传。

一、染色体数目及变异类型

各种生物的染色体数目是相对恒定的,如水稻有 24 条染色体,配成 12 对,形成的正常配子都含有 12 条染色体。遗传学上把一个二倍体生物的配子中所含有的染色体数,称为染色体组(genome),用 X 表示。一个染色体组由若干条染色体组成,它们的形态和功能各异,但又互相协调,共同控制着生物的生长、发育、遗传和变异,缺少其中的任何一个染色体,都将引起变异或死亡。每个生物都有一个基本的染色体组,如玉米 X=10;普通小麦 X=7;棉花 X=13;兔子 X=22,黑腹果蝇 X=4 等。凡是细胞核中含有一个完整染色体组的,就称为一倍体或单倍体(haploid),含有两个染色体组的称为二倍体(diploid),有三个染色体组的称为三倍体(triploid),依此类推。含有三个或三个以上染色体组的,称为多倍体(polyploid),如三倍体西瓜,$2n=3X=33$,四倍体棉花,$2n=4X=52$;六倍体小麦,$2n=6X=42$ 等。当细胞核内染色体数目的变化是以基本染色体组为单位进行倍数性增减的,称为整倍体;如果细胞核内染色体数的变化不是按照染色体组的整倍数进行增减,而是在基本染色体组的基础上增减个别几个染色体,将其称为非整倍体。

二、整倍体的类别及其遗传

具有完整的染色体组数的生物体或细胞都叫整倍体(euploid),包括单倍体,二倍体和多倍体。

(一)单倍体

单倍体(haploid)是具有配子染色体数(n)的个体或细胞的总称。由二倍体产生的单倍体叫单元单倍体(monohaploid)或一倍体(monoploid),由多倍体产生的单倍体则叫多元单倍体(polyhaploid)。

在动物中,果蝇、蝾螈、蛙、小鼠和鸡的单倍体都曾有过报道,但这些单倍体都不能正常发育,在胚胎时期即死去,但膜翅目中的蜜蜂、马蜂和蚂蚁以及同翅目中的白蚁等的雄虫都是正常的单倍体,它们都是孤雌生殖的产物,由未受精的卵发育而成,这些雄虫也能产生有效的精子。

植物中也有许多是自然发生的单倍体,这些单倍体几乎都是无融合生殖(apomixis)的产物,一类主要是由未受精的卵细胞发育而成,称为单倍体孤雌生殖(haploid parthenogenesis),另一类是由精核进入胚囊后直接发育成胚的,称为单雄生殖(androgenesis)。目前多数植物都可通过花药或花粉培养来获得单倍体,也有用子房培养获得的。

与正常的二倍体相比,单倍体植株很小,生活力很弱,而且高度不育。不育的原因是由于减数分裂时没有同源染色体的配对,没有配对的染色体只能随机分配到子细胞中,所形成的配子几乎都是染色体不平衡的。例如一个含有 10 个染色体的单倍体,在第一次减数分裂中产生的每个子细胞中,可以得到从 0 到 10 的任何染色体数。要得到一个具有 10 条染色体的正常可育配子的概率将是 $(1/2)^{10}=1/1024$,而且要使这样两个雌雄配子结合的概率就更小,所以说单倍体几乎是完全不育的。

虽然单倍体本身并无直接利用价值,但在育种上,一方面可直接通过染色体加倍获得纯合体,从而缩短3～4代的自交时间。另一方面,在选择的效果上,由于直接通过染色体加倍获得的纯合体可以保证基因型是纯合的,因而在性状上也表现稳定而不分离,比一般的二倍体优越。

在遗传学研究中,单倍体还可以作为基因突变、基因与环境互作以及数量遗传等研究的材料,也是进行物种起源研究以及基因作用的研究材料等等。

(二)同源多倍体

具有三个以上相同染色体组的细胞或个体叫同源多倍体。

同源多倍体与二倍体相比,由于染色体数目增加了一倍,细胞核和细胞的体积也相应地增大,结果表现茎粗、叶大、花器、种子和果实等也大一些,叶色也深些。但不是所有植物都有这样的效应,在某些个体中,细胞的体积并不增大,或即使体积增大,但细胞数目减少,所以个体或器官的大小没有明显变化,有的反而比原来的二倍体小。此外,染色体加倍后还可能出现一些不良反应,如叶子皱缩,分蘖减少,生长缓慢,成熟延迟及育性降低等等。但在有些植物中,由于染色体的加倍,基因的含量也随之增加,导致某些营养成分也随之增加,如大麦四倍体籽粒的蛋白质含量比二倍体原种增加10%～12%,四倍体玉米籽粒中的类胡萝卜素比二倍体增加40%多;四倍体番茄的维生素C比其二倍体提高一倍,等等。

目前,自然发生或诱发产生的同源多倍体可以是各种倍性的。但在生产和育种上研究、应用较多的主要是四倍体和三倍体。

1.同源四倍体

(1)同源四倍体的产生　通常由二倍体的染色体直接加倍而产生同源四倍体,目前通常利用一些化学试剂如秋水仙素来诱发形成四倍体。

(2)同源四倍体减数分裂的联会和分离特点　同源四倍体有4个相同的染色体组,每个染色体都有4条同源染色体。在减数分裂时4条同源染色体的联会并不像一对同源染色体那样沿纵长方向全部配对,而是在任何区段内只在两条之间配对。如果在一个同源区段内已有两条联会了,另外的同源染色体就不再在这一区段内参与联会,因此,同源四倍体的联会是部分联会,联会比较松散,会发生提前解离现象。

四条同源染色体联会可形成一个四价体(IV),或一个三价体和一个单价体(III＋I),或两个二价体(II＋II)(图1-6-13),在后期I同源染色体分离方式有2/2、3/1式,如果某同源四倍体的各个染色体在减数分裂中期I都以四价体或二价体的构型出现,则后期I的分离将基本上是均等的,形成的配子多数是可育的。例如四倍体曼陀罗($2n＝4x＝48$)在中期I形成12个四价体,每个四价体以2/2分离,配子是可育的,但多数物种的同源四倍体都是部分不育或高度不育的,主要原因是三价体和单价体的频率较高,染色体分配不均,使配子的染色体组成不平衡。因而对于同源四倍体来说无论是天然的还是人工的,大多进行无性繁殖。

同源四倍体的基因分离比较复杂。对于同一个座位的等位基因来说,二倍体有三种基因型,即AA、Aa、aa;其中只有一种杂合体Aa,而同源四倍体却有5种基因型,即纯合的AAAA、aaaa和杂合的AAAa、AAaa、Aaaa。它们产生的配子类型和后代的分离情况也与二倍体不同。假设同源四倍体的三种杂合体的基因都随染色体2/2随机分离,则它们产生的配子及其比例为:

AAAa→1AA：1Aa

AAaa→1AA：4Aa：1aa

Aaaa→1Aa：1aa

前期联会	偶线期形象	双线期形象	终变期形象	后期I分离
IV			或	2/2 或 3/1
III + I				2/2 或 3/1 或 (2/1)
II + II				2/2
II + I + I				2/2 或 3/1 或 (或2/1) (或1/1)

图 1-6-13　同源四倍体每个同源组染色体的联会和分离

在完全显性的情况下,各种杂合体自交子代的基因型和表型比例如表 1-6-4,AAAa 自交后代全是显性个体,AAaa 自交后代中显性和隐性个体的比例 35∶1,Aaaa 自交后代的显隐性之比是 1∶1。由此可见,隐性个体出现的比例比二倍体小得多,而且上述比例还没有考虑基因间的交换,如果在基因间还发生交换时,则等位基因的分离将更加复杂。

表 1-6-4　同源四倍体某位点等位基因的分离

同源四倍体杂合基因型	配子				自交子代基因型和比例					自交子代的表现型		
	种类和比例			纯合隐性配子的比例	A^4	A^3a	A^2a^2	Aa^3	a^1	种类和比例		a/%
	AA	Aa	aa							A	a	
AAAa	1	1		0	1	2	1			全部		0
AAaa	1	4	1	16.7	1	8	18	3	1	35	1	2.8
Aaaa		1	1	50.0				1	2	3	1	25.0

2.同源三倍体

(1)同源三倍体的产生　由同源四倍体和原来的二倍体杂交可产生同源三倍体。

(2)同源三倍体的联会和分离　同源三倍体在减数分裂中的联会和分离与同源四倍体相似(图 1-6-14)。每个同源组的三个同源染色体都可以互相配对,但在任何同源区段内也只限于两两配对,因此联会松散,会出现提早解离现象,这种联会所形成的中期 I 的染色体构型也有多种,如果没有交叉,就形成三个单价体(3 I),有一个交叉则产生一个二价体和一个单价体(II＋I),如果每个配对区段都有交叉,就形成一个三价体(III)(图 1-6-14),例如玉米同源三倍体的终变期一般是 9 III＋3 I,但到中期 I 时,三价体的数目减少,二价体和单价体的数目增加,这是联会提前消失的结果。

三价体在后期 I 按 2/1 分离,单价体或者是随机分到某一极,或滞留在赤道面上不参与子核的形成而消失掉。所以三倍体所产生的绝大多数配子的染色体数目是在 n 和 $2n$ 之间,

联会形式	偶线期形象	双线期形象	终变期或中期 I	后期 I 分离
III			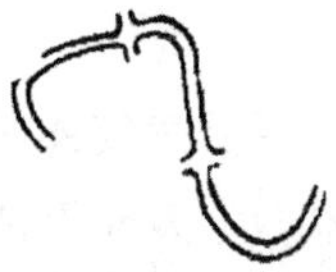	2/1
II + I				2/1或1/1（单价体丢失）

图 1-6-14　同源三倍体的联会和分离示意图

这些配子的染色体都是不平衡的。虽然也可以产生极少数 n 和 $2n$ 的配子,但它们出现的概率各为$(1/2)n$,这极少数可育配子相互受精的机会更少,导致三倍体基本不结种子。正是因为同源三倍体的这种联会特点导致它高度不育,基本上不结种子,所以自然界中的香蕉、黄花菜和水仙等都是三倍体,没有种子,只能靠无性繁殖来繁殖后代,其他奇数同源多倍体(如五倍体和七倍体等)也是如此。但许多三倍体植物却具有很强的生活力,营养器官十分繁茂,人们利用这些特点已成功地培育出一些具有较高经济价值的新品种,例如三倍体无籽西瓜,无籽葡萄,不仅基本上没有种子,而且产量和食用品质都大大提高;三倍体甜菜的产糖率比二倍体提高 10%～15%;三倍体杨树的生长速率约为二倍体的二倍;三倍体杜鹃花的开花期特别长等等。对于那些不以种子为生产目的的花卉、水果和树木等植物来说,利用三倍体育种是一条重要的途径。

(三)异源多倍体

异源多倍体是指加倍的染色体来源于不同的物种,一般是通过种间杂交,然后杂种的染色体加倍而成。例如一个亲本的染色体组 AA,另一亲本的染色体组 BB,杂交后得到种间杂种 AB,由于 A 和 B 染色体组来自不同的种,是不同源的,减数分裂中不能正常配对,因此这样的杂种是不育的。如将它们的染色体加倍,成为 AABB,就得到异源四倍体,又称双二倍体。自然界可以自繁的异源多倍体都是偶倍数的,在被子植物中占30%～50%,禾本科植物中约有 70%是异源多倍体,如:小麦、燕麦、棉花、烟草等都属于偶倍数异源多倍体。在偶倍数的异源多倍体细胞内,特别是异源四倍体内,由于每种染色体都有两个,同源染色体是成对的,所以减数分裂正常,表现与二倍体相同的性状遗传规律,而奇数倍性的异源多倍体除非可以无性繁殖一般是不能保存下来的。

目前人工创造异源多倍体的途径,一般是先杂交,然后将杂种染色体加倍而获得。这种方法的关键是种间杂交,获得杂种的胚,但是没有亲缘关系的种间进行杂交是很困难的。目前已经获得的一些异源多倍体的原始亲本种之间,大都有一定亲缘关系。所以严格地说,有些异源多倍体(如小麦)实际上是部分异源多倍体。今后将利用体细胞杂交(或原生质体融合)的途径,可能创造出更多的真正的异源多倍体。

三、非整倍体的类型及其遗传

非整倍体是整倍体中缺少或额外增加一条或几条染色体的变异类型。一般是由于减数分裂时因一对同源染色体不分离或提前分离而形成 $n-1$ 或 $n+1$ 的配子,由这些配子和正常配子(n)结合,或由它们相互结合便会产生各种非整倍体。为了便于比较说明,在叙述非整倍体时常把正常的 $2n$ 个体统称为双体(disomic),意思是它们在减数分裂时全部染色体都能两两配对的,包括二倍体和偶数异源多倍体。双体中缺一条染色体,使其中的某一对染色体变为一条即 $2n-1$,称为单体(monosomic);双体缺了一对同源染色体,就叫缺体(nulli-somic),即 $2n-2$,如缺两条非同源染色体,成为 $2n-1-1$,叫双单体(double monosomic)。双体多一条染色体,使其一对同源染色体变成三条,就叫三体(trisomic),即 $2n+1$;多一对,则从一对染色体变成四条同源染色体,叫四体(tetrasomic),即 $2n+2$;多两条非同源染色体的叫双三体(double trisomic)即 $2n+1+1$。下面着重讨论单体、三体、四体,因为比较而言,这几种非整倍体在遗传学研究和育种上都是很有用的基础材料。

(一)单体

单体的存在是许多动物的种性,如雄蝗虫只有一条性染色体,鸟类和家禽类也只有一条性染色体,都是 $2n-1$ 单体,它们都是可育的,因为能产生两种 n 和 $n-1$ 配子,这是长期进化的结果,就许多二倍体物种而言,单体是不育的,异源多倍体单体的育性也要受到一定的影响,这是因为某一物种的染色体丢失一条所造成的性状损失可以由于只有同源部分的来自另一物种的染色体所弥补。

从理论上说,单体($2n-1$)会产生两种类型的配子,n 和 $n-1$,当父母本交配时,可以产生正常的双体 $2n$、单体 $2n-1$ 和缺体 $2n-2$。单体在减数分裂时,$n-1$ 不正常配子形成是大量的,这是因为,某成对染色体缺少一条后,剩下的一条是个单价体,它常常被遗弃而丢失,故 $n-1$ 配子增加,$n-1$ 配子对外界环境敏感,尤其是雄配子常常不育,所以,$n-1$ 配子常通过卵细胞遗传。

(二)缺体

单体自交能够分离出缺体,与单体一样,只有异源多倍体物种才能分离出缺体,有些物种,如普通烟草的单体后代分离不出缺体,原因是缺体在幼胚阶段死亡,缺体能产生一种 $n-1$ 配子,因此育性更低,可育的缺体一般都各具特征,如小麦的 3D 染色体同源组缺失,$2n-$Ⅱ3D 的籽粒为白色,5A 染色体的缺体 $2n-$Ⅱ5A 就发育为斯卑尔脱小麦的穗型,$2n-$Ⅱ7D 的生长势不如其他缺体,大约有半数植株是雄性不育或者雌性不育;$2n-$Ⅱ4D 的花粉表面正常,但不能受精;$2n-$Ⅱ3D 的果皮是白色的,而正常个体的果皮是红色。

(三)三体

三体的来源和单体一样,主要是减数分裂异常,人为的产生三体植物。可以先用同源四倍体与二倍体杂交,得到三倍体再与二倍体回交,由于三倍体产生的配子中,应有 $n+1$ 型和

作物遗传育种

二倍体的正常配子 n 结合,便生成三体类型,这是以同种染色体添加的方式出现的。

三体减数分裂时,理论上应该产生含有 n 和 $n+1$ 两种染色体数的配子,而事实上因为多出的一个染色体在后期 I 常有落后现象,致使 $n+1$ 型的配子通常少于 50%,一般情况下,$n+1$ 型雄配子很难成活,很少能与雌配子结合,所以,$n+1$ 型配子大多也是通过卵细胞遗传的。最早的三体报道是在直果曼陀罗中发现的,但直到 1920 年才知道这些突变型比正常的直果曼陀罗($2n = 24 = 12\,\mathrm{II}$)多一个染色体($12+1$),于是三体这个名词被提出。

玉米已经分离出全套 10 条不同染色体的三体,$2n +$ I 5 三体的叶片较短、较宽,$2n +$ I 7 三体的叶片较挺、较窄。其余各条染色体的三体分别比自己的双体姊妹系植株略微矮些,生长势略微弱些。

(四)四体

绝大多数四体($2n+2$)是在三体的子代群体内找到的,因为三体可以产生 $n+1$ 的雌、雄配子,两者受精即可形成四体,四体在偶线期,因为一个同源组有四条同源染色体。因此,可以联会成 $(n-1)\,\mathrm{II} + 1\,\mathrm{IV}$。既有 $n-1$ 个二价体和一个四价体,还可以形成 $n+1$ 个二价体,即 $(n+1)\,\mathrm{II}$。

由于四体在减数分裂时,四条染色体首先联会,然后经过交换进行分离,分离会有 2:2 完全均衡分离,故可产生 $n+1$ 的配子,四体的自交后代会分离出四体,甚至有的完全是四体,可见,四体比三体稳定的多,四体的基因分离同同源四倍体。

应该指出,"四体-缺体"植株,指的是某一同源组有四条同源染色体,而来自另外一个物种的染色体组,与四体组有同源关系的某个同源组的两条均缺失。异源多倍体的"四体-缺体"植株是可育的,原因是多的 2 条染色体可以弥补缺失的两条所造成的遗传上的不平衡,例如,普通小麦 $2n + \mathrm{II}\,2A - \mathrm{II}\,2B$"四体-缺体"品系和 $2n + \mathrm{II}\,2A - \mathrm{II}\,2D$"四体-缺体",减数分裂均正常,且产生的花粉可同双体的花粉一样参与受精。据此可知普通小麦的 2B 和 2D 染色体是部分同源的,但由于长期的分化使得它们已经相差到不能进行联会的程度。

(五)非整倍体在植物育种上的利用

非整倍体大多表现不正常,在生产上没有直接应用的价值,但可以作为育种工作的基础材料加以利用,近年来,许多研究者就是利用一些非整倍体材料,将野生种或其他近缘种中的某些优良基因通过个别染色体或染色体片段转移到栽培植物中来,以达到遗传改良的目的。如小麦遗传育种家 E. R. Sears(1956),将小伞山羊草(*Aegilops umbellulata*,$2n = 14$,UU)中第 6 染色体(6U)上抗锈病基因转移到普通小麦"中国春"的 6B 染色体上,再经过射线照射,引起染色体发生易位结构变异,最终将抗病基因成功转移到普通小麦上。

另外还可利用非整倍体进行个别染色体的代换,比如,已知某抗病基因在小麦 6B 染色体上,假定甲品种抗病,但有其他不良性状;乙品种的其他性状很好但不抗病,要想把甲品种的抗病基因转入乙品种,而不要其他性状也同时带入,最合理的一个方案就是乙品种的 6B 染色体或其中的一个片段换成甲品种的,而其他染色体都不变。方法就是以乙品种的 6B 单体为母本与甲品种杂交,在 F_1 中只选抗病的单体植株,这种单体中的 6B 染色体一定来自甲品种,而其余各对染色体都是一条来自甲,一条来自乙,F_1 单体植株自交得 F_2,淘汰单体和缺体,选出双体.这个双体中的 6B 染色体都是甲品种的,其余染色体则都是甲乙两种各半,通过进一步的自交和选择,或与其他优良品种杂交,就可能达到预期的目的。

二维码 1-6-2　染色体数目异常导致的人类疾病实例

二维码 1-6-3　航天育种

（知识链接）

❓ 复习思考题

1.名称解释

基因突变　复等位基因　缺失　重复　倒位 易位 染色体组　同源多倍体　单倍体　单体　缺体　三体　四体

2.性细胞和体细胞内基因发生突变后,有何不同表现?体细胞的突变能否遗传给后代?

3.隐性突变与显性突变在性状表现和纯合体的分离速度有何不同?为什么正突变大于反突变?

4.经处理,紫花大豆的群体里,长出 1 株白花个体,它与紫花植株杂交,F_2 紫花个体与白花个体呈 3∶1 分离,若杂交后仍为白花个体呢?这两种情况属于什么性质的突变?

5.某植株是 AA 显性纯合体,如用隐性 aa 纯合体的花粉给其授粉,在 500 株杂种一代,有 3 株表现为 aa,如何解释和证明这个杂交结果?

6.某个体有一对同源染色体的区段顺序如下:一个是 12·345,另一个是 12·36547(·代表着丝点)。试解释如下问题:

(1)这一对染色体在减数分裂时是如何联会的?

(2)如果在减数分裂时,在 5 和 6 之间发生了一次非姊妹染色单体的交换,图解说明二价体和四分体的染色体结构,并指出所产生配子的育性。

7.某同源四倍体为 AaaaBBbb 杂合体,A-a 所在的染色体与 B-b 所在染色体是非同源的,而且 A 对 a 为完全显性,B 对 b 为完全显性,试分析该杂合体的自交子代表现型比例。

8.三体的 $n+1$ 胚囊的生活力一般都比花粉强,假设某三体植株自交时有 50% 的 $n+1$ 胚囊参与了受精,而参与授粉的花粉只有 10%,试分析该三体植株自交后代中,四体、三体、和正常的 $2n$ 各占多少百分比?

9.举例说明非整倍体在遗传学研究中的用途。

Chapter 7

数量性状遗传

>> **知识目标**

1. 了解数量性状的遗传特征,明确质量性状与数量性状的区别与联系。
2. 理解数量性状遗传的多基因假说要点。
3. 了解数量性状遗传率的概念及其在作物育种上的应用规律。

>> **技能目标**

掌握广义遗传率的估算方法。

生物性状的变异有连续性变异和不连续性变异两种，表现不连续变异的性状称为质量性状（qualitative character），如水稻的糯与非糯、豌豆的红花与白花、种子形状的圆形和皱形、小麦的无芒和有芒等，这些相对性状之间都显示出质的差异，界限分明，易于识别。在杂种后代的分离群体中，具有相对性状的个体可以明确分组，求出不同组之间的比例，比较容易地用分离规律、独立分配规律或连锁遗传规律来分析其遗传动态；表现连续变异的性状称为数量性状（quantitative character）。如植株的高矮、果实的大小、种子的产量、生育期的长短、猪的瘦肉率、饲料转化率等等，这些性状在一个自然群体或杂种后代群体内，个体之间的界限不明显，很难明确分组，更不能求出不同组之间的比例，因而不能用分析质量性状的方法来分析，而需要用统计学的方法对这些性状进行测量，才能分析研究它们的遗传动态。由于动植物的经济性状多为数量性状，品种改良的中心是对数量性状的改良，故对数量性状遗传基础和规律的研究更具有理论和实践意义。

第一节　数量性状的遗传特征

◆ 一、数量性状的特征

数量性状往往呈现出一系列程度上的差异，带有这些差异的个体没有质的差别，只有量的不同。所以数量性状遗传具有以下重要特征：

1. 数量性状是可以度量的

如作物的产量、株高、叶片的长宽、穗长、籽粒颜色等。

2. 表现为连续变异

具有相对性状的两个亲本杂交后的分离世代不能明确分组。例如，水稻种子的千粒重，不能简单地划分为"重"和"轻"两组统计每组的植株数目。若千粒重在 $25 \sim 35$ g，可以有 $26.0、27.6、28.3 \cdots \cdots$ 等一系列变化，很难分类。只能用特定的仪器度量，借用统计学方法加以分析。

3. 数量性状一般比质量性状更容易受环境条件的影响而发生变异

这种变异是不遗传的，它往往和那些能够遗传的变异混淆在一起，使问题复杂化。例如，1913 年，伊斯特（East，E. M）公布了他的玉米果穗长度的遗传实验结果（表 1-7-1）。他用两个高度自交纯合的亲本品系杂交，其中一个亲本为长果穗（$13 \sim 21$ cm），另一个亲本为短果穗（$5 \sim 8$ cm），纯合亲本果穗长度的变异是环境影响的结果。杂交 F_1 代果穗长度介于两亲本之间（$9 \sim 15$ cm），因 F_1 代个体间的基因型是相同的，所以 F_1 代的差异也是环境影响所致。F_2 代的变异幅度明显扩大，果穗长度从 $7 \sim 19$ cm，呈连续分布。F_2 代是分离世代，F_2 代的变异既包含基因型的不同所造成的变异，也包含环境条件造成的差异。将亲本、F_1 和 F_2 代的穗长分布画成柱形图，各个世代的穗长都呈正态分布（图 1-7-1）。

作物遗传育种

表 1-7-1　玉米果穗长度的频率分布(East, E. M. 1910)

频率(f) 世代	长度/cm																	N	$\bar{x}$	S	V
	5	6	7	8	9	10	11	12	13	14	15	16	17	18	19	20	21				
短穗亲本	4	21	24	8														57	6.63	0.816	0.666
长穗亲本									3	11	12	15	26	15	10	7	2	101	16.80	1.887	3.561
F_1					1	12	12	14	17	9	4							69	12.12	1.519	2.307
F_2			1	10	19	26	47	73	68	68	39	25	15	9	1			401	2.25	2.252	5.072

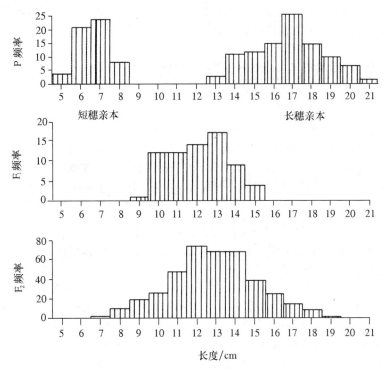

图 1-7-1　玉米穗长遗传的柱形图

因此,充分估计外界环境的影响,分析数量性状遗传的变异实质,对提高数量性状育种的效率是相当重要的。

4.控制数量性状的遗传基础是多基因系统(polygenic system)

为更好地理解数量性状概念,可与质量性状做一粗略比较,如表 1-7-2 所示。

表 1-7-2　质量性状与数量性状的比较

项目	质量性状	数量性状
性状主要类型	品种特征、外貌特征	生产、生长性状
遗传基础	少数主要基因控制,遗传关系较简单	微效多基因系统控制,遗传关系复杂
变异表现方式	间断型	连续型
考察方式	描述	度量
环境影响	不敏感	敏感
研究水平	家族或系谱	群体
研究方法	系谱分析、概率论	生物统计

此外,质量性状和数量性状的划分不是绝对的,同一性状在不同亲本的杂交组合中可能表现不同。例如,植株高度是一个数量性状,但在有些杂交组合中,高株和矮株却表现为简单的质量性状遗传,小麦籽粒的红色和白色,在一些杂交组合中表现为一对基因的分离,而在另一些杂交组合中,F₂的籽粒颜色呈不同程度的红色而成为连续变异,即表现数量性状的特征。

另外,在众多的生物性状中,还有一类特殊的性状,不完全等同于数量性状或质量性状,其表现呈非连续型变异,与质量性状类似,但是又不服从孟德尔遗传规律。一般认为这类性状具有一个潜在的连续型变量分布,其遗传基础是多基因控制的,与数量性状类似。通常称这类性状为阈性状(threshold character)。例如,家畜对某些疾病的抵抗力表现为发病或健康两个状态,单胎动物的产仔数表现单胎、双胎和稀有的多胎等。

第二节 数量性状遗传的多基因假说

▶ 一、多基因假说的要点

1909 年瑞典的尼尔逊·埃尔(H. Nilson- Ehle)根据他自己所做的小麦粒色杂交试验结果,并对比了孟德尔和科尔鲁科的杂交试验结果,提出了解释数量性状遗传的多基因假说(multiple-factor hypothesis)。他对小麦和燕麦中子粒颜色的遗传进行了研究。小麦和燕麦中子粒颜色是由基因决定的,这些基因表现颗粒性,以线性方式排列在染色体上,数量性状的遗传是以多基因假说为基础的基因理论。

尼尔逊·埃尔在对小麦和燕麦中子粒颜色的遗传进行研究时,发现在红粒(R)与白粒(r)杂交的若干个组合中有如下几种情况。F₁籽粒颜色为中间型,不能够区别显性与隐性;F₂代籽粒颜色由红到白发生红粒与白粒,表现出各种不同类型。并且在不同组合中分离比例不同,有的组合表现有的杂交组合表现 3 红:1 白,是一对基因分离的结果,有的则表现 15红:1白或 63 红:1白,是两对重叠基因分离的结果。红色深浅程度的差异与所具有的决定红色的基因数目有关,这表明红粒基因 R 的作用是累加的,R 越多红色越深。说明种皮颜色的深浅程度与基因数目的关系。见图 1-7-2、图 1-7-3。

小麦籽粒颜色受 2 对重叠基因决定时的遗传动态:

$$P \quad 红粒 \quad \times \quad 白粒$$
$$R_1 R_1 R_2 R_2 \quad \downarrow \quad r_1 r_1 r_2 r_2$$

$$F_1 \quad 粉红粒$$
$$\downarrow \otimes$$

F₂

表现型类别	红　　色				白　　色
	深红	次深红	中等红	淡红	
表现型比例	1/16	4/16	6/16	4/16	1/16
R 基因数目	4R	3R	2R	1R	0R
基因型	$1R_1R_1R_2R_2$	$2R_1R_1R_2r_2$ $2R_1r_1R_2R_2$	$1R_1R_1r_2r_2$ $4R_1r_1R_2r_2$ $1r_1r_1R_2R_2$	$2R_1r_1r_2r_2$ $2r_1r_1R_2r_2$	$1r_1r_1r_2r_2$
红粒:白粒	15:1				

图 1-7-2 两对基因差别的粒色遗传

作物遗传育种

小麦籽粒颜色受 3 对重叠基因决定时的遗传动态：

$$P \qquad 红粒 \qquad\qquad \times \qquad\qquad 白粒$$
$$R_1R_1R_2R_2R_3R_2 \qquad \downarrow \qquad r_1r_1r_2r_2r_3r_3$$
$$F_1 \qquad\qquad 粉红粒$$
$$\downarrow \otimes$$

F_2

表现型类别	红 色						白 色
	最深红	暗红	深红	中深红	中红	淡红	
表现型比例	1	6	15	20	15	6	1
R 基因数目	6R	5R	4R	3R	2R	1R	0R
红粒∶白粒	63∶1						

图 1-7-3 两对基因差别的粒色遗传

上述结果可以看出,若各对基因独立遗传,等位基因之间没有显隐性关系,基因的作用是累加的,那么 F_2 代表现型种类和分离比例符合二项式 $(\frac{1}{2}R+\frac{1}{2}r)^{2n}$ 的展开。公式中 n 代表 F_1 代杂合基因的对数。例如,一对基因差异的两亲本杂交,F_1 代呈中间型,基因型为 Rr,它产生同等数目的两种雄配子($\frac{1}{2}R$ 和 $\frac{1}{2}r$)和两种雌配子($\frac{1}{2}R$ 和 $\frac{1}{2}r$),雌雄配子受精后,F_2 代 3 种表现型频率为 $(\frac{1}{2}R+\frac{1}{2}r)^2$ 的展开,即 $\frac{1}{4}RR,\frac{2}{4}RR,\frac{1}{4}rr$。若两对基因有差异的亲本杂交,按公式 $(\frac{1}{2}R+\frac{1}{2}r)^{2\times2}$ 的展开推算,F_2 代有 5 种表现型,比例为 $\frac{1}{16}R_4,\frac{4}{16}R_3r,\frac{6}{16}R_2r_2,\frac{4}{16}Rr_3$ 和 $\frac{1}{16}r_4$。可以推理,控制性状的基因对数越多,F_2 代表现型类别越多,各个类别间的差异越小。

根据小麦粒色的遗传分析,尼尔逊·埃尔(1909)设想,若控制性状的基因不是 2 对、3 对,而是 7 对、10 对……,那么 F_2 代的性状组别就更多了,呈现连续分布的数量性状特点。从而提出了数量性状遗传的多基因假说,这一假说又经统计学家 Fisher 及 East 等在玉米、烟草等植物中对有关数量性状遗传的研究进一步得到证明和完善,成为解释和分析数量性状遗传的理论。多基因假说的要点如下。

数量性状由许多对微效基因或多基因(polygene)的联合效应所控制;多基因中的每一对基因对性状表现型所产生的效应是微小的,多基因不能予以个别辨认,只能按性状的整体表现一起研究;微效基因的效应是相等而且相加的,故又可称多基因为累加基因;微效基因之间往往缺乏显性。有时用大写拉丁字母表示增效,小写字母表示减效;微效基因对环境敏感,因而数量性状的表现容易受环境因素的影响而发生变化。微效基因的作用常常被整个基因型和环境的影响所遮盖,难以识别个别基因的作用;多基因往往有多效性,多基因一方面对于某一个数量性状起微效基因的作用,同时在其他性状上可以作为修饰基因(具有改变其他基因效果的基因)而起作用,使之成为其他基因表现的遗传背景;多基因与主效基因(major gene)一样都处在细胞核的染色体上,并且具有分离、重组、连锁等性质。

在有些植物杂交组合的后代群体中,往往出现一些超过亲本性状的极端类型,遗传学上称之为超亲遗传(trans-gressive inheritance)。这个现象完全可用多基因假说予以解释。例如,两个烟草品种,一个植株较高,另一个较矮,杂种 F_1 表现为中间型,株高介于双亲之间;但其 F_2 代或以后的 F_3、F_4 代,可能会出现较高株亲本更高或较矮株亲本更矮的植株,这是因为控制株高的微效多基因分离的结果,这就是超亲遗传。

二、数量性状基因数量的估算

(一)根据分离群体中极端类型的比例估算基因数目

表 1-7-3 列出了极端类型与基因数目的关系。只要能统计出任一极端类型的比例,就可以估算控制性状基因对数。例如,某个水稻杂种 F_2 群体中最早熟的类型占总数的 1/500,可以推断控制水稻成熟期遗传的基因有 4～5 对。然而,控制数量性状的基因数目很多,要获得极端类型纯合体需要有极大的 F_2 群体,而且要识别极端类型个体不容易,因而这种估算方法有其局限性。

表 1-7-3　等位基因对数与 F_2 中极端类型个体的比例

分离的等位基因对数	F_2 极端类型个体比例
1	$(1/4)^1$
2	$(1/4)^2$
3	$(1/4)^3$
4	$(1/4)^4$
5	$(1/4)^5$
$\vdots$	$\vdots$
n	$(1/4)^n$

(二)根据公式估算最低限度的基因对数

基因对数 $n=\dfrac{(\overline{x}_{P_1}-\overline{x}_{P_2})^2}{8(V_{F_2}-V_{F_1})}$,式中 $\overline{x}_{P_1}$、$\overline{x}_{P_2}$ 分别代表两个亲本的平均数,V_{F_1}、V_{F_2} 分别代表杂交 F_1 和 F_2 代的方差。

第三节　遗传率

一、遗传率的概念

数量性状受环境的影响大,环境引起的变异是不能传递的,但它与基因型引起的变异混在一起,为了把这两种变异区分开来,引出了遗传率(heritability)的概念。遗传率或称遗传力,是遗传方差在总方差中所占的比值。遗传率反映了亲子间的相似程度,可以作为对杂种后代进行选择的一个指标。在学习遗传率之前,首先要对数量性状的表现型值和方差进行分析。

数量性状的表现型值是在实践中度量或观察到的数值,例如,玉米株高 256 cm 就是表现型值。表现型值用 P 表示,它是基因型与环境相互作用的结果,所以性状的表现型值可以分为基因型值(G)和环境差值(E)两个组成部分。基因型值是指表现型值中由基因决定的那部分,环境差值则是由环境条件贡献给表现型值的部分,用符号表示,则 $P = G + E$。对于一个群体,各个体表现型值的总和 $\sum P = \sum G + \sum E$,因环境对各个体表现型的影响有正负两个方向,因而 $\sum E = 0$,所以,$\sum P = \sum G$,$\bar{P} = \bar{G}$,即群体某一性状的平均表现型值等于平均基因型值。因为 $P = G + E$,当 G 与 E 不存在互作时,$V_P = V_G + V_E$,即表型方差等于基因型方差与环境方差之和。基因型值根据基因的作用性质可进一步分为三个组成部分:

(1)加性效应 指作用于同一性状的微效基因效应的总和。譬如,基因 A 和 B 的效应值均为 4;a、b 的效应值为 2,那么基因型 AABB 的加性效应值为 16,aabb 为 8,AaBb 加性效应值为 12。由于世代传递中遗传的是基因,不是基因型,加性效应是按各基因效应累加的,所以基因型值中,加性效应部分是可以固定遗传的。

(2)显性效应 指处于杂合状态的一对等位基因间相互作用产生的对加性效应的离差。仍按上例,A 与 B 基因的效应值为 4,a 和 b 为 2;如果只有加性效应存在,Aa 和 Bb 基因型值各为 6,而实际效应值 Aa 为 7,Bb 为 6。说明等位基因 A 和 a 之间存在显性效应是 1,而 B 与 b 之间不存显性效应。由于显性效应必须在杂合状态下才能表现,随着杂交世代的增加,杂合体逐渐减少,显性效应也会逐渐减少,所以显性效应尽管可以遗传,却不能固定。

(3)上位效应 作用于同一性状的非等位基因间相互作用产生的效应。例如,按照上例,当只有加性效应和显性效应的话,AABB 的基因型值为 17,AaBb 的基因型值 13,现在 AABB 的基因型值为 17,AaBb 的基因型值 14,这就是非等位基因互作产生的上位效应。上位效应决定于基因型,基因型不同互作的效应不同。譬如 AA 与 BB 在一起有促进作用,AA 与 bb 在一起可能有抑制作用。所以上位性效应在上下代遗传中也是不固定的。

当考虑多基因时,数量性状的不同等位基因之间的互作即为上位效应。以 A 代表基因加性效应,D 代表基因显性效应,I 代表基因上位性效应,基因型值可表示为 $G = A + D + I$,相应的遗传方差 $V_G = V_A + V_D + V_I$,表现型方差 $V_P = V_A + V_D + V_I + V_E$。

(一)广义遗传率

遗传方差占总方差的比值,称为广义遗传率,通常用百分数表示,即:

$$广义遗传率(h_B^2) = \frac{遗传方差}{总方差} \times 100\% = \frac{V_G}{V_G + V_E} \times 100\%$$

因为 $V_P = V_G + V_E$,所以 $h_B^2 = \frac{V_P - V_E}{V_P} \times 100\%$

可见遗传方差占总方差的比重愈大,求得的遗传率数值也愈大,说明这个性状传递给子代的传递能力就较强,受环境的影响也就较小。一个性状从亲代传递给子代的能力大时,亲本的性状在子代中将有较多的机会表现出来,而且容易根据表现型辨别其基因型,选择的效果就较大。反之,如果求得的遗传率的数值较小,说明环境条件对该性状的影响较大,也就是该性状从亲代传递给子代的能力较小,对这种性状进行选择的效果较差。所以,遗传率的大小可以作为衡量亲代和子代之间遗传关系的标准。

(二)狭义遗传率

前面的分析中已经阐明,在构成基因型值的三种基因效应中,只有加性效应是可以固定遗传的,显性效应和上位性效应的遗传都是不固定的。所以,基因型方差中实际上只有加性方差这一部分能真正稳定遗传。我们把基因加性方差占总方差的比值称为狭义遗传率(用 h_N^2 表示),计算公式是:

$$狭义遗传率(h_N^2) = \frac{基因加性方差}{总方差} \times 100\% = \frac{V_A}{V_P} \times 100\% = \frac{V_A}{V_A + V_D + V_E} \times 100\%$$

显然,狭义遗传率比广义遗传率低,但能更准确地描述性状变异的遗传能力。

▶ 二、广义遗传率的估算方法

根据公式 $\quad h_B^2 = \frac{V_G}{V_P} \times 100\% = \frac{V_P - V_E}{V_P} \times 100\%$

V_P 是可以从调查数据中计算得到的,只要估算出 V_E,就能计算广义遗传率。一般地,环境方差 V_E 的估算方法有四种:

(1)利用基因型纯合群体(亲本)估算环境方差。

由于亲本是纯种,基因型是一致的,因而基因型方差等于零,表现型上的差异都是由于环境影响的结果,可以用两个亲本表现型方差(V_{P_1}、V_{P_2})的平均值代表环境方差,即

$$V_E = \frac{1}{2}(V_{P_1} + V_{P_2})$$

(2)利用基因型一致的 F_1 群体估算环境方差。

两个纯合亲本杂交后,其 F_1 代的基因型应该是一致的,因此 F_1 的表现型方差(V_{F_1})可以代表环境方差,即

$$V_E = V_{F_1}$$

(3)用两个亲本的表现型方差和 F_1 的表现型方差联合起来估算环境方差,即

$$V_E = \frac{1}{3}(V_{P_1} + V_{P_2} + V_{F_1})$$

(4)用加权平均法。

因为 F_2 代基因型及其频率为 $\frac{1}{4}AA + \frac{1}{2}Aa + \frac{1}{4}aa$,所以可以利用 P_1、F_1、P_2 的表型方差加权平均作为 F_2 环境方差的估计值,即

$$V_E = \frac{1}{4}V_{P_1} + \frac{1}{2}V_{F_1} + \frac{1}{4}V_{P_2}$$

对于异花授粉作物,亲本自交系是经过多代人工自交而成,表现明显衰退,对环境反应敏感,若用亲本估算环境方差往往偏高,用 V_{F_1} 估算 V_E 更为适宜。

应该指出,无论用哪种方法估算环境方差,都要求亲本或 F_1 代与要估算遗传率的世代(F_2 代等)处在相似环境下。这样估算出的环境方差才有代表性。

现以前述玉米穗长试验的结果,计算广义遗传率如下。表 1-7-2 中 F_2 的标准差 $S=$ 2.252 cm,方差 $V_{F_2}=S^2=5.072$ cm。F_1 的标准差 $S=1.519$ cm,方差 $V_{F_1}=S^2=2.307$ cm,代入公式得

$$h_B^2=\frac{V_{F_2}-V_E}{V_{F_2}}\times100\%=\frac{V_{F_2}-V_{F_1}}{V_{F_2}}\times100\%=\frac{5.072-2.307}{5.072}\times100\%=54\%$$

这说明玉米 F_2 穗长的变异大约有 54% 是由于遗传差异引起的,46% 则是由于环境差异引起的。

利用亲本、F_1 及 F_2 的表现型方差估算广义遗传率简便易行,工作量小,但比较粗放,由于杂种早代有较大的杂种优势,致使估算的遗传率偏高。

三、狭义遗传率的估算方法

前面的分析已经阐明,在构成基因型值三种效应中,只有加性效应是可以固定遗传的,显性效应与上位效应的遗传是不固定的。所以,基因型方差中实际只有加性方差这一部分能真正稳定遗传,我们把基因加性方差占总方差比值称为狭义遗传率(用 h_N^2 表示),计算公式为:

$$狭义遗传率(h_N^2)=\frac{基因加性方差}{总方差}\times100\%=\frac{V_A}{V_P}\times100\%=\frac{V_A}{V_A+V_D+V_E}\times100\%$$

显然,狭义遗传率比广义遗传率低,但更能准确描述性状遗传变异的遗传能力。

狭义遗传狭义遗传率有多种计算办法,其中可以利用回交群体估算。利用两个纯合亲本杂交,获得 F_1 代,然后在和两个亲本回交,获得两个回交群体 B_1、B_2 再根据 F_2 介代和回交后代遗传方差来计算加性效应和显性效应,进而估算遗传率,其计算公式为:

$$h_N^2=\frac{2V_{F_2}-(V_{B_1}+V_{B_2})}{V_{F_2}}\times100\%$$

其中:V_{B_1}、V_{B_2} 分别为 F_1 与两个亲本回交获得群体的方差。

现用小麦灌浆速度的遗传分析为例,说明计算方法(表 1-7-4)。

表 1-7-4　小麦灌浆速度的遗传分析

| 世代 | 开花到成熟日数/d | | | | | | | | | | 株数 N | 平均数 $\bar{x}$ | 方差 V |
	31	32	33	34	35	36	37	38	39	40			
P_1	6	20	4								30	31.93	0.46
P_2						8	18	4			30	36.53	0.49
F_2	2	8	12	12	14	12	20	15	3	2	100	36.11	4.98
B_1		3	3	5	7	5	4	3			30	35.07	3.28
B_2			3	4	5	6	7	3	2		30	35.90	2.92

$$h_N^2=\frac{2V_{F_2}-(V_{B_1}+V_{B_2})}{V_{F_2}}\times100\%=\frac{2\times4.98-(3.28+2.92)}{4.98}\times100\%=75.5\%$$

小麦灌浆速度的遗传率为 75.5%。

其他估算遗传率的方法有利用亲代-子代的回归或相关系数估计狭义遗传力,或利用方差分析法分别估算部方差中各种方差组分求遗传力,在此不一一介绍。

四、遗传率在育种上的应用

生物的遗传性状(表型)是由基因型和环境共同作用的结果,但对某一性状,分清它的遗传作用和环境影响在其表型中各占多大的比重,对于杂交育种极为重要。

(一)遗传率与育种方法选择

一般来说,从遗传率的高低,可以估计该性状在后代群体中的大致概率分布,因而能确定育种群体的规模,提高育种的效率。某性状的基因型方差在总方差中所占的比重越大,则群体的变异由遗传作用引起的影响较大,环境对它的影响较小;在下一代群体中就会得到相应的表现;因而在该群体内选择是有效的。反之,当性状的变异主要由环境的影响引起的,则遗传的可能性较小,在下一代群体中就不容易得到相应的表现,因而在该群体内进行选择所得效果就很低。当遗传率高时,性状的表现型与基因型相关程度大,在育种中采用系谱法及混合选择法的效果相似;当遗传率低时,性状的表现型不易代表其基因型,因加性方差(V_A)小时,育种效率低,所以要用系谱法或近交进行后代测定,才能决定取舍。当显性方差(V_D)高时,可利用自交系间杂种 F_1 优势;当互作效应(V_I)高时,应注重系间差异的选择,以固定(V_I)产生的效应;当基因型与环境交互作用大时,说明某些基因型在某些地区表现好,而另一些基因型在另一些地区表现好,这样,在育种上就要注意在不同地区推广具有不同基因的品种,以发挥品种区域化的效果。

(二)遗传率在作物育种上的具体应用

从几种主要作物的不同性状所估算的遗传率可以看出:如株高、抽穗期、开花期、成熟期、每荚粒数、油分、蛋白质含量和棉纤维的衣分等性状具有较高的遗传率;千粒重,抗倒伏、分枝数、主茎节数和每穗粒数等性状具有中等的遗传率;穗数、果穗长度,每行粒数、每株荚数以及产量等性状的遗传率则较低(表 1-7-5)。

表 1-7-5　几种主要作物遗传率的估算资料

(遗传学.浙江农业大学.1986)　　　　　　　　%

作物	籽粒产量	株　高	穗　　数	穗　　长	每穗粒数	千粒重
水稻		52.6~85.9	10.0~84.0	57.2~69.1	55.6~75.7	83.7~99.7
小麦		51.0~68.6	12.0~27.2	60.0~78.9	40.3~42.6	36.3~67.1
大麦	43.9~50.7	44.4~74.6	23.6~29.5			21.2~38.5
玉米	15.5~29	42.6~70.1		13.4~17.3		

一般来说,凡是遗传率较高的性状,在杂种的早期世代进行选择,收效比较显著;而遗传率较低的性状,则要在杂种后期世代进行选择才能收到较好的结果。根据性状遗传规律的

作物遗传育种

研究,把握遗传变异和环境条件影响的相互关系,可以提高育种工作的效率,增加对杂种后代性状表现的预见性。首先,对于杂种后代进行选择时,根据某些性状遗传率的大小,就容易从表现型识别不同的基因型,从而较快地选育出优良的新的类型。其次,作物的产量一般都是由许多比较复杂的因素控制的,所以它的遗传率较低。如果产量性状与某些遗传率较高而且表现明显的简单性状密切相关,就可用这些简单性状作为产量选择的间接指标,以提高选择的效果。例如,大豆的产量的遗传率比较低,但它同生育期、株高、结实期长短的关系都很密切。所以,可以根据这些性状的表现来提高产量选择的效果。

目前,根据多数试验结果,对遗传率在育种上的应用,总结了如下的几点规律:

(1)不易受环境影响的性状的遗传率比较高,易受环境影响的性状则较低。

(2)变异系数小的性状的遗传率高,变异系数大的则较低。

(3)质量性状一般比数量性状有较高的遗传率。

(4)亲本生长正常,对环境反应不灵敏的性状的遗传率较高。

(5)性状差距大的两个亲本的杂种后代,一般表现较高的遗传率。

(6)遗传率并不是一个固定数值,对自花授粉植物来说,它因杂种世代推移而有逐渐升高的趋势。

二维码 1-7-1 作物数量性状狭义遗传率分析实例

二维码 1-7-2 数量性状基因定位
(知识链接)

复习思考题

1.名词解释

遗传率 基因加性方差 显性方差 上位性方差 狭义遗传率 广义遗传率

2.什么叫质量性状和数量性状?它们的区别在哪里?

3.质量性状与数量性状的研究方法有什么区别?

4.一个特定品种的两个完全成熟的植株,株高分别为 30 cm 和 150 cm,已知它们是数量性状的极端表现型,试问:

(1)如果只在单一的环境下做实验,你如何判断植株高度是受环境因素决定还是遗传因素决定?

(2)如果是遗传的原因,你又如何测定与这个性状有关的基因对数?

5.简述多基因假说的要点。

6.两个自交系杂交,它们的种子重量分别是 0.2 g 和 0.4 g,杂交得到的 F_1 种子都是 0.3 g。F_1 自交产生 1 000 个植株,其中 4 株的单株种子重 0.2 g,4 株是 0.4 g,其他植株的种子重量在这两个极端值之间。试问,决定种子重量的基因有多少对?

7. 冬小麦各世代的抽穗期资料如下：

抽穗日期 世代	9	10	11	12	13	14	15	16	17	18	19	20	21	株高/ cm
P_1										5	2	11	1	19
P_2	3	18	2	1										24
F_1				2	2	1	6	1	3					15
F_2		1	1	13	16	9	17	10	6	16	9	6	4	108

(1)计算各世代方差。

(2)计算广义遗传率。

Chapter 8

细胞质遗传

➤ **知识目标**

1. 了解细胞质遗传的特征。

2. 掌握植物雄性不育的概念、类型及遗传特点。

3. 掌握"三系"的关系及其遗传原理。

➤ **技能目标**

掌握"三系法""两系法"配制杂交种的技术。

前面介绍的遗传性状都是由细胞核内染色体上的基因即核基因所决定的,由核基因所决定的遗传现象和遗传规律称为细胞核遗传。细胞核遗传是植物性状遗传的主要方式,但并不是唯一方式,生物的某些遗传现象取决于或部分取决于细胞质内的基因。有关细胞质遗传的研究,对于正确认识核质关系,全面理解生物的遗传现象具有重要意义。

第一节　细胞质遗传的概念和特征

前面介绍的遗传性状都是由细胞核内染色体上的基因及核基因所决定的,由核基因所决定的遗传现象和遗传规律称为细胞核遗传或核遗传。随着遗传学研究的不断深入,人们发现细胞核遗传并不是生物唯一的遗传方式。生物的某些遗传现象并不是或者不完全是由核基因所决定的,而是取决于或部分取决于细胞质内的基因。这个领域的深入研究,对于正确认识核质关系,全面理解生物遗传现象和人工创造新的生物类型具有重要意义。

▶ 一、细胞质遗传的概念

由细胞质内的基因即细胞质基因所决定的遗传现象和遗传规律称为细胞质遗传。例如由线粒体、质体、中心体等细胞器以及某些被称为附加体和共生体的细胞质颗粒所引起的遗传现象都属于细胞质遗传。因此细胞质遗传也称为非染色体遗传、非孟德尔遗传、染色体外遗传、核外遗传或母体遗传等。

细胞质基因与核基因有着共同的物质基础,因而在遗传功能上也有相似之处。如细胞质中的 DNA 也像细胞核中的 DNA 一样,能准确地进行自我复制,从而保证细胞质基因的连续性和稳定性。细胞质基因也能控制蛋白质的合成,从而控制代谢类型和性状发育。凡是能够引起核基因发生突变的因素,也能引起细胞质基因突变。

但是,由于细胞质基因的载体及其所在的位置与核基因不同,因而它们在基因的传递、分配等方面又与核基因有区别。例如,核基因存在于染色体上,细胞分裂时能随着所在的染色体进行有规律的配对、分离和组合,在遗传上符合三大规律。而细胞质基因的载体为细胞质中的某些细胞器和一些颗粒物质,在细胞分裂和受精过程中,它们并不是均等地分裂和分配,因而所控制的遗传性状不符合三大遗传规律。细胞质基因数量少,由其控制的性状也较少。在基因对性状的控制表现方面,细胞质基因与核基因是相互依赖、相互联系、相互制约的,两者常常共同实现对某一性状的控制。但在生命的全部遗传体系中,核基因处于主导和支配地位,细胞质基因处于次要地位。

迄今为止,在各种生物中所发现的细胞质基因数量不多,遗传学对细胞质遗传的了解远不如核遗传深入。但某些细胞质遗传的性状已在农业生产上得到应用,如受细胞质基因作用的植物的雄性不育性,作为配制杂交种的母本,已在生产上取得了重大经济效益。

▶ 二、细胞质遗传的特征

细胞质遗传最主要的特征是正交与反交的杂种和后代都只表现母本的性状,这种现象

作物遗传育种

叫"母性遗传"或"倾母遗传"。虽然母性遗传的原因不只是胞质遗传这一种,但胞质基因所控制的性状都表现为母性遗传。这是胞质遗传与核遗传的主要区别。例如,大豆子叶颜色的遗传是受胞质基因控制的,如用黄子叶的作母本,绿子叶的作父本杂交,F_1及其后代全部为黄子叶;用绿子叶的作母本,黄子叶的作父本杂交,F_1及F_2又全部为绿子叶(图1-8-1)。细胞质遗传的正交与反交结果不同,杂种和杂种后代仅表现母本性状,这显然与分离规律中阐述的核遗传的表现完全不同。

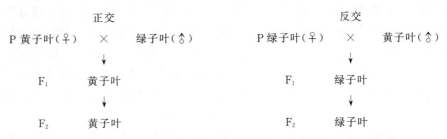

图1-8-1 大豆子叶性状的正反交配

细胞学的研究表明,植物的精子和卵细胞的细胞核大小相似,而细胞质相差很大。卵细胞一般都带有大量的细胞质,而精子则没有或很少有细胞质。所以,在受精过程中,卵细胞为子代提供其核基因和全部或绝大部分的细胞质基因,而精子仅能为子代提供其核基因,不能或极少能提供细胞质基因。其结果是,受细胞质基因控制的性状只能由母本通过卵细胞遗传,而不能由父本通过精子遗传(图1-8-2)。因此,上述由胞质基因控制的大豆黄子叶与绿子叶的杂交结果,自然就是母本什么颜色,杂种子叶也是什么颜色了。因此,细胞质遗传的特点是:

①遗传方式是非孟德尔式的,杂交后代一般不表现一定比例的分离,故细胞质遗传又称非孟德尔遗传。

②正交和反交的遗传表现不同,F_1通常只表现母本的性状,故细胞质遗传又称母性遗传。

③通过连续回交,母本的核基因几乎全部被置换掉,但母本的细胞质基因及其所控制的性状仍不消失。

④由附加体或共生体决定的性状,其表现往往类似病毒的转导或感染。

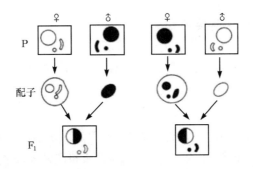

图1-8-2 细胞质遗传的正反交结果示意图

但细胞质与细胞核并不是细胞内的两个孤立的部分,细胞核不能脱离胞质而独立存在,胞质无核也不能独立生存。细胞质基因虽然有自己独立的遗传体系,但与核遗传相比,遗传效能一般是不完备的,并且在很大程度上受核基因的控制,或者与核基因共同作用。在生命的全部遗传体系中,核基因处于主导和支配地位,但不能因此忽视胞质基因在遗传上的作用。

◉ 三、母性影响

在细胞核遗传中,正交♀AA×♂aa 与反交♀aa×♂AA 的子代表型通常是一样的,因为两个亲本在核基因的贡献上是相等的,子代的基因型都是 Aa,所以在同一环境下其表型是一样的。但有时正反交的结果并不相同,子代的表型受到母本基因型的影响而和母本的表型一样。这种由于母本基因型的影响,使子代表现母性性状的现象叫作母性影响。

短暂的母性影响,仅影响子代早期生长发育阶段,最终还是要表现出核基因控制性状的特点;持久的母性影响,影响子代个体整个世代的表型,但在随后的世代中,还是会出现孟德尔分离比。

细胞质遗传决定的性状在遗传过程中通常表现出连续性、稳定性、不分离性,并且后代的表型总和母本相同的特点。受母性影响的性状,虽然正反交结果不同,子代的表型和母本相同,但是由核基因控制的性状,终究会表现出孟德尔遗传的特点。因此说,虽然母性影响所表现的遗传现象与细胞质遗传十分相似,但它并不是由于细胞质基因所决定的,而是由于核基因的产物在卵细胞中积累所决定的,因此它不属于细胞质遗传的范畴。

第二节　植物雄性不育的遗传

细胞质基因所决定的许多性状中,对实际生产有重要应用价值的就是有花植物的雄性不育性。植物雄性不育的主要特征是雄蕊发育不正常,不能产生有正常功能的花粉,但其雌蕊发育正常,能接受正常花粉而受精结实。雄性不育类型的发现为作物杂种优势的利用开辟了新途径,利用雄性不育性生产杂种种子不仅可免除人工去雄工作,节省人力、物力,降低成本,还可以保证种子的纯度。目前水稻、玉米、高粱、洋葱、蓖麻、甜菜、白菜、大豆和油菜等作物都已利用雄性不育性进行杂交种子的生产。

◉ 一、雄性不育的类型及遗传特点

雄性不育性在植物界较为普遍。已知的雄性不育的植物大致可以分为两种类型:核不育型和质核不育型。

(一)核不育型

由核内染色体上基因所决定的雄性不育类型,简称核不育型。核不育型多属自然发生的变异,这类变异在水稻、小麦、大麦、玉米、谷子、番茄和洋葱等许多作物中都发现过。已知番茄中有 30 多对核基因能分别决定这种不育类型。玉米的 7 对染色体上已发现了 14 个核不育基因。这种不育型的败育过程发生于花粉母细胞减数分裂期间,故不能形成正常花粉。由于败育过程发生较早,败育得十分彻底,因此在含有这种不育株的群体中,能育株与不育株有明显的界限。

作物遗传育种

根据不育基因的显隐性,核型雄性不育可分为以下两种类型。

　　一种是受隐性基因(msms)控制的核雄性不育。雄性正常为显性基因(MsMs)。用雄性不育株与雄性正常株杂交,F₁全部为雄性正常,F₂中又会分离出雄性可育和不育的植株,分离比例为3:1(图1-8-3)。潍型雄性不育系小麦,黔阳水稻雄性不育系,沈阳白菜雄性不育系等都属于这一类型。

P　　　　　　msms 雄性不育　　×　　MsMs 雄性可育
　　　　　　　　　　　　　　　↓
F₁　　　　　　　　　Msms 雄性可育
　　　　　　　　　　　　　　　↓
F₂　　　　1MsMs 雄性可育:2Msms 雄性可育:1 msms 雄性不育

图 1-8-3　隐性基因控制的细胞核雄性不育的遗传

　　可以看出,核遗传的雄性不育株是从杂种后代中分离出来昀,当授以雄性正常的花粉后,下一代为雄性正常,因而这种不育性不能保证每代都有,而且杂种后代分离出的不育株又与正常株混杂,难以进行杂交制种,因此限制了这种雄性不育类型的利用。

　　另一种是受显性基因控制的雄性不育。如湖北的光敏核不育水稻、山西的太谷核不育小麦系等就是属于这一种类型。太谷核不育基因 Tae 为显性,而它的相对基因 tae 为雄性正常。当用纯合的不育系(TaeTae)与雄性正常(taetae)的品种杂交,F₁ 为雄性不育(Taetae),如再与雄性正常(taetae)的品种进行回交,下一代将有 1/2 表现不育,1/2 表现雄性正常。这种不育类型在常规杂交育种和回交育种中有较高利用价值。

(二)质核不育型

　　由细胞质基因和细胞核基因互作控制的雄性不育类型,简称质核型。在玉米、小麦和高粱等作物中,这种不育类型花粉的败育多发生在减数分裂以后的雄配子形成期。但是在矮牵牛、胡萝卜等植物中,败育发生在减数分裂过程中或在此之前。遗传研究证明,质核型不育性是由不育的细胞质基因和相对应的核基因所决定的。

　　1.质核不育型的遗传方式

　　胞质不育基因 S 有对应的可与基因 N,r 是核内控制不育的基因,对应的可育基因是 R。它们可以组合成 6 种基因型,分别为 S(rr)、N(rr)、S(RR)、N(RR)、S(Rr)和 N(Rr)。其中,只有 S(rr)表现不育。当与其他类型杂交或回交时,只要父本核内没有基因,则杂交子代一直保持雄性不育,表现了细胞质遗传的特征。

　　如果以上述不育个体为母本,分别与 5 种能育型杂交,其遗传情况可以归纳为以下三种情况(图1-8-4):

　　(1)S(rr)×N(rr)→ S(rr) F₁ 表现不育,说明 N(rr)具有保持不育性在世代中稳定遗传的能力,因此称为保持系。S(rr)由于能够被 N(rr)所保持,从而在后代中出现全部稳定不育的个体,因此称为不育系。

　　(2)S(rr)×N(RR)→ S(Rr),或 S(rr)×S(RR)→S(Rr) F₁ 全部正常可育,说明 N(RR)或 S(RR)具有恢复育性的能力,因此称为恢复系。

　　(3)S(rr)×N(Rr)→ S(Rr)+S(rr),S(Rr)×S(rr)→S(Rr)+S(rr) F₁ 表现育性分离,

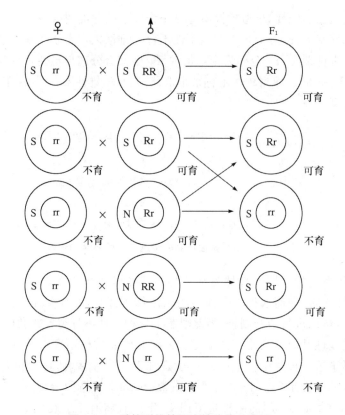

图 1-8-4　质核型雄性不育性遗传示意图

说明 N(Rr) 或 S(Rr) 具有杂合的恢复能力,因此称为恢复性杂合体。很明显,N(Rr) 的自交后代能选育出纯合的保持系 N(rr) 和纯合的恢复系 N(RR);而 S(Rr) 的自交后代,能选育出不育系 S(rr) 和纯合恢复系 S(RR)。

根据上述的分析可以看出,质核型的不育性由于细胞质基因与核基因间的互作,既可以找到保持系而使不育性得到保持,又可以找到相应的恢复系而使育性得到恢复。在农业生产上要求恢复系不仅能使雄性不育的后代恢复育性,而且要求表现杂种优势。

2.质核不育型的遗传特点

根据理论研究和实践表明,质核型不育性的遗传往往比较复杂,现介绍以下三方面的特点。

(1)孢子体不育和配子体不育　孢子体不育是指花粉的育性受孢子体(植株)基因型所控制,而与花粉本身所含基因无关。如果孢子体的基因型为 rr,则全部花粉败育;基因型为 RR,则全部花粉可育;基因型为 Rr,产生的花粉有两种,一种含有 R,一种含有 r,这两种花粉都可育,自交后代表现株间分离。玉米 T 型不育系属于这个类型。配子体不育是指花粉育性直接受雄配子体(花粉)本身的基因所决定。如果配子体内的核基因为 R,则该配子可育;如果配子体内的核基因为 r,则该配子不育。这类植株的自交后代中,将有一半植株的花粉是半不育的,表现为穗上的分离。玉米 M 型不育系属于这种类型。

(2)胞质不育基因的多样性与核育性基因的对应性　同一植物内可以有多种质核不育类型。这些不育类型虽然同属质核互作型,但是由于胞质不育基因和核基因的来源和性质不同,在表现型特征和恢复性反应上往往表现出明显的差异,这种情况在小麦、水稻和玉米等作物中都有发现。研究表明,对于每一种不育类型,都需要某一特定的恢复基因来恢复,因此反映出恢复基因有某种程度的专效性或对应性特征。这种多样性和对应性实际上反映出,在细胞质中和染色体上分别有许多个对应位点与雄性的育性有关。例如,在正常状态下,如果细胞质中的有关可育因子分别为 N_1、N_2、N_3、$\cdots N_n$;它们不育性的变异便相应地为:S_1、S_2、S_3、$\cdots S_n$;同时在核内染色体上相对应的不育基因分别为 r_1、r_2、r_3、$\cdots r_n$;其恢复基因则相应地为 R_1、R_2、R_3、$\cdots R_n$,核内的育性基因总是与细胞质中的育性基因发生对应的互作,即:r_1(或 R_1)对 N_1(或 S_1)、r_2(或 R_2)对 N_2(或 S_2)、r_3(或 R_3)对 N_3(或 S_3)、$\cdots r_n$(或 R_n)对 N_n(或 S_n)。某一个具体的育性表现,决定于有关质核间对应基因的互作关系。

(3)单基因不育性和多基因不育性 核遗传型的不育性多数表现为单基因的遗传,很少有多基因控制的报道,但是质核遗传型则既有单基因控制的,也有多基因控制的。所谓单基因不育性是指一对或两对核内主基因与对应的不育胞质基因决定的不育性。在这种情况下,由一对或两对显性的核基因就能使育性恢复正常。所谓多基因不育性是指由两对以上的核基因与对应的胞质基因共同决定的不育性,有关的基因有较弱的表现型效应,但是它们彼此间往往有累加的效果,因此,当不育系与恢复系杂交时,F_1 的表现常因恢复系携带的恢复因子多少而表现不同,F_2 的分离也较为复杂,常常出现由育性较好到接近不育等许多过渡类型。小麦 T 型不育系和高粱 3197A 不育系属于这种类型。

质核型不育性比核型不育性更容易受到环境条件的影响,特别是多基因不育性对环境的变化更为敏感气温就是一个重要的影响因素。如高粱 3197A 不育系在高温季节开花的个体常出现正常黄色的花药。在玉米 T 型不育性材料中,也曾发现由于低温季节开花而表现较高程度的不育性。

二、雄性不育的应用

雄性不育性主要应用在杂交优势的利用上。杂交母本获得了雄性不育性,就可以免去大面积繁殖制种时的去雄工作,而且还能保证杂交种子的纯度。目前生产上应用推广的主要是质核互作型雄性不育性。应用时必须具备雄性的不育系、保持系和恢复系,在制单交种时一般建立两个隔离区。一区是繁殖不育系和保持系的隔离区,在区内交替地种植不育系和保持系。不育系缺乏花粉,花粉从保持系获得,从不育系植株收获的种子仍旧是不育系。保持系植株依靠本系花粉结实,所以从保持系植株收获的种子仍旧是保持系,这样在这一隔离区内同时繁殖了不育系和保持系。另外一区是杂种制种隔离区,在这一区里交替地种植不育系和恢复系,不育系植株没有花粉,花粉由恢复系植株提供,所以从不育系植株收获的种子就是杂交种子,可供大田生产用。恢复系植株依靠本系花粉结实,所以从恢复系植株收获的种子仍旧是恢复系。于是在这一隔离区内制出了大量杂交种,同时也繁殖了恢复系。这就是用两个隔离区同时繁殖三系的制得杂交种的方法,一般称为"二区三系"制种法(图 1-8-5)。目前,这种制种法在农业生产中获得了很大的经济效益。

我国学者石明松从晚粳品种农垦 58 中发现光敏核不育水稻"农垦 58S"以来.核不育型的利用受到极大关注。光敏核不育水稻具有在长日光周期诱导不育、短日光周期诱导可育的特性,这种不育水稻可以将不育系和保持系合二为一,为此我国学者提出了利用光敏核不育水稻生产杂交种子的"两系法",这种方法目前已在我国水稻生产上大面积推广应用。两系法的制种方法如图1-8-6所示。

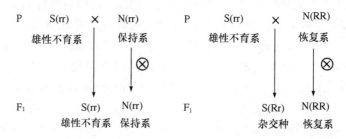

图 1-8-5 "二区三系"法配制杂交种示意图

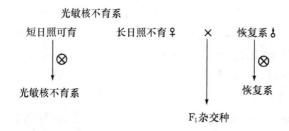

图 1-8-6 两系法——基于光敏核不育水稻杂交制种

二维码 1-8-1 植物雄性不育案例

二维码 1-8-2 植物雄性不育的影响因素
（知识链接）

复习思考题

1.名词解释

细胞质遗传雄性不育 不育系 保持系 恢复系

2.什么叫细胞质遗传？它有哪些特点？

3.细胞质基因与核基因有何异同？二者在遗传上的关系如何？

4.何谓植物雄性不育？它在生产上有何应用价值？

5.植物的雄性不育有哪几种遗传类型？各有何特点？

6.简述质核互作型雄性不育的遗传原理。

7.简述"三系法制种"的特点及相互关系。

作物遗传育种

Chapter 9

近亲繁殖和杂种优势

知识目标

1. 了解自交、回交的遗传效应。
2. 了解纯系学说的要点及其意义。
3. 了解杂种优势的表现特点及遗传机理;明确 F_2 群体杂种优势衰退原因。

技能目标

了解近亲繁殖、杂种优势在作物育种上的利用方法。

大多数动植物的繁殖方式都是属于有性繁殖的,由于产生雌雄配子的亲本来源和交配方式的不同,它们的后代遗传动态有着显著的差异。近亲交配常对后代表现有害,远亲交配能表现杂种优势。早在 19 世纪 60 年代,达尔文就提出了"异花授粉一般对后代有利,而自花授粉对后代有害"的结论。孟德尔的遗传规律发现以后,近亲繁殖和杂种优势成为数量性状遗传研究的一个重要方面,同时成为近代育种工作的一项重要手段。

第一节　近亲繁殖及其遗传效应

▶ 一、近亲繁殖的概念

近亲繁殖(inbreeding),也称近亲交配,简称近交,指亲缘关系相近的雌雄个体交配,或指基因型相同或相近的两个个体间的交配。近亲繁殖按亲缘远近的程度可分为:全同胞(fall-sib)(同父母的兄妹)、半同胞(half-sib)(同父或同母的兄妹)和亲表兄妹(first cousins)交配。植物的自花授粉(雌雄同株或雌雄同花)和少数自体受精动物的受精称为自交(selfing),这是近亲繁殖中最极端的方式。回交(back cross)也是近亲繁殖的一种方式。

植物群体或个体近亲交配的程度,常根据天然杂交率的高低划分的,一般可分为自花授粉植物(self-pollinated plant)、常异花授粉植物(often cross-pollinated plant)、异花授粉植物(cross-pollinated plant)三种类型。栽培作物中有 1/3 是自花授粉植物,如小麦、水稻、大豆等,不过它们也不是绝对自交繁殖,由于遗传基础和环境条件的影响,常发生天然杂交($1\%\sim4\%$)。常异花授粉植物,如棉花、高粱等,其天然杂交($5\%\sim20\%$)。自花授粉和常异花授粉植物绝大多数是雌雄同花,在自然状况下大多数能够实现自交繁殖。异花授粉植物天然杂交高($20\%\sim50\%$),如玉米、白菜型油菜等,在自然状况下是自由授粉。

近亲繁殖的后代,特别是异花授粉植物的自交后代,一般表现生活力衰退,产量和品质下降,出现退化现象。但遗传研究和育种工作中却十分强调自交或近亲繁殖,这是因为只有在自交或近亲繁殖的前提下,才能使供试材料具有纯合的遗传组成,从而更准确地分析和比较其杂交后代的遗传差异,研究性状的遗传规律,更好地有效地开展育种工作。

▶ 二、自交的遗传效应

杂合体通过自交,其后代群体表现以下两方面的遗传效应。

第一,杂合体通过自交可以导致后代基因的分离,将使后代群体中的遗传组成迅速趋于纯合化。现以一对基因为例加以说明,含有一对等位基因 Aa 的 F_1 杂合体,经一代自交后,会产生占 F_2 个体总数 1/2 的 AA、aa 两种纯合体、杂合体(Aa)减少到(1/2)。如果继续自交,杂合体再减少 1/2 成为 1/4,而纯合体比率上升到 3/4,这样连续自交 r 代,其后代群体中的杂合体将逐步减少为 $(1/2)^r$。假定每株后代以产生 4 个植株为最低的繁殖系数,并且各株的繁殖系数相同,其后代群体中杂合体和纯合体的消长比例的遗传动态列于表 1-9-1。

可以看出,如果只有一对基因之差的杂合体自交,经过 r 代以后,群体内杂合体所占比

作物遗传育种

例只有 $1/2^r$，纯合体则达到 $1-1/2^r$。在纯合体中，某种纯合基因，如 AA 个体所占比例应为 $1/2 \times (1-1/2^r)$。随着 r 的增加，$1/2^r$ 趋于无穷小，同理，$1-1/2^r$ 也趋于无穷大。

表 1-9-1　一对杂合基因(Aa)连续自交的后代基因型比例的变化

世代	自交世代	基因型的比数	杂合体(Aa)		纯合体(AA+aa)	
			比数	％	比数	％
F_1	0	Aa		100		
		↙ ↓ ↘				
F_2	1	1AA 2Aa 1aa	1/2	$1/2^1=50$	1/2	$1-1/2^1=50$
		↙ ↙ ↓ ↘ ↘				
F_3	2	4AA 2AA 4Aa 2aa 4aa	1/4	$1/2^2=25$	3/4	$1-1/2^2=75$
		↙ ↙ ↓ ↘ ↘				
F_4	3	24AA 4AA 8Aa 4aa 24aa	1/8	$1/2^3=12.5$	7/8	$1-1/2^3=87.5$
		↙ ↙ ↓ ↘ ↘				
F_5	4	112AA 8AA 16Aa 8aa 112aa	1/16	$1/2^4=6.25$	15/16	$1-1/2^4=93.5$
		↙ ↙ ↓ ↘ ↘	⋮	⋮	⋮	⋮
F_{r+1}	r	⋮		$1/2^r$		$1-1/2^r \to 100$

纯合体增加的速度和强度，与所涉及的基因对数、自交代数和是否严格的选择具有密切的关系。

根据公式 $[1+2^r-1]^n$，可以估算出有 n 对杂合基因的杂合体经 r 代自交繁殖后，群体内各种基因型个体所占的比例。其中 1 为杂合基因型项，展开式的指数为杂合基因对数；(2^r-1) 为纯合基因型项，其二项式展开式的指数为纯合基因对数。如有 4 对杂合基因，自交 5 代后，群体各种基因型个体所占频率为 $[1+2^r-1]^n$ 公式的展开。

$$[1+2^r-1]^n = [1+(2^5-1)]^4 = (1+31)^4$$
$$= 1^4 + 4 \times 1^3 \times 31^1 + 6 \times 1^2 \times 31^2 + 4 \times 1^1 \times 31^3 + 31^4$$
$$= 1 + 124 + 5\,766 + 119\,164 + 92\,352$$

群体理论总数为 $(2^r)^n = (2^5)^4 = 1\,048\,576$

上列数字说明在 F_6 群体中有：

1 个个体的 4 对基因为杂合；

124 个个体的 3 对基因杂合，1 对基因纯合；

5 766 个个体的 2 对基因杂合，2 对基因纯合；

119 166 个个体的一对基因杂合，3 对基因纯合；

923 521 个个体纯合。

因此，这个群体内纯合率为 $923\,521/1\,048\,576$ 即 88.07％；杂合率为 $100\% - 88.07\% = 11.93\%$。自交后代群体中纯合率也可直接用下式估算：

$$x = (1 - \frac{1}{2^r})^n \times 100\%$$

以上公式的应用必须满足两个条件：一是各对基因是独立遗传，二是各种基因型后代的繁殖力相同。

第二，杂合体通过自交能够导致等位基因纯合，使隐性基因得以表现，从而可以淘汰有害的隐性个体，改良群体的遗传组成。异花授粉作物群体内，潜伏着许多对其生长发育无益或有害的隐性基因，如玉米中的白化苗，黄化苗等基因。在异花授粉的条件下，这些不良的隐性基因大多处于杂合状态，而使隐性性状难以表现，若强制其自交就可以使这些隐性基因暴露出来，以便加以淘汰。自花授粉作物由于长期自交，有害的隐性性状已被选择淘汰。所以，后代一般很少出现有害性状，故比异花授粉作物耐自交。

第三，获取不同的纯合基因型。杂合体通过自交，遗传性状分离重组，使同一群体出现多个不同的纯合基因。例如，2 对基因的杂合体 AaDd 通过长期的自交，会出现 AADD-AAdd、aaDD、aadd4 种纯合基因型。这对品种保纯和物种稳定具有重大意义。

◆ 三、回交的遗传效应

回交和自交类似，连续多代进行回交，其后代群体的基因型也将趋于纯合。值得注意的是回交与自交在基因型纯合的内容和进度上有重大差别。回交指杂种后代与其亲本之一再次杂交。

BC_1、BC_2 分别表示回交一代、回交二代，用于回交的亲本为轮回亲本（recurrent parent），未被用来回交的亲本为非轮回亲本（non_recurrent parent）。

例如：

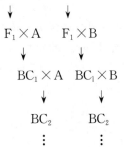

回交和自交遗传效应的差异，主要表现在：

（1）回交后代的基因型纯合严格受轮回亲本的控制，而自交后代的基因型纯合却是多种多样的组合方式。即一个杂种与其轮回亲本每回交一次，便使后代增加轮回亲本的 1/2 基因组成。多次连续回交以后，其后代将基本回复为轮回亲本的基因组成，即发生核代换（图 1-9-1）。

（2）连续回交使后代基因趋于定向纯合。回交后代纯合率同样可以用公式 $\left(\dfrac{2^r-1}{2^r}\right)^n$ 估算，而且各种基因型后代的繁殖能力也假定是相同的。但自交和回交后

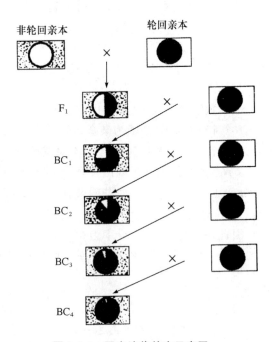

图 1-9-1　回交遗传效应示意图

作物遗传育种

代纯合率包含内容是不同的。自交后代的纯合率是各种基因型纯合率的累加值,回交后代纯合只是轮回亲本一种基因型的纯合率值。由于各对基因分离总数为 $2n$,所以预期自交后代的每一种基因型纯合率 $\left(\dfrac{1}{2}\right)^2 \times \left(\dfrac{2^r-1}{2^r}\right)^n$,而回交后代最后只有一种接近轮回亲本基因型的纯合基因型,由此可见,在基因型纯合的进度上回交显然大于自交。一般回交 5~6 代后杂种的基因型已绝大多数被轮回亲本基因型置换。

在作物育种上,回交用于改进每个品种的个别缺点效果最好。例如,将野生近缘植物的抗性基因通过回交转移给栽培种,回交还可以用于转育雄性不育系。等位基因对数(n)回交后代中从轮回亲本导入基因的纯合体比例表(表 1-9-2)。

表 1-9-2　在回交后代中从轮回亲本导入基因的纯合体比例　　　　　%

回交世代(r)	等位基因对数(n)										
	1	2	3	4	5	6	7	8	10	12	21
1	50.0	25.0	12.5	6.3	3.1	1.6	0.8	0.4	0.1	0.0	0.0
2	75.0	56.3	42.2	31.6	23.7	17.8	13.4	10.0	5.6	3.2	0.2
3	87.5	76.6	67.0	58.6	51.3	44.9	39.3	34.4	26.3	20.1	6.1
4	93.8	87.9	82.4	77.2	72.4	67.9	63.6	59.6	52.4	46.1	25.8
5	96.9	93.9	90.9	88.1	85.3	82.7	80.1	77.6	72.8	68.4	51.4
6	98.4	96.9	95.4	93.9	92.4	91.0	89.6	88.2	85.5	82.8	71.9
7	99.2	98.5	97.7	96.9	96.2	95.4	94.7	93.9	92.5	91.0	89.6
8	99.6	99.2	98.8	98.4	98.1	97.7	97.3	96.9	96.2	95.4	92.1
9	99.8	99.6	99.4	99.2	98.7	98.7	98.5	98.3	97.9	97.5	95.7

第二节　纯系学说

一、约翰逊揭示纯系学说的试验

丹麦遗传学家约翰逊(Johanson,W.L.)于 1900 年起进行粒重选种实验,他以天然混杂的不同重量的公主菜豆(prince bean)为试验材料,得到 19 个株系。这些株系平均粒重彼此有显著差异,而且能够稳定遗传。在系统中再度选择时则无效,由此其提出纯系学说(pure line theory)(表 1-9-3,表 1-9-4)。

表 1-9-3　公主菜豆 19 个品系的产量　　　　　g

纯系号数	1	2	3	4	5	6	7	8	9	10	11	12	13	14	15	16	17	18	19
个体数	145	475	382	307	255	141	305	159	241	533	418	83	212	103	188	273	295	357	219
平均值	64.2	55.8	55.4	54.8	51.2	50.6	49.2	48.9	48.2	46.5	45.5	45.5	45.4	45.3	45.0	44.6	42.8	40.8	38.1

表 1-9-4　纯系菜豆的产量历代不变

世代	亲本的平均重量			子代的平均重量		
	最轻	最重	相差	由最轻亲本选出的	由最重亲本选出的	相差
1	60	70	+10	63.15	64.85	+1.70
2	55	80	+25	75.19	70.88	−4.31
3	50	87	+37	54.59	50.68	−3.91
4	43	73	+30	63.55	63.64	+0.09
5	46	84	+38	74.38	70.00	−4.38
6	56	81	+25	69.07	67.66	−1.41

二、纯系学说的要点

约翰逊把自花授粉的一个植株自交后代称为纯系(pure line)。像菜豆这样严格的自花授粉作物,由基因型纯合的个体自交产生的后代群体的基因型也是纯合的。在一个自花授粉植物的天然混杂群体中,通过选择可以分离许多纯系。为此,约翰逊的纯系学说有以下要点:

(1)凡由一同质的亲代自交而产生的子代为纯系。自花授粉及异花授粉植物自交后均可得到纯系后代。

(2)一般每个自花授粉的农家品种内常存在若干纯系。即农家品种往往是若干纯系的混合群体。

(3)利用单株选择法进行选择的最大效能在于分离纯系。但分离最优基因型对品种的改良是有限的。

(4)已成纯系的群体,再进行选择无效(表 1-9-6)。在纯系中某一性状虽有差异,但都是由环境引起的不可遗传的变异,也称彷徨变异(fluctuation),在遗传上无真实价值,故再三选择,无增亦无减,这就是纯系内选择无效的原因。

三、纯系学说的意义

纯系学说是花授粉作物单株选择育种的基础理论,其重要意义正确区分了生物体的可遗传变异与不遗传变异,指出了选择可遗传变异的重要性。同时,也区分了基因型和表现型的概念,对后来研究遗传、环境和个体发育的相互关系起了很大的推进作用。

但纯系学说存在片面性,因为约翰森所指的纯系只涉及菜豆试验的粒重这个单一性状。从生物群体来看,完全的纯系实际上是不存在的,所谓的纯系是有条件的、暂时的、相对的。自然界中绝对的自花授粉几乎是没有的,发生天然杂交会导致基因型重组,自然突变也会发生基因型改变,产生新的变异。因此,通过选择可培育出新的优良品种,在水稻、小麦、豆类、棉花等作物育种得到广泛应用。

第三节　杂种优势

▶ 一、杂种优势的概念

杂种优势(heterosis)是指两个遗传组成不同的亲本杂交产生的 F_1 在生长势,生活力,繁殖力,抗逆性,产量和品质等方面优于双亲的现象。同时也是指近交系间杂交时,因近交导致的适合度和生活力的丧失可因杂交而得到恢复的现象。

杂种优势的表现是多方面的,Gustafsson(1951)根据杂种表现性状的性质,把杂种优势分为三种基本类型:①体质型,杂种营养器官的较强发育,如根茎叶发育快、产量高等;②生殖型,杂种繁殖器官较强发育,如结实率高、种子和果实的产量高等;③适应型,杂种具有较高的活力,适应性和竞争能力强等。

Maekeg.J.(1974)从进化观点出发,把杂种优势的概念划分为狭义与广义两种。狭义的杂种优势,是植物育种学家所坚持的,一般指杂种一代与其双亲相比较,具有生长势的优势、不稳定的优势;广义的杂种优势可以从方向性、功能性和有性生殖阶段的传递性上来理解(表 1-9-5)。

表 1-9-5　现代杂种优势概念的详细分类

分类情况	杂种优势种类	
按杂种优势的方向性分	正向杂种优势 负向杂种优势	
按杂种优势的功能性分	旺势杂种优势 适应杂种优势 选择杂种优势 生殖杂种优势	
按有性生殖阶段的传递性分	不稳定的杂种优势	(1)不稳定杂合性杂种优势 (2)异核体杂种优势
	稳定杂种优势	(1)稳定杂合性杂种优势 (2)纯合性杂种优势

杂种优势是生物界的普遍现象,杂种优势涉及的性状多为数量性状,通常以 F_1 超过双亲平均值的数量表示杂种优势(绝对值),或以优势值占中亲值的百分数表示优势程度(相对优势),计算方法见作物育种部分。

杂种优势在动、植物均存在。在家养动物中杂种优势广泛应用于猪、鸡、羊等育种工作中。水稻品种间杂种个体往往表现植株高大,生长繁茂,分蘖力强,千粒重高,从而得到营养体或杂交种籽粒产量增加的效果。杂种优势表现于种间的突出例子就是马(*Equm caballs*)和驴(*Equus asimcs*)的杂种骡子。马和驴分属于两个种,杂交产生的骡子劲头大,耐力强,

健壮、不易病而且耐粗饲,显然优于其双亲。杂种优势的表现多方面的。但从经济性状上分析主要表现在:

1. 生长势和营养体

多数杂种一代长势旺盛、根系发达、茎秆粗壮、块根、块茎增大增重等。

2. 抗逆性和适应性

大多数作物比如玉米、高粱、油菜、烟草等的杂种一代在抗逆性上表现比其双亲优越,抗病虫性增强等方面。在适应性上,许多杂种一代的适宜种植范围扩大,不仅超过其双亲,也常常超过当地推广的普通良种,以及对不良环境耐力增强等。例如,杂交玉米白单 4 号和陕单 1 号遍及全陕西,既适应夏播,又可春播,而且在其他省也有推广。

3. 产量

各种作物杂种一代的产量多数较高,强优势组合的 F_1 产量超过双亲平均值是普遍现象。一般杂交种比推广的普通良种增产 20％～40％,高的可达一倍以上。

4. 品质

杂交一代的品质也表现一定优势,比如作物的某些有效成分含量高,但并不是所有组合及所有的品质方面都比双亲优越。

▶ 二、影响杂种优势的因素

杂种优势的表现因组合不同、性状不同、环境条件不同而呈现复杂多样性。同一性状在不同杂交组合中可能表现不同的优势,同一组合内不同性状也会表现不同优势。从基因型看,自交系之间的杂种优势往往强于异花授粉品种间的杂种优势;不同自交系组合间的杂种优势,也有很大差异。在一些综合性状上往往表现出较强杂种优势,在一些单一性状上,杂种优势相对较低。在品质性状上表现更为复杂,不同性状和不同组合都有较大的差异,如玉米籽粒的淀粉含量和油分含量,绝大多数杂交组合都表现不同程度的杂种优势;但玉米籽粒中的蛋白质含量则相反,绝大多数杂交组合都表现不同程度的负向优势,甚至低于亲本。将动、植物方面的许多研究结果归纳起来,F_1 杂种优势高低决定于以下几个因素。

1. 杂交亲本间的遗传差异愈大,杂种优势愈明显

如果两杂交亲本群体都是平衡群体,杂种优势与两个因素成正比:

(1)显性程度   由于不同性状的等位基因之间的显性效应不同,因此不同性状间的杂种优势有差异。

(2)两杂交亲本群体基因频率之差的平方成正比   在同一物种内,不同群体间的遗传差异主要是基因频率的差异,因而可以说亲本之间的遗传差异愈大,杂种优势愈明显。

2. 杂交亲本愈纯,后代杂种优势愈明显

杂种优势一般体现在群体的优势表现。只有在双亲基因型的纯合程度都很高时,F_1 群体的基因型才能具有整齐一致的杂合性,不会出现分离混杂,表现出明显的杂种优势。

3. 不同类性状的杂种优势程度不同

并不是所有的性状均能呈现杂种优势,由于杂种优势与两杂交亲本群体基因频率之差的平方成正比可知,当显性效应大时,杂种优势大。遗传力低的性状,其基因作用的类型以

作物遗传育种

非加性效应为主,即显性效应值较大,在两杂交亲本群体基因频率之差值一定时,显性效应越大,则杂种优势愈大。而遗传力高的性状,非加性基因作用很小,即使亲本间遗传差异大,亲本纯度高,也不呈现杂种优势。

4.杂种优势的大小与环境条件的作用也有密切的关系

性状的表现是基因型与环境综合作用的结果。不同的环境条件对于杂种优势表现的强度有很大影响。在植物中常常可以看到,同一杂交种在甲地区表现显著优势,而在乙地区却优势表现不明显;在同一地区由于营养水平、管理水平不同,优势表现的程度也差异很大。但是,一般地说,在同样不良的环境条件下,杂种比其双亲总是具有较强的适应能力。这正是因为杂种具有杂合基因型,而对环境条件的改变具有较高的适应性。

◗ 三、F_2 群体杂种优势衰退

根据性状遗传的基本规律,F2 群体内必将出现性状的分离和重组。因此,F_2 与 F_1 相比较,生长势,生活力,抗逆性和产量等方面都显著地表现下降,即所谓衰退(depression)现象。并且,两亲本纯合程度越高,性状差异愈大,F_1 表现的杂种优势愈大,则其 F_2 表现衰退现象也愈加明显。F_2 的优势衰退主要表现在 F_2 群体中的严重分离,其中虽然有极少数个体可能保持 F_1 同样的杂合基因型,但是大多数个体的基因型所含的杂合和纯合的程度是很不一致的,致使 F_2 个体间参差不齐,差异极大,引起 F_2 群体表现明显的衰退现象。F_2 群体杂种优势衰退计算方法见作物育种部分。

根据自交的遗传效应,由 F_2 所显示的杂种优势只有 F_1 显示的杂种优势的一半,即预期 F_2 代的杂种优势从 F_1 杂种优势向中亲值的方向退去一半。同理,F_2 继续随机交配,F_3 代的杂种优势又比 F_2 代杂种优势减少一半,如此继续下去,最后杂种的群体均值等于中亲值。由此可以表明,在有性繁殖过程中,杂种优势是不能固定的,随着杂合子频率的下降,杂种优势将逐渐消失。在杂种优势利用上,F_2 一般不再利用,必须重新配制杂种,才能满足生产需要。

◗ 四、杂种优势的遗传机理

尽管在生产实践上杂种优势利用已取得了辉煌的成就,但是杂种优势产生的遗传机制研究的理论方面却远远落后于生产实践。迄今,杂种优势产生的原因尚无一致结论,目前有两种解释。显性假说首先由布鲁斯(A. B. Bruce,1910)提出,超显性假说由沙尔(G. H. Shull)和伊斯特(E. M.,East)于 1908 年首先提出,并得到了普遍的接受。近年,人们利用现代分子遗传学原理和技术,对杂种优势进行了研究。

(一)显性假说(dominance hypothesis)

其基本观点是:生物个体处于杂合状态时,由于显性基因的存在,不同程度地消除了隐性基因的有害或不利的效应,从而提高了杂种个体的生活力以及数量性状的效应值等,因此表现出杂种优势。而且杂交亲本的有利性状大都由多基因连锁群中的显性基因控制,不利的隐性基因的作用能被有利的显性基因所抑制,有缺陷的基因能被正常基因所补偿。通过

杂交,可使双亲的显性基因全部聚集在杂种里。总的说来,有利显性基因积累得越多,杂种优势越明显。显性学说有时也叫"显性基因互补说"或"连锁有利显性基因说"。

现以2个连锁群的部分基因为例说明显性假说。假定它们有5对基因互为显隐性的关系,分别位于2对染色体上。同时假定各隐性纯合基因对性状的贡献值为1,而各显性纯合和杂合基因对性状的贡献值为2。两纯合亲本杂交产生的杂种优势可表示如下(图1-9-2)。

$$P \quad P \quad F_1$$

$$\frac{AbcDe}{AbcDe} \times \frac{aBCdE}{aBCdE} \rightarrow \frac{AbcDe}{aBCDe}$$

$$(2+1+1+2+1=7)(1+2+2+1+2=8) \rightarrow (2+2+2+2+2=10)$$

图1-9-2 用显性假说解释杂种优势示意图

从理论上讲,显性基因的作用表现在:①等位基因中有利显性基因对有害隐性基因的抑制作用,对有缺陷基因的补偿作用,即显性基因的互补效应;②等位基因中有利显性基因的共显性作用;③非等位基因的互补互作效应和不同显性基因的加性效应;④非等位基有较高的活力,适应性和竞争能力强。

基因间的上位性效应(指显性上位,抑制基因作用)。显性假说中的有利显性基因的作用可能包括上述四种基因互作,或者只包括其中一、二种,但不可能不包括其中一种。

或许有人会提出这种问题,如果杂种优势的起因是由于加性效应的话,那么有无可能通过基因的分离和重组选择出纯合显性个体AABBCCDDEE,即将杂种一代的优势固定下来呢?从理论上讲并不能说不可能,但实际上由于显性基因与隐性基因在同一连锁群上,而且交换又是随机的。所以,不大可能从AaBbCcDdEe中分离出纯显性个体。Sprague(1957)假定决定玉米籽粒产量的基因有30个,在连锁不起实质性作用的情况下,欲获得30个位点上的纯合显性基因的概率仅为(1/430)。即需要有比地球陆地面积大2 000倍的土地来种植F_2,这在任何情况下也是办不到的。

应该指出的是如果杂种优势的大小完全决定于有利显性基因的加性效应,也就是完全符合显性假说,那么自交系间产生的单交种的产量就不可能超过两个亲本的产量总和,因为杂交种的有利显性基因数目不可能超过双亲有利显性基因的总和。但事实上玉米自交系间最好的单交种,其产量可以大大超过双亲产量之和,所以有利基因的加性效应,不能说是产生杂种优势的唯一原因,还应考虑到基因间的相互作用,考虑到许多数量性状是受微效多基因控制的,基因之间并不存在着显隐性关系,而存在累加效应等。

(二)超显性假说(overdominance hypothesis,superdominance hypothesis)

超显性假说也称等位基因异质结合假说。其基本观点是:杂种优势产生的原因是双亲基因型的异质结合所引起的等位基因间的相互作用。等位基因间没有显隐性关系,杂质的等位基因相互作用大于同质等位基因的作用,即$a_1a_2 > a_1a_1$或a_2a_2。

为了说明超显性假说,仍列举2个连锁群部分基因的例子。假定它们受5对基因作用,各等位基因均无显隐性关系。同时$a_1a_1b_1b_1$等同质等位基因对性状的贡献值为1个单位,而a_1a_2、b_1b_2等异质等位基因对性状的贡献值为2个单位。两纯合亲本杂交产生的杂种优

作物遗传育种

势可表示为图 1-9-3。

$$P \qquad P \qquad F_1$$

$$\frac{a_1b_1c_1d_1e_1}{a_1b_1c_1d_1e_1} \times \frac{a_2b_2c_2d_2e_2}{a_2b_2c_2d_2e_2} \longrightarrow \frac{a_1b_1c_1d_1e_1}{a_2b_2c_2d_2e_2}$$

$$(1+1+1+1+1=5) \quad (1+1+1+1+1=5) \longrightarrow (2+2+2+2+2=10)$$

图 1-9-3　超显性假说解释杂种优势示意图

由于异质基因互作，F_1 的优势可以显著地超过双亲，而且异质位点越多，优势越明显；如果非等位基因间也存在互作，则杂种优势更能大幅度提高。近代的超显性假说的概念已有所扩大和延伸，它不仅仅包括一对等位基因的互作（杂合性的刺激作用），而且也包括多基因的互作。即上位效应（显性上位、隐性上位）。

虽然两个假说在解释杂种优势时所处的角度不同，但这两个假说有许多共同点，如都一致认为杂种优势来自不同基因型双亲的基因互作；自交导致生活力衰退，而杂种可使生长势恢复，杂交才能产生优势；杂种一代的优势很难或是无法固定。

这两种假说在解释杂种优势现象时是相辅相成的，不是对立的。往往显性假说难圆其说的现象则超显性假说可迎刃而解，反之亦然。所以多数学者认为，把两种假说结合起来解释复杂的杂种优势现象较为稳妥。比如自交系的聚合改良法对于提高自交系的配合力，增加杂种一代产量有效的事实，用超显性假说难于解释，因为用聚合改良法育成的自交系较之原始自交系所得到的杂交种杂合状态是降低的，按理该杂交种丰产性也应相应的下降低，但实际却不然，这种杂合状态的降低并不总与丰产性的降低伴随发生；然而，聚合改良法改良自交系有效的事实却很容易用非等位显性基因的加性效应予以解释。

需要补充的是，两个假说最初都忽略了细胞质基因的作用，忽略了核、质的互作。而近代的遗传研究表明，细胞质基因的作用和核、质基因的互作效应在杂种优势形成中占有重要位置，不可忽视。木原均（1951）最早提出核质杂种优势（nucleocytoplasmic heteiosis）的概念，并对其进行了研究，常胁恒一郎（1973）曾把两种遗传性不同的生物可能形成的杂种进行了分类（图 1-9-4）。因此，许多学者都主张给两个假说增加细胞质基因作用和核质基因互作效应的内容。

综上所述，无论显性假说，还是超显性假说，它们的理论都是根据基因作用的各种形式，即显性——专指等位基因中显性基因的有利性，加性，上位性；超显性——专指杂合子的刺激作用，细胞质基因作用，核、质基因互作等效应而提出来的。上述六种基因作用的形式都可以成为同一个杂种所表现的杂种优势总效应的遗传组成部分，但是每一种组成部分在杂种优势总效应中所占的份额，则因所研究的植物、杂种种类、性状的不同而有所不同。

此外，关于杂种优势的遗传解释，还有一些假说，如遗传平衡假说、质核互补说。值得注意的是近年来人们从多个层次对主要农作物（水稻、玉米和小麦）杂种优势形成的分子机制进行了详细的研究（高睦枪 1998）。一是探讨遗传差异（距离）与杂种优势的关系；二是从 DNA 水平探讨数量性状位点（QTL）杂合性和基因互作方式与杂种优势的关系；三是从 mRNA 水平探讨基因表达与杂种优势的关系；四是 DNA 甲基化和转录调控与杂种优势表现的关系等。这些都标志着人类为最终揭示杂种优势的遗传基础和机制仍在不懈地努力。

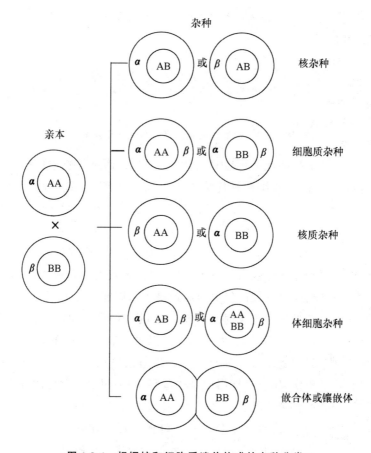

图 1-9-4　根据核和细胞质遗传构成的杂种分类

五、染色体倍性与杂种优势的关系

杂种优势的利用基本上集中于二倍体物种;在生产上大面积利用的以收获种子为目的的多倍体并不多,如普通小麦(异源六倍体)等,其原因除制种较困难外,关键是杂种优势多不如二倍体物种明显。

(一)内源优势和外源优势

多倍体作物杂种优势不强与染色体组成有关。在多倍体物种中,基因的杂合性可以表现为两种形式:一种是植物自身基因的内在杂合性,另一种是由双亲杂交而产生的杂合性,这两种杂合性都可以产生杂交优势。前者可称为内源优势;后者可称为外源优势,即通常所说的杂种优势。

自由授粉群体中异花授粉作物个体的内在杂合性和优势一般比自花授粉作物的大;多倍体作物的个体内在的杂合性一般要比二倍体大。由于染色体上的基因数目整体上是有限的,因此内源优势大的作物,外源优势往往不高。如在不自交纯化情况下的异花授粉作物的杂种优势并不很大。但是如果让异花授粉作物自交纯合化,使其亲本杂合性降低,它的内源优势就可能迅速下降以至低于自花授粉作物,这时通过杂交就可使后代获得最大的杂合性

作物遗传育种

和杂种优势。而对于自花授粉作物特别是多倍体自花授粉作物,由于其内在的杂合性经自然选择已达到了平衡,已很难纯化,通过杂交所产生的优势一般就不如异花授粉作物自交系间的杂种优势大。在一般情况下,内源优势大、外源优势就小;反之,内源优势小、外源优势就大。所以,不同类型作物的杂种优势表现为:二倍体异花作物＞二倍体自花作物≥多倍体异花作物＞多倍体自花作物。而内外源优势都较大的类型是较少见的,是有条件的。

内外源优势的大小还与不同染色体组间的同源性有关,从遗传上来说,异源多倍体不同的染色体组间往往具有一定的同源性。如普通小麦的3个染色体组间就有部分的同源性。在同源区段上的基因具有重复性,在非同源区段上的基因则与二倍体相同。在杂种优势利用中,二倍性部分比多倍性部分更易于产生优势。

(二)两种优势的利用

从育种角度来看,要利用杂种优势就必须减少内源优势或选用亲本具有较大的遗传互补性,只有这样才能在F_1获得较大的杂合性和杂种优势。然而对于多倍体特别是自花授粉多倍体来说,这方面都是比较难的。也就是说对于普通小麦这类作物的杂交种要能在生产上与常规品种竞争,就必须重视多重杂种优势的利用,如质核优势、染色体组间优势、基因的剂量优势、互补优势等。纵有诸多不利,但当获得了较高优势的组合以后,其杂种优势利用的方法可能比其他作物多些。例如,对于玉米等作物来说,F_2的剩余优势是没有什么利用价值的,而对普通小麦来说,就可能是一条很好的利用途径。这是因为一旦杂交,小麦内源优势可以借助于这类作物内在杂合性不易丧失的特点而得以保持,即便是F_2,它的剩余优势仍可利用。至于多倍体果蔬作物可能利用F_1更容易些,因为其中多数以收获鲜果或营养体为主,其优势比籽粒表现更大,在制种困难时,F_2的利用也可考虑。

当然,内在杂合性的存在与保持对常规育种更为有利,通过杂交引入外源种质,通过世代选择将F_1的优势转化、固定为内源优势。所以,从这个角度讲常规育种对这类作物仍有很大作用。

目前以籽粒为收获物的杂种优势利用,基本上还是以间接利用为主,即在利用F_1母体杂种优势的基础上间接利用种胚与胚乳的杂种优势,从遗传角度来看,F_1植株上所结的种子是分离的,这种不完全杂合的类型,将造成籽粒间存在着一定的遗传差异。授粉当代的杂种优势是一个普遍现象,如能充分利用这一优势可使现有品种的产量和质量得到进一步的提高。

▶ 六、近亲繁殖和杂种优势在育种上的利用

(一)近亲繁殖在育种上的利用

近交是育种工作的重要方法之一,也是生产的重要措施之一。近亲繁殖的用途可概括为三个方面:

1. 固定优良性状

由于近交能使基因纯合,因而可用它来固定优良性状,也就是使决定这一性状的基因纯合。由于近交也使群体分化,所纯合基因既可能有优良基因,但也有不良基因,又由于近交只能改变群体的基因型频率而不改变基因频率,为使性状向着理想的方面发展,不断提高群体的优良基因频率,故近交时须配以严格的选择。

植物的近亲繁殖主要是采用自交或兄妹交配,在具体应用上因为作物授粉方式和育种方法而不同。自花授粉作物是天然自交的,因此,在自花授粉作物的杂交育种上只要对其杂种后代逐代种植,注意选择符合需求的分离个体,即可育成纯合而稳定的优良品种。异花授粉作物,由于天然杂交效率高,其基因型是杂合的,所以对生产的品种更要采取适当的隔离方法,控制传粉,防止自交系间或品种间杂交混杂。

2.保持个别优秀个体的血统

动物育种中,当畜群中出现了个别或少数特别优良的个体特别是公畜时,往往要保持它们的特性,这时可运用近交这一手段。若不利用近交,卓越个体的优良血统经几代后就会在畜群中消失。

3.发现和淘汰遗传缺陷

决定遗传缺陷的基因多为隐性,非近交时很难发现,使用近交法,可使它们暴露的机会大为增加。当遗传缺陷个体出现后即可淘汰它们,并可采用测交等方法以检出这些基因的携带者以作进一步淘汰。

综上可见,近交是育种工作中的一个重要手段,运用得当,就可加快优良性状的固定和扩散,揭露隐性有害基因,提高杂交亲本的纯合性,对育种大有好处。但在近交过程中,也往往会出现衰退现象,需要切实加以防范。近交只是一种特殊的育种手段,而不应作为育种或生产中的经常性措施。

(二)杂种优势的利用

在作物方面,因其繁殖和授粉方式不同,利用杂种优势的方法有所差异。对无性繁殖作物,如甘薯、马铃薯等,只要选择那些具有杂种优势的优异单株进行无性繁殖,就可将其杂种优势固定。而对于有性繁殖的作物,杂种优势一般只能利用 F_1(F_2 以后,杂种优势逐渐下降)。为了充分利用杂种优势,必须进行杂交亲本的选择、杂交组合筛选以及杂交工作的组织。特别是对于作物来说,需要每年制种,工作量很大。在作物的制种过程中,去雄操作费时、费力,雄性不育系培育的成功显著提高了制种效率,这已在玉米、高粱、水稻、小麦等作物中得到广泛应用。为了免去每年大田制种的麻烦,还可利用组织培养这一现代生物技术,将优良的 F_1 的体细胞,通过培养便能形成基因型相同的大量幼苗。这也是固定杂种优势的有效途径。

植物中固定杂种优势的另一个有效方法是无融合生殖,即由胚珠或珠心细胞无孢子生殖,形成二倍体胚或种子,或者由珠心组织在胚珠中形成不定胚($2n$),这就使 F_1 的杂合性及其杂种优势得以延续。但是,在植物中上述固定杂种优势的方法有待完善,一些复杂的细胞学技术尚不成熟。至于高等动物的杂种优势的固定就更加困难,不过,正如前面提到的,根据杂种优势显性学说,通过 F_1 群体的有性繁殖,仍可得到其效应等同于杂合体的少数纯合显性个体,即固定了部分杂种优势。

二维码1-9-1　中国科学家破解水稻杂种优势之谜案例　　　　二维码1-9-2　杂种优势与杂交育种
　　　　　　　　　　　　　　　　　　　　　　　　　　　　　　　　　　　　　（知识链接）

1.名称解释

近交繁殖　自交　回交　　杂种优势　自交不亲和性　轮回亲本　非轮回亲本　纯系
纯系学说

2.怎样正确运用纯系学说。

3.回交和自交遗传效应的差异有何异同点？回交和自交在育种上各有什么意义？

4.F_2 群体杂种优势衰退原因是什么？

5.有 4 对基因的一个杂合体,经 4 代自交,群体内有两对杂合基因和两对纯合基因的基因型所占频率多大？

6.有涉及 4 对基因的两个亲本杂交,经过 4 代自交,4 对基因均为显性纯合和隐性纯合的基因型各占多大频率？

7.今有 AABbCcDdEeFF 和 AaBBCCddEeff 二个杂合基因型个体,经过相同的自交代数、哪个自交后代分离的程度大？哪个稳定的快？为什么？

8.2 个玉米自交系,各有 3 对基因与株高有关,其基因型为 AABBCC 和 aabbcc,各对基因均以加性效应方式决定株高。已知 AABBCC 为 170 cm,aabbcc 为 130 cm。试问：

(1)2 个自交系杂交的 F_1 株高是多少？

(2)在 F_2 群体中将有哪些基因型表现株高为 150 cm？

(3)在 F_2 群体中株高表现为 170 cm、150 cm 和 130 cm 的植株各占比例多少？

第二单元
作物育种方法

作物育种学是研究选育及繁殖作物优良品种的理论与方法的科学。其基本任务是在研究和掌握作物性状遗传变异规律的基础上，发掘、研究和利用各有关作物种质资源，并根据各地区的育种目标和原有品种基础，采用适当的育种途径和方法，选育适于该地区生产发展需要的高产、稳产、优质、抗（耐）病虫害及环境胁迫、生育期适当、适应性较广的优良新品种以及新作物；并且在其繁殖、推广过程中，保持和提高种性，提供数量多、质量好、成本低的生产用种，以促进高产、优质、高效农业的发展。

作物育种学是作物人工进化的科学，是一门以遗传学、进化论为主要基础的综合性应用科学。它涉及植物及植物生理、植物生态、植物病虫害防治、农业气象、土壤肥料、生物统计与实验设计、农产品加工等相关知识与研究方法。

作物育种学的内容主要有：育种目标的制订原则及方法；种质资源的搜集、保存、研究评价、利用及创新；选择的理论与方法；人工创新变异的途径、方法及技术；杂种优势利用的途径与方法；新品种的审定、推广和种子生产技术。

可预见将来的育种目标主要是抗逆稳产优质，特别是抗病虫。窄谱抗性将发展为广谱抗性，抗单一病虫害育种将发展为多抗性育种，"垂直"抗性将与"水平"抗性结合，使育成品种的抗性更为持久。由于营养需要的不断提高和农产品市场竞争的日益激化，品质育种也日见重要。同时，通过育种改良株型、提高群体的光能利用率和使作物的成熟期更加适宜，也将成为增加复种和进一步提高单位面积产量的重要条件。至于育种的途径与方法，则任何时候都有常规与非常规之别。常规为主、多种方法互相配合，综合运用，将使育种水平得到进一步提高。如单倍体技术与诱发变异结合，可提高隐性突变体的出现频率；组织培养与远缘杂交、多倍体育种结合，可更快地筛选出有用材料；染色体工程将成为常规育种中导入外源基因的通用技术；质核置换也会产生有利的遗传变异等。此外，利用专性无融合生殖系等固定杂种优势的研究，也在进展之中。70 年代以来，电子计算机的应用已使育种工作效率大为提高。随着细胞生物学和分子遗传学的迅速发展，细胞融合、分子探针、单基因克隆等新技术的成功实验更为作物育种带来强有力的手段。所有这一切都可能使作物育种技术在不久的将来产生新的革命性变化。

Chapter *1*

育种与农业生产

▶ **知识目标**

1. 熟悉主要作物的产量构成及现代农业对作物品种的要求。

2. 掌握育种目标制定的原则。

3. 熟悉当地主要农作物主导品种的特点及适应范围。

▶ **技能目标**

能根据当地农业生产情况制定作物的育种目标。

作物的育种目标(breeding objective)就是对所要育成品种的要求。是指在一定的自然、栽培和经济条件下,对计划选育的新品种提出应具备的优良特征特性,也就是对育成品种在生物学与经济性状上的具体要求。确定育种目标是育种工作的前提,育种目标与现代农业对作物品种的要求相适应的。育种目标合理与否是决定育种工作成败的关键,这是因为它直接涉及原始材料的选择、育种方法的确定以及育种年限的长短,而且与新品种的适应区域和利用前景都有密切关系。育种目标是动态的,这是因为生态环境的变化,社会经济的发展以及种植制度的改革及耕地面积的有限等都要求育种目标与之相适应。同时,育种目标在一定时期内又是相对稳定的,它体现出育种工作在一定时期的方向和任务。

第一节　作物育种的目标

一、现代农业对作物品种的要求

优质、高产、稳产(多抗)、适应机械化是现代农业对各种作物品种的共同要求,是国内外作物育种的主要目标,也是作物优良品种必备的基本条件。但各目标的重要性并不是并列的,而是因年代、生态区域和作物种类的不同有主次之分。虽然不同作物的侧重点和具体内容有所不同,但是总的目标是不变的。

(一)高产

作物的优良品种首先在保证一定品质的前提下,应该具备相对较高的产量潜力,这是对作物优良品种的最基本要求,也是作物育种的首要目标。高产是指单位面积产量高。

作物的产量包括生物产量和经济产量。生物产量是农作物各个器官获得的产量总和,而经济产量是农作物收获后有直接经济价值的那部分器官的产量,如禾谷类作物的种子、甘薯的块根、棉花的花絮、葫芦口的瓜条等。生物产量转化为经济产量的效率,即经济产量与生物产量的比值称为经济系数或称收获指数。作物生产的目的是要获得较高的经济产量,因此不仅要求作物品种的生物产量高,而且要求收获指数也高,要提高生物产量转化为经济产量的效率。为达到高产这一目的,作物的产量性状大致可分为产量因素、理想株型和高光效三方面的内容。

1. 产量因素

高产品种必须具有最佳的产量构成因素组合,组合内各产量构成因素必须结构合理。不同作物经济产量构成因素不同,大豆、油菜是单位面积株数、株荚数、荚粒数和粒重;棉花是单位面积株数、每株铃数、铃重和衣分;禾谷类作物一般是单位面积穗数、穗粒数和粒重。各产量因素的乘积就是该类作物的理论经济产量。因此,产量在其他因素不变的条件下,提高其中的一个因素,或两个因素,或所有构成产量因素同时提高,均可提高单位面积的产量水平。就稻麦品种而言,高产目标可以通过三种途径来实现,即可通过以增加穗数为基础,选育多穗型品种;也可以增加穗重为基础,选育大穗型品种;还可以使穗数、粒数和粒重同时并增,选育中间型品种。不同类型的品种只要栽培技术适当,凡是使品种性能充分发挥都能获得高产。产量的提高决定于构成产量因素的协调增长,在不同地区、不同栽培条件下,应

作物遗传育种

该有各自不同的最佳的产量因素组合。即使同一种作物,由于收获目的和部位不同,产量构成因素也不同。如玉米,若青贮为目的,以全株为收获部位,其产量构成因素是单位面积株数和全株重;若鲜食玉米为目的,以鲜穗为收获部位,其产量构成因素是单位面积株数、每株穗数和每穗穗重。

2.理想株型

理想株型是植株的空间姿态合理,包括植株高度、株型、叶片宽窄、开张角度、叶色等,是高产品种的形态特征。理想植株在形态特征及生理特性上的优良性状,使其获得最高的光能利用率,并能将光合产物最大限度地输送到籽粒中去,通过提高收获指数而提高经济产量。如谷类作物理想株型一般具有矮秆或半矮秆、株型紧凑、叶片短窄、挺直上冲,叶与茎的开张角度小,叶色浓绿,叶比重(单位面积的叶片重量)大等。矮化育种是禾本科类作物育种的一个重要内容和突破口,适当矮化可以增加谷类作物密度,能有效利用水肥,降低植株高度,增强抗倒伏能力,并提高其收获指数。稻麦等作物矮秆品种的育成和推广,产量获得了大幅度的提高。但是植株高度也不是越矮越好,一般认为水稻株高 0.80～0.95 m 为宜,小麦可着重选育 0.70～0.90 m 的品种,高粱以 1.50～2.00 m,玉米以 2.00～2.50 m 为宜。

3.高光效

高光效是由合理株型和光合能力决定的,是高产品种的生理基础,生产上的一切增产措施,归根结底是通过改善光合作用性能而起作用的。高光效育种是指通过提高作物本身光合能力和降低呼吸消耗的生理指标而提高作物产量的育种方法。

高光效品种主要表现为有较强的能力合成碳水化合物和其他营养物质,并将其更多的物质转运到收获部位中去。它涉及植物的一系列生理过程,以及与这些过程有关的一系列植物形态特征、特性。当前,植物的光能利用率是很低的,高产作物水稻也不过 2%,若能提高到 3%,就意味着产量可提高 50%。可见,提高植物光能利用率的潜力很大。

作物经济产量的高低与光合作用产物的生产、消耗、分配和积累有关。从生理学上分析,作物的产量可分解为:

经济产量＝生物产量×收获指数

＝净光合产物×收获指数

＝(光合能力×光合面积×光合时间－光呼吸消耗)×收获指数

由此可见,高产品种应该具有较高的光合能力(强度),较低的呼吸消耗,光合机能保持时间长,叶面积指数大,收获指数高等特点。

(二)优质

品质优良是现代农业对作物品种的基本要求,这是由经济的发展和市场的需求决定的。随着经济的发展和人民生活水平的逐步提高,人们的食物消费已转向富于营养和有益健康的方向发展。为适应外销创汇的要求,品质决定价值,尤其是我国加入 WTO,许多农产品进入国际市场以后,国际市场的竞争,更应重视农产品品质,加剧世界各国的农产品生产越来越趋向于产业化和商品化。因消费者对农产品的品质提出了更高的要求,所以改善农作物的品质已经成为无可替代的育种目标。

农作物产品的品质依据作物种类和产品用途而异,一般可分为营养品质、加工品质、卫生品质和商品品质等。谷类作物的营养品质主要有淀粉、脂肪和蛋白质的含量,尤其是蛋白质中的赖氨酸、苏氨酸含量;油用作物中食用油的脂肪酸组成成分直接关系到油的品质优劣。食用油的品质以油酸含量高为最好;亚油酸富含维生素 E,也是必需的脂肪酸;而亚麻酸、花生酸和芥子酸是对油用品质不利的脂肪酸。加工品质涉及水稻的糙米率、精米率等;小麦的出粉率、面筋的含量与质量等。纤维作物棉花纤维的长度、强度、成熟度、细度和整齐度等指标,卫生品质包括谷粒的农药残留、重金属含量、有害微生物等;商业品质包括外观、色泽等。值得注意的是在以品质作为主要育种目标时,最有效的选用专用型品种。因为,产品品质的要求是由产品的用途决定的。这些品质性状应在相应的育种目标中加以确定。

(三)稳产

稳产是指在环境多变的条件下能够保持相对一致的产量水平,是优良品种的重要标志之一。它主要涉及品种对病虫害的抗性和对不利环境条件(气候、土壤等环境胁迫因素)的耐性及适应性。病虫害的蔓延与危害是农作物产量低而不稳的重要因素之一,出现寒冻、高温、湿涝、干旱、盐、碱、瘠薄等不良的环境条件,直接限制了品种的适应范围、推广面积及使用寿命,进而影响了作物品种的稳产性,虽然病虫害及不利的环境因素可以采取多种措施加以控制,但最经济有效的途径,还是在生产上选用抗耐病虫及对不良环境条件具有较强的抗御能力的品种,才能达到稳产的目的。另外。适宜的生育期,决定着品种的种植地区。适当早熟,可以扩大栽培区域,改变耕作制度,避开一些自然灾害或减轻其危害程度,因此,适宜的生育期也是品种稳产性的一项重要指标,一般应根据当地的无霜期的长短及耕作制度来确定。原则是要充分利用当地的自然生长条件,既能够正常成熟,又能高产高效。

(四)适应机械化

随着农村经济发展,农业产业结构的调整及经营规模的扩大,要提高农业生产率,解放劳动力,农业机械化势在必行。有利于机械化管理的作物品种一般具备株型紧凑,株高一致,秆壮不倒、韧度适中,生长整齐,成熟一致,不裂荚、不落粒等性状。如玉米还要求结实部位整齐适中;棉花苞叶能自然脱落、棉瓣易于离壳;大豆结荚部位与地面有一定距离;马铃薯块茎集中等。

以上四方面的要求是对各种农作物的共同要求,即总育种目标。每种具体作物的育种目标可根据总目标和具体特点来制定。由于不同作物的特点不同,地区生态和生产条件不同,育种目标具体要求也不同,如我国东北、西北地区的北部及其丘陵山区,无霜期短,迫切要求生育期短的早熟品种;有的地方为解决作物茬口问题,也要搭配早熟品种。故适期成熟也是一个重要育种目标。

◎ 二、制订作物育种目标的原则

作物育种目标是根据一定地区的生态环境、经济条件及种植制度而制订的。因此,要有效地制订出切实可行的育种目标,需要做好调查分析,了解当地的自然条件、种植制度、生产水平、栽培技术以及品种的变迁历史等。但无论什么作物,也无论哪一地区,尽管育种目标千差万别,育种目标的制订,一般都需要遵循以下几项基本原则。

1.根据当前国民经济的需要和生产发展前景

制订育种目标必须和国民经济的发展及人民生活的需求相适应。选育高产、稳产的品种是当前的主攻方向,但随着人民生活水平的提高及工业发展的需要,对农产品品质的要求也越来越高,所以品质育种也是主攻目标。此外,农业生产是在不断发展的,而育成一个品种需要较长(至少5～6年以上)的时间,所以在制订育种目标时,必须有发展的眼光,既要从现实情况出发,又要预见品种育成后,一定时期内生产、国民经济的发展、人民生活水平和质量的提高以及市场需求的变化。选育出相适宜的优良品种,防止出现品种育成之日就是被淘汰之时的悲剧。

2. 根据当地自然栽培条件,突出重点,分清主次,抓住主要矛盾

各地区对品种的要求往往是多方面的。同时,各地区气候、土壤、耕作和栽培技术条件不同,生产上存在着的问题也不完全相同,各地区对良种的要求也相应地存在着差异。但是在制订育种目标时,对诸多需要改良的性状不能面面俱到,要求十全十美,而是要在综合性状都符合一定要求的基础上,这就要善于抓住主要矛盾,突出重点,分清主次。例如承德北部马铃薯主产区,栽培经验丰富,种植的品种都具有产量高,但近两年,马铃薯黑胫病严重发生,不仅直接影响丰产性,而且对环境有污染,虽然采用药剂防治可以减轻病害的程度,但这种防治方法既增加成本,又污染环境。面对这种情形,抗黑胫病就成为承德产区马铃薯育种的主要目标之一;而在承德中南部一季有余,二季不足的种植区域,随着产业结构的调整,提高复种指数,前茬马铃薯,必须为下茬准备充足的生长时间,早熟性是限制复种推广的主要矛盾,因此,应着重选育早熟的丰产品种,在此基础上再解决其他矛盾,这样才能达到有的放矢,育成的品种才能符合生产实际需要。

3. 明确具体目标性状,指标落实,切实可行

制订育种目标,切忌笼统的为高产、稳产、优质、适于机械化管理等一般化的要求,一定要提出具体指标,落实到具体目标性状上,有针对性地进行选育工作。例如,就稻谷优质而言,食用优质稻育种,应选育直链淀粉含量中等偏低(20%左右)、胶稠度60 mm以上、食味品质好的品种;而饲料稻育种则应着重选育蛋白质含量高、脂肪含量高的品种。又如,选育早熟品种,要求生育期应该比一般品种至少提早多少天;以抗病品种作为主攻目标时,不仅要指明具体的病害种类,而且有时还要落实到某一生理小种上,同时还要用量化指标提出抗性标准,即抗病性要达到哪一个等级或病株率要控制在多大比例之内等。另外,具体性状一定要切实可行,通过实施能够实现才行,否则,脱离实际,目标无法实现。

4. 育种目标要考虑品种搭配的需求

由于生产上对品种的要求是不一样的,选育一个能满足各种要求的品种是不可能的。因此,制订育种目标时要考虑品种搭配,选育出多种类型的品种,以满足生产上的不同需要。

另外,同一地区,仍有多种不同的种植形式(间种、套种、复种等),而每一种种植方式都需要具有在特征特性上与之相适应的品种。如间种,要求品种的株型紧凑,边行优势大;复种要求品种的生育期短等。这些都要求在制订育种目标时必须具有针对性,才能提高育种效率。

制订育种目标是育种工作的首要任务,他将决定育种工作的成败。因此,制订育种目标前必须深入细致的反复调查研究,根据以上原则制定出切实可行的育种目标。

5. 与当地的特定的生态环境、生产技术水平相适应

同一生态环境条件下,作物的不同品系在生育期、主要农艺性状、抗性要求、产量潜力等主要指标上可能会相差很大,使作物类型与生态环境之间的关系更加密切。因此,

二维码2-1-1　育种目标案例

在制定育种目标时,必须充分研究待推广地区的生态环境。考虑农业生产发展要求对品质要求,适应功能农业发展需要。品种必须适应农业机械化的要求,随着我国土地流转加快,农业机械化应用不断提高,特别在我国东北、西北的一些省区土地广阔,更应如此。

第二节　品种及其在农业生产中的作用

▶ 一、作物品种的概念

作物品种(variety)是人类在一定的生态条件和经济条件下,根据人类的需要所选育的某种作物的一定群体;这种群体具有相对稳定的遗传特性,在生物学、形态学及经济性状上具有相对一致性,并与同一作物的其他群体在特征、特性上有所区别;这种群体在相应地区及耕作条件下种植,在产量、抗性、品质等方面都能符合生产发展的需要。

品种是人类劳动的产物,是由野生植物经过人工选择进化来的。品种是经济上的类别而不是植物分类学上的名称,但它们归属于植物分类学上一定种及亚种。品种是重要的农业生产资料。品种一般具有地区性和时间性,每个作物品种都有其所适应的地区范围和耕作栽培条件,在一定时期符合生产需要。但随着生产的发展,耕作制度、栽培条件及其他生态条件的变化,对品种的要求也会改变和提高,所以必须不断地选育新品种以满足生产需要。

▶ 二、作物品种的类型

根据作物的繁殖方式、商品种子的生产方法、遗传基础、育种特点和利用形式等,可将作物品种区分为下列四种类型。

(一)自交系品种

自交系品种又称纯系品种,是经过连续多代的自交加选择而得到的同质纯合群体。它实际上包括了自花授粉作物和常异花授粉作物的纯系品种和异花授粉作物的自交系。现在我国生产上种植的大多数水稻、小麦、大麦等自花授粉作物的品种就是自交系品种。异花授粉作物中经多代强迫自交加选择而得到的纯系,如玉米的自交系,当作为推广杂交种的亲本使用时,具有生产和经济价值,也属于自交系品种之列。

(二)杂交种品种

杂交种品种是在严格选择亲本和控制授粉的条件下生产的各类杂交组合的 F_1 代植株群体。它们的基因型是高度杂合的,群体又具有不同程度的同质性,表现出很高的生产力。杂交种品种通常只种植 F_1,即利用 F_1 代的杂种优势。杂交种品种不能稳定遗传,从 F_2 代开始将发生分离,优势减退,产量下降,所以生产上一般不利用。

(三)群体品种

群体品种的特点是遗传基础比较复杂,群体内植株基因型不一致。因作物种类和组成方式的不同,群体品种包括以下四类:

作物遗传育种

1.异花授粉作物的自由授粉品种

异花授粉作物品种在种植时,品种内植株间随机授粉,也常与邻近的异品种授粉。这样由杂交、自交和姊妹交产生的后代,是一种特殊的异质杂合群体,但保持着一些本品种的主要特征特性,可以区别于其他品种。玉米、黑麦等异花授粉作物的很多地方品种都是自由授粉品种,或称开放授粉品种。

2.异花授粉作物的综合品种

是由一组经过挑选的自交系采用人工控制授粉和在隔离区多代随机授粉组成的遗传平衡群体。这是一种特殊的异质杂合群体,个体基因型杂合,个体间基因型异质,但有一个或多个代表本品种特征的性状。

3.自花授粉作物的杂交合成群体

是用自花授粉作物的两个以上的自交系品种杂交后繁殖、分离的混合群体,将其种植在特殊环境中,主要靠自然选择的作用促使群体发生遗传变异,并期望在后代中这些遗传变异不断加强,逐渐形成一个较稳定的群体。这种群体内个体基因型纯合,个体间基因型存在一定程度的差异,但主要农艺性状的表现型差异较小,是一种特殊的异质纯合群体。

4.自花授粉作物的多系品种

多系品种是若干近等基因系的种子混合繁殖而成。由于近等基因系具有相似的遗传背景,只在个别性状上有差异,因此多系品种也可被认为是一种特殊的异质纯合群体,它保持了自交系品种的大部分性状,而使个别性状得到改进。利用携有不同抗病基因的近等基因系合成多系品种,能表现多抗的良好效果。

(四)无性系品种

无性系品种是由一个无性系或几个遗传上近似的无性系经过营养器官繁殖而成的。它们的基因型由母体决定,表现型与母体相同。许多薯类作物和果树品种都属于无性系品种。由专性无融合生殖如孤雌生殖、孤雄生殖等产生的种子繁殖的后代,最初得到的种子并未经过两性细胞的受精过程,而是由单性的性细胞或性器官的体细胞发育而成,这样繁殖出的后代,也是无性系品种。

▶ 三、品种在农业生产中的作用

优良品种指的是在一定地区和耕作条件下能符合生产发展要求,并具有较高经济价值的品种。品种是重要的农业生产资料,农业生产离不开品种。一个好的品种,在农业生产中的发挥巨大的作用。

1.大幅度提高单位面积产量

优良品种的特性之一就是丰产性、稳产性,增产潜力较大。在资源环境条件优越时能获得高产,在资源环境条件欠缺时能保持稳产。

2.改善和提高农产品品质

优良品种的另一个特性就是优质性。优质良种更符合市场经济发展的要求,有利于农民增产增收。

3.减轻和避免自然灾害的损失

优良品种对长发的病虫害和不良生长环境具有较强的抗耐性,可以保持稳产和防止品质的变劣。

4.扩大栽培区域

改良的品种有较强的适应性,从而扩大该作物的种植面积。

5.提高农业生产的经济效益

在农业增产的诸多因素中。选育优良品种是投资少、经济效益高的技术措施。

6.有利于机械化生产,提高劳动效率

优良品种一般株型紧凑、高矮一致、茎秆韧性适中等特点,比较适宜机械化生产。如棉花生产中,培育的紧凑型品种,适于密植、吐絮早而集中、苞叶自动脱落的新品种,基本符合机械化采摘的要求,有力地促进了棉花机械化生产。

7.有利于耕作制度的改革和提高复种指数

优良品种通常具有适宜的生育期,既能充分利用当地的自然生长条件,又能正常成熟。如在马铃薯生产中,培育的极早熟马铃薯,从播种到收获仅 85 d 生育期的"东农 303",完全在一季有余,两季不足的≥10℃积温≤2 800℃的区域进行复制,实现一年二熟的种植制度。

当然,优良品种的这些作用是潜在的,其具体的表现和效益还要决定于相应的耕作栽培措施,即良种良法结合。发展作物生产,提高作物生产水平,主要是通过作物品种改良和作物生长条件的改善两者相互结合的途径来实现的。但是,优良品种的良好表现也是相对的,育成一个优良品种也不可能是一劳永逸的、新品种的选育与推广随着生产发展和科技进步将不断进展,也仍将是促进农业发展的重要因素。

二维码 2-1-2　品种效果案例

第三节　作物育种成就与展望

▷ 一、近代育种的成就

近年来,我国的农作物品种选育与推广工作取得了很大的成就,主要表现在以下四个方面。

(一)新品种的选育与推广

20 世纪 60 年代,国际水稻研究所育成的一系列水稻品种,国际玉米、小麦改良中心育成的一系列小麦品种,都分别在许多国家大面积推广,取得了显著的增产效果,被誉为"绿色革命"。"一粒种子可以改变一个世界",新品种的推广利用对我国的农业生产也起到极大的促进作用。例如,"九五"期间,我国农作物育种攻关项目主要选择水稻、小麦、玉米、大麦、谷子、棉花、大豆、油菜、花生、甘蔗、甜菜等共 18 种农作物,开展育种新材料与新方法研究和新品种选育。5 年里共培育了优质、高产、多抗新品种 276 个,新品种累计推广面积 2.66 万 hm^2,增加农产品 1 288 亿 kg。"十五"期间,国家"863"计划重点支持的重大专项计划"优质超高产农作物新品种培育",重点开展了水稻、小麦、棉花、大豆、玉米、油菜、薯类、花生和蔬菜等主要农作物的现代高效育种技术体系构建、新品种繁育技术和产业化研究,攻克了一批主要农作物杂种优势利用和分子育种的关键技术,推动了我国农作物育种技术原始创新能力的自主发展,培育出650个优质超高产农作物新品种,其中有重大应用前景的新品种262个,累计推广面积超过1.17亿hm^2,增产粮食600多亿kg,直接经济效益731.5亿元。"十一五"期间,开展了超级玉米新品种选育、水稻功能基因组、转基因鱼等新品种选育,培育出的农作物新品种数量累计超过2 301个,创社会经济效益1 394亿元。同时,我国农作物航天工程育种在基础研究、新品种培育及产业发展等方面获得全面丰收,培育出的农作物新品种数量累计超过100个,累计示范应用面积超过3 500万亩(注:1亩=666.67 m^2),增产粮棉油12亿kg,创社会经济效益19亿元。"十二五"期间,我国农作物品种通过常规技术和生物技术育种相结合,自主创新和生产技术攻关,共育成粮食和经济作物新品种370多个,产生了一批具有自主知识产权的高产、优质、多抗、广适的原创性新品种,如超级稻"德香4103"、全国首个一级稻米中籼杂交稻"川优8377"、西南地区首个国审甜玉米"荣玉甜1号"等,为粮食产量"十连增"奠定基础。同时,建立并完善了水稻、小麦、玉米等主要作物的分子设计育种技术体系,培育新品种242个,累计推广3.5亿亩。

(二)种质资源的收集、保存和创新

20世纪70年代以来,国内外种质资源工作进入了一个新的阶段,普遍加强了资源的搜集工作,建立了现代化种质资源库,并实现了电子计算机贮存与检索,开展了种质资源多种性状的观察,从而有力促进了作物育种的发展。到1996年,世界上已建立了1 300多座种质库,保存了种质资源610万份。我国对作物种质资源的收集、保护、研究、利用也一直非常重视,自20世纪50年代中期以来,开展了全国性的作物种质资源考察收集工作,并在1981年组织实施了全国种质资源协作攻关项,按照"广泛收集、妥善保存、全面评价、深入研究、积极创新、充分利用"的原则,进行了跨地区、跨部门、多学科的多年的综合研究。目前,我国已建成了与长期库、中期库、复份库相配套的安全保存技术体系,首创了利用超低温处理解决野生大豆等6种难发芽种子生活力快速检测的难题,长期保存种质资源38万余份,其数量位居世界首位,为加强我国作物育种的发展打下了坚实的物质基础。"十一五"期间,发掘野生稻与水稻地方品种,小麦近缘种、野生种与地方品种,玉米引进资源,大豆野生资源,棉花野生资源,马铃薯野生种的有益基因资源,丰富我国农林植物种质多样性。挖掘和引进一批优良动植物野生、近缘、地方等种质资源,首次构建我国特有农林植物种质资源分子身份证数据库和基因资源信息平台,创制一批新种质,丰富了农作物资源的生物多样性。"十二五"期间,实施的国家科技支撑计划"农林植物种质资源发掘与创新利用,共收集农林植物种质资源8 003份。其中,在收集水稻、小麦和玉米主要粮食作物的3 062份种质资源中,2 527份来自国外,占82.5%。同时,完善主要农作物重要性状表型组、基因组、蛋白质组数据库6个;开发功能基因标记3 250个,精细定位重要性状基因/主效QTL 507个,其中有重大育种价值的基因/QTL 76个,极大丰富了我国主要粮食作物种质资源的遗传多样性。

(三)育种新方法、新技术研究及利用

雄性不育性的利用,在杂种优势的利用上取得了很大成就。玉米、高粱、水稻、烟草、甘蓝型油菜以及棉花等作物都已先后育成了高产的杂交种,并大面积推广。其中杂交水稻和甘蓝型油菜的选育和推广,我国处于国际领先地位。通过远缘杂交创造了新物种、新类型,

在国外创造了六倍体小黑麦之后,我国育成了八倍体小黑麦和八倍体小偃麦。在异种属的优良性状导入作物品种、花药培养和单倍体育种、诱变技术和诱变育种上都得到了很大的发展,培育出多种作物的一大批优良品种在生产上推广应用。此外,改进了育种材料的性状鉴定方法,发展了微量、快速、精确的鉴定技术,有力地提高了种质资源的筛选和育种的效率。"九五"期间,我国创造了玉米改良单粒法测定籽粒含油量的新方法,育成含油量分别达到15.73%和17.98%的北农大高油群体和抗病高油群体。成功培育转 Bt 基因抗虫棉,高产、优质杂交稻新组合Ⅱ优 162 等。"十五"期间,加强了航天育种技术攻关,初步建立了"多代混系连续选择与定向跟踪筛选"的空间诱变育种技术,并探讨了高能粒子诱变小麦的分子生物学机制,完善了地面模拟航天育种技术方法,开创了地面育种理论与技术不断完善,研究成果保持国际领先;二系杂交小麦生产技术体系进一步实用化;首次培育出抗草甘膦除草剂的陆地棉种质系——R1098;切叶蜂繁殖技术获得突破,杂交大豆制种技术体系进一步完善;实现了玉米杂交种全不育化制种,即通过三系配套技术培育玉米杂交种;建立了"纯合两用系、临时完全保持系、恢复系"三系授粉控制系统,解决了杂交油菜制种技术中的世界性难题;大白菜核基因雄性不育性遗传规律及不育系转育研究取得重大突破,成功指导育种实践。分子标记辅助育种技术发展迅速,发掘出 32 种抗病、抗逆、品质等重要性状基因的紧密连锁分子标记或功能标记 110 个,奠定了大规模开展分子标记辅助育种的技术基础。应用分子标记辅助育种技术与常规育种技术相结合,显著提高了农作物定向选育水平,成功选育出一批高产、优质、多抗品种。"十一五"期间,继续推进空间"育种"卫星工程,促进空间技术与农业育种技术的结合,利用航天诱变技术培育出航天诱变作物新品种的总数首次突破 100个。"十二五"期间,我国在主要农作物强优势杂交种育种技术、作物分子育种新技术与品种创制等领域取得新突破。建立了"水稻核雄性不育系的智能繁殖体系"、新型高油型玉米"集成高效的单倍体育种技术体系"、"棉花光敏芽黄新型不育技术体系"、"大豆虫媒授粉体系"、"中国二系杂交小麦技术体系"及不同作物强优势杂交种高效制种技术体系等多个技术体系,培育了以"Y 两优强优势杂交水稻""矮抗 58""济麦 58""中单 909"等为代表的一大批优质高产、高抗、广适应性农作物新品种。同时,创制了优质的红莲型水稻细胞质不育系及"in-apCMS"和"野芥"等 2 个油菜新型不育系,并实现了三系配套,使细胞质类型多样化取得了重大突破。

(四)定向育种

在产量育种上,由于矮秆高产新品种的育成和推广,黑麦等谷类作物产量得到大幅度提高。在抗病育种上,玉米抗大、小叶斑病,水稻抗白叶枯病,棉花抗黄,枯萎病,小麦抗锈病育种等都取得了显著成效。在品质育种方面,国内外对玉米、大麦,小麦等谷类作物的高蛋白、高赖氨酸的选育,对油菜的高含油量、低芥酸、低硫苷的选育,改进棉花纤维强度的选育等都获得了较大的进展。"十五"期间,由于分子标记辅助育种技术成功用于种质创新和新品种培育,显著提高了定向育种水平。综合回交转育和分子标记技术,建立了滚动回交与标记辅助选择相结合的水稻、小麦、玉米等主要农作物聚合育种技术体系。成功选育出一批育种新材料和新品种。"十一五"期间,航天诱变技术的利用与推广,保障了我国粮食安全的重要科技支撑。"十二五"期间,建立并完善了水稻、小麦、玉米等主要作物的分子设计育种技术体系、表型—基因型数据管理与共享体系。基因工程被认为是 21 世纪农业的希望,是新的农业科技革命的重要组成部分。

二、我国农作物新品种选育工作展望

(一)种质资源工作上有待进一步加强

加强种质资源搜集保护与利用工作,育种工作者还需要有计划地对已有材料更全面系统的鉴定评价,筛选出具有优异性状的资源,并深入研究性状的遗传特点及其机理,要加快挖掘一批有用基因和优异资源,挖掘优异基因,创制优异育种材料,研究高效种质创新技术,进一步创造出更多益于育种利用的优良新种质,提高种质创新效率。

(二)深入开展育种理论与方法的研究

在继续应用常规育种方法的同时,育种工作需重视现代生物技术在育种中的应用,包括转基因、分子育种、细胞育种等研究。将常规育种方法与生物技术方法有机地结合起来,用现代生物技术方法弥补常规育种方法在远缘优良基因利用上的缺陷,打破物种隔离,将异缘种、属甚至动物、微生物的优良基因转化到目标作物中,提高品种的综合水平。把分子标识技术与常规育种技术相结合,使选择更准确、快速、有效,提高杂交育种的预见性和效率,缩短育种周期,以适应高产优质高效农业发展的需要。实现"基因发掘规模化、基因操作高效化、品种设计工程化、生物育种体系化"。

(三)加强多学科的综合研究和育种单位间的协作

由于育种目标的提高,所涉及的性状越来越多,要求越来越高,从而育种所需要的知识和方法技术就不是作物育种工作者所能全面深入掌握的、必须组织多学科的综合研究才能提高功效。国内外实践证明,多点实验和易地穿梭育种,有助于充分利用所有可能产生的有价值的遗传变异,是选育多样化品种的成功途径,应加强育种单位间的协作,立足自主创新,健全新型新品种选育体系,支持企业开展商业化育种,支持科研单位开展常规作物育种,推动科企合作,搭建分子育种公共平台,促进育种上新平台。

(四)种子产业化

自加入 WTO 后,我国农业国际化进程进一步加快。但我国种业与发达国家相比,我国种子产业多在品种选育研究、生产、加工、流通等方面相互脱节,种子企业规模小、数量多、效率低、缺乏竞争力,还不能完全适应现代农业发展的要求,应对经济全球化和生物技术迅猛发展带来的巨大挑战。为此,我们有必要重新优化现行体制,整合资源、加快企业兼并重组,解决育种与企业经营相脱节的问题,使农业科研单位从农作物基因组、种质资源、育种材料、育种方法和新品种选育等系列研究逐步转向种质资源、育种材料和育种技术研究、从农作物新品种选育研究逐步进入种子企业,积极打造既能够保障国内种子供应又能参与全球国际化竞争的"查、引、选、育、繁、加、销、推一体化"现代种业体系,引导国内种业在种业国际化进程中,融入种业"国际化链条",进一步发展和壮大现,逐步提升竞争的能力。

2015 年种子市场规模达到了约 780 亿元。是全球第二大种子市场。分种类来看,杂交玉米种子、杂交水稻种子市场规模占比 40.4%、29.9%,是种子行业场主战场。"科技兴农,种子先行"。足见种子在整个农业生产过程中的主导地位,就种子自身而言,科技含量高的才能更快更好地拓展市场,占领市场,为农民增产增收。我国种业正在快速发展,逐步与国际市场接轨,参与有效的市场竞争。在社会主义市场经济体制下,产品生产的目的是为了满足用户的需要,随着农村市场经济体制的逐步完善,作为农业生产资料的种子也纳入商品的范畴,市场需求成为种子生产经营活动的导向。

(五)以种子企业为主体,构建商业化育种体系

充分发挥市场在种业资源配置中的决定性作用,突出以种子企业为主体,推动育种人才、技术、资源依法向企业流动,充分调动科研人员积极性,保护科研人员发明创造的合法权益,促进产学研结合,提高企业自主创新能力,构建商业化育种体系,加快推进现代种业发展。

二维码 2-1-3　专家论主要农作物
2016 育种方向有什么变化
(知识链接)

❓复习思考题

1.名词解释

育种目标　高光效育种　作物品种　优良品种　生物产量　经济产量　收获指数

2.作物品种的基本概念。作物品种有哪些类型?

3.现代农业对作物品种有哪些基本要求?

4.制订育种目标的原则是什么?

5.调查了解生产上主要农作物目前所用品种的类型及特点。

6.依据你所熟悉的某一地区,拟订其主要作物的育种目标并说明理由。

作物遗传育种

种质资源与引种

▶▶ **知识目标**

1.明确种质资源在育种工作中的重要性。

2.掌握种质资源的类别、特点和利用价值。

3.掌握引种的理论依据;作物阶段发育与引种的关系。

4.掌握引种的原则和注意事项。

▶▶ **技能目标**

1.掌握种质资源的收集方法,种质资源保存方法。

2.掌握水稻、小麦、玉米、大豆、棉花引种基本方法。

一、种质资源的概念

种质是指亲代传递给子代的遗传物质。种质资源一般是指具有特定种质或基因、可供育种及相关研究利用的各种生物类型材料或各种基因资源。在遗传学上，种质资源也被称为遗传资源。在育种上，实质上利用的是种质资源中决定遗传性状的基因。因此种质资源又被称为基因资源。种质资源是经过长期自然进化和人工创造所生成的，随着遗传育种研究的不断深入，种质资源所包含的内容越来越丰富，范围越来越广，包括地方品种、改良品种、新培育的品种、引进品种、野生种、近缘植物、无性繁殖器官、单个细胞、单个染色体、单个基因或 DNA 片段等。

二、种质资源的在育种工作中的重要性

种质是亲代传给子代控制生物遗传和变异的内在遗传因子。在漫长的进化过程中积累了极其丰富的自然和人工选择的变异，蕴藏了控制各种性状发育的基因，形成各种优良的遗传性状和生物类型，是作物育种的物质基础。从近代育种的显著成效来看，突破性品种的育成，几乎无一不决定于优异种质资源的发现，如我国杂交水稻的培育成功与矮败不育野生稻的发现密切相关等。

(一)种质资源是作物育种的物质基础

任何新品种都是在原来种质资源的基础上培育而成的，没有种质资源就不能选育出好的品种，突破性的育种就取决于关键性基因的发现和利用。经过长期的自然演化和人工创造各种种质资源都积累了大量的控制各种性状发育的基因，有了这些基因作丰富的物质基础，人们才能采取各种相应的选育方法，培育出符合不同育种目标的作物新类型、新品种。如要选育抗病的新品种或新类型，就要选用具有抗病基因的种质资源作原始材料，通过对这些具有育种目标性状的原始材料进行改造加工，才能育成所需的抗病品种。根据统计，近 50 年来，我国利用种质资源在 41 种农作物中培育出近 6 000 多个新品种，并使主要农作物品种更换 3~4 次，新品种在粮食中的贡献率达 30%。

作物育种能否取得突破性的进展，在很大程度上取决于所掌握的种质资源的数量及其特异性。从作物育种所取得的显著成效来看，突破性品种的育成几乎无一不决定于关键优异种质资源的发现和利用。例如水稻品种矮脚南特和矮仔粘与水稻矮化育种成功、小麦矮源农林 10 与世界范围的"绿色革命"、双低油菜品种的选育等等，都是特异种质资源带来的突破性成就。

(二)种质资源是保护生物多样性的重要途径

当今世界面临的人口、资源、环境、粮食与能源五大危机，都是与地球上的生物多样性密

切相关。种质资源多样性是生物多样性的主要组成部分，是人类赖以生存和发展的重要物质基础和宝贵财富。丰富多样的品种类型构成了巨大的基因库，对自然环境有广泛的适应性，将保证农业生产能够安全稳定发展。世界上栽培的植物有 1 200 种，我国就有 600 种，保护并利用种质资源，才能为人类不断增长的需要做出自己的贡献。

(三)种质资源是有利于专用特色品种的选育和推广应用

许多作物资源本身就是优良的栽培品种，或直接作为亲本。20 世纪 50—60 年代，生产上种植的主要是农家品种，随着育种水平的提高，这些品种多被高产、抗逆的新品种或杂交种所取代，近年来，随着人民生活水平的提高，物质文化和精神文化水平的不断提高以及市场竞争的不断加剧，对农作物育种目标提出了更高更新的要求，如对食品的要求营养化、多样化，各种杂粮备受青睐等。过去保存在育种者原始材料圃中，作为珍稀、特异的各种种质资源不断被发掘，成为特种种植业的主角。仅仅玉米就开发出甜玉米、高油玉米、优质蛋白玉米、药用玉米、饲用玉米、淀粉玉米等十多种专用特色栽培玉米，成为高产优质高效农业发展的新亮点。

(四)种质资源是生物学研究和生物技术发展的重要基础材料

不同的种质资源，具有不同的生理和遗传特性，以及不同的生态特点，对其进行研究有助于阐明作物的起源、演变、分类、形态、生态、生理和遗传方面的问题，种质资源是作物起源、演化、分类、生态、生理等项研究的物质依据。过去认为水稻仅起源印度，而近几年来，对大量稻种质资源的脂酶和同工酶的分析确定，印度阿萨姆、缅甸北部、老挝和中国云南省为水稻起源的中心。通过种质资源的生物学研究，为育种工作提供理论依据，克服盲目性和提高预见性和育种工作的成效。

近年来，生物技术迅速崛起，有的通过分离基因，构建重组子，导入异源基因也培育新品种；有的将含有目的基因的共体 DNA 片段导入植物体，还可以通过染色体工程、细胞工程、组织培育来进行培育品种。但这一切手段均离不开种质资源。自 1983 年世界首例转基因烟草问世，至今已经获得 100 多种转基因植物，有 1 500 多种转基因植物进入田间试验。综上所述，种质资源不仅是新作物、新品种的重要来源，是实现育种目标的物质基础，也是生物学研究和生物技术发展的重要基础材料。

▶ 三、种质资源的类别、特点和利用价值

种质资源的种类繁多，来源也各不相同。为了便于研究和利用必须对其加以分类，进一步了解不同种类种质资源的特点，从而充分发挥其利用价值。

种质资源分类的方法很多，目前主要分类方式有以下同种：

(一)根据植物分类学分类

主要以花器构造等形态结构的特点为依据，同时参考细胞学方面的染色体数目及其结构的不同进行分类。这种分类方法可以帮助了解各种材料的亲缘关系。

(二)根据生态类型分类

利用植物在不同自然条件和耕作制度下形成的不同生态型进行分类，这种分类对正确选择杂交亲本，引种有重要的指导意义。

(三)根据来源进行分类

在育种工作中常按种质资源的来源进行分类。根据种质资源的来源,一般可分为本地种质资源、外地种质资源、野生种质资源、人工创造的种质资源四大类。现将四类种质资源的特点和利用价值介绍如下:

1.本地种质资源

包括当地的农家品种和推广的改良品种。这类种质资源对当地的自然和栽培条件以及耕作制度具有良好的适应性,而且对当地特殊的自然、病虫灾害有较强的适应性、抗性和耐性。由于本地种质资源具有这些特点和内藏特殊有利的基因,在杂交育种上常常利用其作为亲本之一,以增强新品种的适应性。

2.外地品种资源

是指从外地或外国引进的类型和品种。一般来讲,外地品种资源对于本地的自然和栽培条件不能全面适应,但往往带有本地品种资源所不具备的优良基因,在育种上将其作为亲本,将有利基因导入改良品种,或种用地理上的远缘类型或品种进行杂交,创造遗传基础更为丰富的类型。另外,有些外地品种在经过试验鉴定后,可从中选择出适应本地区栽培的品种,在生产上直接加以利用,或利用外地品种与本地品种进行杂交,由于亲本间的生态类型不同,性状差异较大,可产生较大的杂种优势而培育出新品种。

3.野生种质资源

包括各种作物的近缘野生种和具有利用价值的野生植物。它们在特定的自然条件下,经过长期的自然选择而形成的,因此对环境条件具有极强的适应性。野生种质资源往往具有本地种质资源所不具有的重要种质,特别是对一些特殊的病、虫,不利的环境条件的抗性的特异基因等。如果将其优异基因导入植物体中,就可育成一系列高产、适应性强和品质优良的新品种。杂交水稻培育成功的重要前提就是在野生种质资源中发现的雄性不育基因,从而使水稻育种取得了突破性的发展。

4.人工创造的种质资源

是指在现有的各种种质资源的基础上,通过各种途径的诱变而产生的各种变异类型。在现代育种工作中,为了获得育种目标所需要的优良性状,除充分利用自然资源外,还要通过各种育种途径和方法技术创造各种突变体、新类型和中间材料等。有时尽管这些材料不能在生产中直接加以利用,但由于其具备特殊的资源,或作为培育新品种或有关理论研究的珍贵资源。

(四)根据基因系统进行分类

Harlan 和 Dewet(1971)建议把基因库非正式地分为三级,既初级基因库、次级基因库、和三级基因库。

初级基因库相当于传统的生物种概念。同一基因库各类间容易杂交,基因的分离接近正常,基因转移通常简单。次级基因库包括所有的可以同该作物杂交的生物种以及近似的种群。它们相互间转移是可能的,但需要克服物种隔离的障碍。三级基因库是次级水平上,同该作物有可能杂交,但杂交种不正常,表现为致死或完全不育,基因的转移已经知道的技术难以做到,必须采取一定的技术措施。

作物遗传育种

四、种质资源的收集、整理、保存、研究与利用

丰富多彩的种质资源是育种工作的基础,广泛搜集和深入研究种质资源是育种工作的首要任务。作物种质资源工作包括广收集、精心整理、妥善保存、深入研究、积极创新和充分利用等内容。

(一)种质资源的收集

种质资源的收集一般采用征集或考察的方法。栽培品种的种质资源主要靠征集,有育种单位和私人提供。野生种和稀有种类主要靠野外考察。对国外的资源收集可采取出国考察和对外交流等途径。

1.种质资源收集的机构

种质资源收集是整个种质资源工作的首要环节。征集的范围和重点因征集者(单位)承担的任务和目的而不同,就我国目前作物种质资源工作的现状,大致可分为三个层次。国家级资源工作机构全面征集和长期保存国内外重要的种质资源,面向全国,负责向地方级资源和育种单位提供种质资源;省级资源工作机构负责省内外资源的征集和保存并向内外提供资源服务,同时也负责向国家种质资源工作单位提供本省重要的种质资源;育种单位根据本单位承担的育种任务,征集与育种对象、目标有关的种质资源,育种单位征集的种质资源主要为本单位服务,育种单位可根据需要向国家或省级资源工作单位查询和征集必要的种质材料,也有责任把自己征集或创新的种质提供给国家或省级资源工作单位。

2.种质资源收集和保存方法

收集种质资源首先要有明确的计划,对收集的种类、数量、地点等要做到心中有数。一旦目标明确后,就要组织力量进行考察和搜集。考察、搜集工作一定要有的放矢,同时又要做到疏而不漏,不能放过可能存有珍贵、稀少资源的地区,特别是种质资源丧失威胁最大的地区。

种质资源的收集除考察搜集外,更多的是征集。目前主要作物的种质资源已不同程度地被各级资源机构和育种单位保存,征集工作可以从这里作起。对从国外引进的种质资源,必须进行严格的植物检疫,防止带入检疫对象。

资源的采集工作必须周到,做好登记核对,防止错误、混杂和遗漏以及不必要的重复。对于收集到的种质资源应有专人负责、做好验收、及时详细的整理、记载,认真进行核定,妥善保存和繁殖工作。目前种质资源保存的方法主要有:

(1)种植保存 将整理、收集后的种质资源,每隔一定年限在资源圃中进行种植,以保持其原有性状和种子的生活力,并保证一定的种子数量。这种保存方法容易造成混杂,出现变异,可能使原有种质丢失;在繁殖数量多的情况下,造成人力、物力过重的负担。

(2)贮藏保存 主要是通过控制贮藏温度、湿度条件保持种质资源种子的生活力和遗传特性。目前正常种子采用主要是利用保存库保存。

短期库:在 10～15℃或稍高的温度下保存 5 年。

中期库:在温度 0～5℃、相对湿度为 50%～60%、种子含水量为 8% 的条件下保存 10 年。

长期库:温度 －10～－15℃,相对湿度为 30%～40%,保存期 30～50 年。

(3)离体保存 植物体每个细胞,在遗传表达上具有全能性,含有植物发育所需的全部

信息。因此可用植物离体的分生组织、花粉、花药、体细胞、原生质体、幼胚等保存种质资源。

（4）基因文库保存　用人工的方法，从种质资源中提取大分子DNA，用限制性内切酶将切成许片段。再通过一系列的复杂步骤，这些DNA片段连接在载体上。再将这些载体转移到寄主细胞中，通过细胞的增殖，形成大量的DNA片段的复制品。

（5）就地保存和迁地保存　就地保存就是在资源植物原地保存。迁地保存常针对生态环境变化很大，难以正常生长和繁殖、更新，选择生态环境相近的地段建立迁地保存区。

（6）利用保存　发现有利用价值的种质资源后，及时用于育成品种有中间材料，是一种切实有效的保存方式。

（二）种质资源的研究和利用

收集到的种质资源必须经过认真深入的研究，才能充分加以利用。种质资源的研究内容包括特征特性的鉴定，性状的筛选，遗传性状的评价和基础理论的研究。种质资源的搜集、保存和研究，最终的目的是为了利用，现利用的方式有三种。对搜集到适应当地环境条件、有开发潜力、可取得经济效益的种质材料采用直接利用；对当地表现不理想或不能直接在生产上应用，但具有优良性状的明显材料可采用间接利用；对一些暂时不能直接利用或间接利用的材料可采用潜在利用。我们可利用与已有的种质资源通过杂交、诱变及其他手段创造新的种质资源。同时，还可直接利用种质资源，将其作为原始材料，从中选出优良个体培育成新品种，或通过杂交、人工诱变等，从其后代中选育出优良变异个体培育出新品种。

▶ 五、中国作物种质资源简况

我国由于气候类型复杂，农业历史悠久，采用精耕细作，在长期的自然选择和人工选择中，形成了极为丰富的作物种质资源。

地球上共有植物39万种，其中被人类利用的栽培植物种类一般来说有5 000种左右，属于大面积种植大约200种。我国目前的栽培植物种类约600种，其中粮食作物30多种，经济作物70种，果树作物约140种，蔬菜作物约110多种，牧草约50种，花卉130余种，绿肥约20种，药用植物50余种。

截至2015年底，我国共保存各类农作物种质资源470 295份，保存总量居世界第二位，其中国家种质库长期保存资源已突破40万份，达到404 690份，43个国家种质圃保存资源65 605份。通过精准鉴定，评价筛选出768份特性突出、有育种价值的种质资源，体现了农作物种质资源在解决国家重大需求问题上日益显著的支撑作用。库（圃）保存资源得到及时更新和妥善保存，为种质分发供种奠定坚实的基础。2015年分发种质3.2万份次，在日常分发供种基础上，向育种家田间展示了5 952份优异种质，共计619个单位次的6 779人次参加了展示会索取优异种质。同时，通过中国作物种质信息网向社会开展农作物种质资源共享服务，年均信息共享服务达30万人次。2016年，农作物种质资源工作要继续做好农作物种质资源保护与利用专项和第三次全国种质资源普查收集工作，扩大种质资源精准鉴定规模，并加强种质资源数据中心建设，以实现对育种和现代种业的有效支撑。

二维码2-2-1　种质资源案例
——云南野生稻资源保存保护

作物遗传育种

第二节　引种

广义的引种,是指从外地区(不同的农业区)或外国引进新的植物、新作物、新品种以及为育种和有关研究所需要的各种品种资源材料。狭义的引种,则是指从外地区或外国引进作物新品种(系),通过适应性试验,直接在本地区或本国推广种植。

现今世界各地广泛栽培的各种作物类型,大多数都是通过相互引种,并不断加以改进、衍生,逐步发展而丰富起来的。引种是利用现有品种资源最简便也是最迅速有效的途径,不仅可以扩大当地作物的种类和优良品种的种植面积,充分发挥优良品种在生产上的作用,解决当地生产对良种的迫切需要,而且能充实品种资源,丰富育种材料。因此,引种是育种工作的重要组成部分。

完成育种的单位或者个人对其授权品种,享有排他的独占权。任何单位或者个人未经植物新品种权所有人许可,不得生产、繁殖或者销售该授权品种的繁殖材料,不得为商业目的将该授权品种的繁殖材料重复使用于生产另一品种的繁殖材料;进口种子和出口种子必须实施检疫,防止植物危险性病、虫、杂草及其他有害生物传入境内和传出境外;具体检疫工作按照有关植物进出境检疫法律、行政法规的规定执行。

一、引种的依据

作物品种是在一定的生态条件下形成的。任何植物的生长、发育都要求一定的外界环境条件,即使是同一个体在发育的不同时期或不同阶段,所要求的外界条件也不一样。不同作物品种由于形成时的生态环境条件不同,其阶段发育特点各异,对光照和温度的反应表现出很大的差异。因此,了解作物个体发育规律,掌握作物品种的光、温反应特性,对引种工作具有很大的指导作用。

(一)自然条件与引种的关系

1.作物的生态环境与生态类型

(1)生态环境　作物的生长发育离不开环境条件,作物的环境条件是指作物生存空间周围的一切条件,包括自然条件和耕作栽培条件。其中对作物生长发育有明显影响和直接为作物所同化的自然条件因素,称为生态因素。生态因素有生物的和非生物的两大类。自然界中的植物、动物和微生物等为生物因素,而水、土、光、气、热等土壤和气候方面的各种因素为非生物因素。生物因素和非生物因素都不是孤立存在的,它们又同时受人类耕作栽培等生产活动的影响,因而,各种生态因素都处于相互影响和相互制约的复合体中,并以此对作物产生综合性作用。这种对作物产生综合作用的生态因素总称生态环境。

不同地区、不同时间的生态环境是不同的,但在一定的区域范围内,具有大致相同的生态环境。对于一种作物来讲具有大致相同的生态环境的地区称为生态区。

(2)作物生态类型　任何一种作物都是在一定的自然条件和耕作栽培条件下,通过长期的自然选择和人工选择而形成的。同一种作物的不同品种对不同的生态因素会有不同的反应,表现出相对不同的生育特性,如光温特性、生育期长短、抗性、产量结构特性及产品品质等生态性状。根据对这些生态特性的研究,同一种作物的所有品种可以划分为若干个不同类型。我们把同一作物在不同生态区形成的,与该地区生态环境以及生产要求最相适应的不同品种类型,称为作物生态类型。很显然不同生态区之间的作物生态类型是不同的,即使是在同一生态区内,作物品种的生态类型也不尽相同,但同一生态类型的品种对一定的生态环境具有相同的反应。所以,引种的成败往往取决于地区间生态环境因素及作物生态类型间的差异程度。

各种作物随所起源地区的气候因素,如水分、温度、光照等状况形成了具有相适应要求和反应的特性,称为遗传适应性。如水稻原产于潮湿、高温、短日照的低纬度地区,形成了湿生、喜温、短日照的基本特点。在生态环境中,有主导因素和从属因素之分,我们把主要因气候因素(温度、光照等)的作用而形成的不同生态类型成为气候生态型。因此,在研究不同生态区划和生态类型时,首先研究作物在各个生长时期和发育阶段的气候的要求和反应;其次必须考查其他特征、特性和经济性状。

2.气候相似论

是指原产地和引入地的生态环境,尤其是在影响作物生产的主要气候因素上,应相似到足以保证作物品种互相引用成功时,引种才有成功的可能。这是引种工作中已被广泛接受的规律,是一种"顺应自然"的引种方式。

这个理论具有一定的指导意义,但也有片面性,它只强调了作物对环境反应不变的一面,而忽略了作物对环境条件适应的一面,我们知道作物在长期的进化过程中形成了巨大的、潜在的适应性,随着环境的改变,作物必然会做出相应的改变来适应新的环境。因此,在引种实践中应具体分析,不要完全受其约束。

3.引种需要考虑的生态因子

引种要了解不同纬度、海拔地区的温度、光照、水分以及土壤、生物等自然环境条件的变化情况,以及作物不同品种的遗传、发育特性。这样才能保证引入的作物品种能够适应引进地区的自然生态条件,从而在生产上充分发挥出增产作用和优良品质。

(1)温度 温度因纬度、海拔、地形和地理位置等条件而不同。一般来讲,高纬度地区的温度低于低纬度地区,高海拔地区的温度低于平原地区,据估计,海拔每升高 100 m,平均温度要降低大约 0.6℃,相当于向北纬推进 1°。

不同的作物品种对温度的要求是不同的,即使是同一品种在不同的生育时期要求的最适温度也是不同的。一般来说,温度升高能促进作物的生长发育,提早成熟;而温度降低,会延长作物的生育期。但是作物的生长和发育是两个不同的概念,所以作物发育的温度与生长的温度也是不同的。

(2)光照 日照的长度因纬度和季节而变化,上面我们已经讲过从春分到秋分,我国高纬度地区的北方日照时数长于低纬度地区的南方;从秋分到春分,我国高纬度地区的日照时数短于低纬度地区。但植物所感受的日照长度比以日出和日没为标准的天文日照长度要长一些。而海拔的高低只影响到光照的强度与日照时数的长短关系不大,高海拔地区的太阳辐射量大,光照较强;低海拔地区的太阳辐射量小,光照相对较弱。

一般来讲,光照充足有利于作物的生长,但在发育上,不同作物、不同品种对光照的反应却是不同的。有的对光照长短和强弱反应比较敏感,而有的却比较迟钝。

(3)水分 主要是年降水总量及一年内的降水分布情况,这对作物的生长发育和产品的品质有很大的影响。不同的作物对水的适应能力和适应方式不同。大田作物中比较抗旱的有谷子、甘薯、绿豆等;而比较耐涝的作物有水稻、黑豆等;此外,作物在不同的生育时期对旱、涝的忍耐力也是不同的。因此,在引种时要充分考虑到被引作物对水分的需求及其抗旱耐涝的特性。另外还要考虑引种地的地下水位的高低。

(4)土壤　土壤生态因子包括土壤的持水力、透气性、含盐量、pH以及地下水位的高低等等。其中影响引种成败的主要因素是土壤的酸碱度。我国华北、西北一带多为碱性土,而华南红壤山地主要是酸性土,沿海涝洼地带多为盐碱土或盐渍土。

不同的作物种类和品种对土壤酸碱度的适应性有较大的差别,多数作物适于在中性土壤上生长,典型的"嗜酸性"或"嗜碱性"作物是没有的。不过,有些作物及品种比较耐酸,另一些则比较耐碱。可以在酸性土壤上生长的作物有荞麦、甘薯、烟草、花生等;能够忍耐轻度盐碱的作物有甜菜、高粱、棉花、向日葵、紫花苜蓿等,紫花苜蓿被称作是盐碱土的"先锋作物",另外种植水稻也是改良盐碱地的一项有力措施。

(5)其他限制性生态因子　在引种时还应考虑某些特殊的限制性生态因子,例如,检疫性的病、虫、草害,及风害等。

(二)不同作物对光照与温度的反应

根据植物阶段发育理论,植物生长发育是由若干阶段组成的,不同的发育阶段对外界环境的要求和反应也不一样。不同作物由于形成时的生态环境不同,其阶段发育特点各异。因此,了解我国各地温度和日照的四季变化,掌握作物品种对温度和日照反应的特性,对引种工作具有很大的指导作用。

1.我国不同纬度的日照与温度

我国位于北半球,疆土辽阔(东经71°55′—135°10′,北纬3°39′—53°32′)从南到北具有从赤道气候到冷温带之间的多种气候带。同时,我国地理环境和地形也比较复杂,季风和大陆性气候很强,四季变化极为鲜明,气候的垂直带状分布也十分明显。

(1)日照时数的变化　日照时数是指一个地方日出到日没之间的可照时数,也称光照长度。随着地球不停地自转,形成了昼夜交替的现象。同时,地球在公转时,地轴与地球轨道平面之间成66°33′的倾斜角,并且这一倾斜角始终不变,地轴所指的方向也始终不变,以至在公转的过程中,形成日照时数随季节和纬度不同而有规律变化的现象。从图2-2-1中可

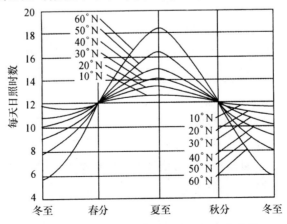

图2-2-1　不同纬度一年间日照时数变化曲线

见,每年的春分(3月21日左右)和秋分(9月23日前后)太阳直射在赤道上,全球各地昼夜平分。

从春分到秋分的夏半年,我国南北的白昼都长于夜间,纬度愈高,白昼越长,夏至日各地的白昼最长;从秋分到春分的冬半年,我国南北的白昼短,黑夜长,纬度愈高,白昼越短,冬至日各地的白昼最短。

(2)气温的变化　由于空气直接吸收太阳辐射的能力很弱,吸收地面长波辐射的能力却很强,所以空气主要靠地面辐射的热量而增温。因此,昼夜交替的结果产生了气温昼高夜低的日变化。地球公转不断改变在公转轨道上的位置,使太阳高度角和日照时数发生变化,引起寒来暑往的四季气候交替。同时受地表性质、地形、纬度和其他因素的影响,各地的气温变化比较复杂。

我国大部分地区处于亚热带和温带,受季风和大陆性气候影响,有着明显的季节差异。从四季分布来看,冬夏长而春秋短,向南夏季增长,向北随纬度升高冬季增长。从温度差异看,低纬度地区离赤道较近气温高,各月平均温度的差异较小,因此温度的年较差也小,随着纬度的升高,各月平均温度差异增加,年温差也随之加大。同时,我国气候有一个很大的特点,就是南北的温差冬季大于夏季(表2-2-1)。例如海南崖县各月平均气温之间以及与年平均气温间都很相近,年温差为7.1℃;而黑龙江省爱辉县1月份平均气温为 -23.5℃,7月份平均气温为 21.9℃,年温差为45.4。海南崖县与黑龙江省爱辉7月份平均气温差异仅6.6℃,而1月份平均气温相差达44.9℃,绝对气温间的差异就更多。此外,在纬度相同地区,随海拔高度的增加,月平均气温降低,年较差减小。

表 2-2-1　不同纬度地区年、月平均气温

地点	纬度	月平均气温/℃				年平均气温/℃	年较差/℃
		1月	3月	7月	9月		
黑龙江省爱辉县	50°15′	−23.5	−8.5	21.9	12.7	0.5	45.4
黑龙江省牡丹江市	44°35′	−20.1	−5.7	22.2	13.5	2.8	42.5
北京市	39°57′	−4.7	4.8	26.1	19.3	11.8	30.8
河南省郑州市	34°43′	−1.2	6.8	27.1	21.5	14.2	28.3
海南崖县	18°14′	21.4	24.4	28.5	27.1	25.5	7.1

2.作物阶段发育与引种的关系

(1)春化阶段　根据阶段发育理论,作物第一发育阶段即春化(感温)阶段,在种子萌发、出苗或分蘖时进行,要求有一定的温度、水分、空气和营养物质等,其中温度条件起主导作用。在通过春化阶段时,不同作物所需温度和持续天数是不同的,可分为冬性、半冬性、春性和喜温四种类型(表2-2-2)。

表 2-2-2　不同植物类型的感温阶段特性

植物类型	通过感温阶段所需温度/℃	通过感温阶段所需天数/d
冬性类	0~5	30~70
半冬性类	3~15	20~30
春性类	5~20	3~15
喜温类	20~30	5~7

同一作物的不同生态型,对春化阶段温度的高低和持续时间的长短要求也不相同。如小麦可分为冬性(0~5℃、持续 30~50 d)、弱冬性(0~7℃、持续 25~45 d)、春性(5~15℃、持续 5~15 d)三个类型。当温度条件能满足各类型的相应要求时,才能完成春化阶段而进入光照阶段。就其地理分布,在冬麦区由南向北,随纬度升高和海拔高度增高而冬性愈强,春麦区大多为春性型。一般春夏播作物在我国大部分地区的正常情况下,温度对其通过春化阶段不是一个限制因素,但不同生态型品种受温度影响而改变其发育速度的感温特性也不一样。水稻是喜温类作物,在水稻适宜生长的温度范围内,高温可使生育期缩短,而低温则使生育期延长。早、中、晚稻的感温性比较,以晚稻最强,早稻次之,中稻较弱。

春化阶段要求的温度的高低和持续时间的长短,是引种中应该充分考虑到的,只有满足了引入品种,春化阶段对温度条件的要求,引种才能成功。此外,作物的春化还需要一定的临界温度和积温。

(2)光照阶段　作物在通过春化阶段以后,还需要一定时间的光照和黑暗,才能实现由营养生长向生殖生长的过渡转化,进而开花结实。根据作物在光照阶段对光照时数和持续天数的要求,可分为短日照作物和长日照作物两大类。

短日照作物在光照阶段,要求一定连续时间的黑暗,较短时间的光照,如水稻、玉米、棉花、大豆、麻类等春夏播作物。同一作物的不同品种类型受日长影响,而改变其发育进度的感光特性是不一样的。例如水稻中的早稻,属光照反应极弱或弱的类型,在连续短日照或延长日照的情况下,抽穗期的提前或推迟变化不大,而晚稻品种则属于光照反应极强或强的类型,在缩短或延长日照的情况下,抽穗期的提前或推迟变化很大。

长日照作物在光照阶段要求一定的较长时间光照,而且光照的连续时间愈长,愈能加速它的发育,如小麦、大麦、燕麦、蚕豆、豌豆、洋葱等冬作物。作物的不同品种对光照条件的反应可分为敏感、中间和迟钝三种类型。一般来说,冬性品种对光照反应也敏感,要求每天长于 12~14 h 以上的光照,需 30~40 d,在全日光照条件下,可促使其光照阶段的进行;春性品种对光照反应迟钝,每天日照 8~12 h,15 d 以上即可通过光照阶段,而弱冬性品种对光照的反应中等,介于冬性和春性品种之间。

综上所述,不同作物品种对温度和光照的反应特性,是在原产地的气温和光照长度等生态环境下,经过长期的自然选择和人工选择所形成的遗传适应性。只有满足了引入品种对温度和光照条件的要求,才能保证引种的成功,东西间引种的关键是要注意引种地区间的温度变化,而南北长距离的引种其成功性不会很大。

(三)引种法规

通过国家级审定的农作物品种由国务院农业部门公告,可以在全国适宜的生态区域推广。通过省级审定的农作物品种由省、自治区、直辖市人民政府农业主管部门公告,可以在本行政区域内适宜的生态区域推广;其他省、自治区、直辖市属于同一适宜生态区的地域引种农作物品种,引种者应当将引种的品种和区域报所在省、自治区、直辖市人民政府农业备案。引种者应当在拟引种区域开展不少于1年的适应性、抗病性试验,对品种的真实性、安全性和适应性负责。具有植物新品种权的品种,还应当经过品种权人的同意。

▶ 二、引种的规律

(一)水稻引种

水稻分为早稻、中稻和晚稻三种。水稻是高温短日照作物,在短日高温条件下,生长发育较快,能缩短由播种到出穗的日数,在长日低温条件下,则出穗日数较长。当南方水稻品种引向北方时,受较低气温较长日照影响,表现为生育期延长、植株变高、幼抽分化推迟、抽穗晚、穗形变大、粒数增多,其变化的幅度又因品种类型而异。因此,南稻北引,宜引用比较早熟的品种。

晚稻品种感温性强,对短日照要求严格,对延长光照反应敏感,南稻北引,往往延期抽穗或不能抽穗结实,即使在短日照来临时能抽穗,但遇晚秋低温也很难正常灌浆成熟。而早、中稻的感温性较晚稻为弱,且感光性不如晚稻敏感,南稻北引,生育期虽有延长,但能适期成熟,引种较易成功。

反之,北方的水稻品种引向南方,遇到短日高温条件。因生育期间的日照缩短,气温增高,而北方品种又多属感温性品种,表现为植株变矮,提早抽穗,穗形变小,生育期明显缩短,因此,宜引用比较迟熟的品种,并早播早栽,尽量使其生育前期的气温与原产地相仿,适当延长生育期,并增施肥料,精细管理,达到早熟增产的目的。

纬度相同时,由高海拔地区向低海拔地区引种水稻,表现为植株比原产地高大,这除了温度的原因外,可能与减少了紫外线的抑制作用有关。相反,原产于低海拔地区的水稻引入高海拔地区,植株变得矮小,生育期也将延长。

(二)小麦引种

小麦是低温长日照作物,生育期间需要一定的低温和长日照条件。北方的冬性、强冬性品种引到南方种植,因为南方冬春温度较高,日照时数较短,通过春化和光照阶段相对地较慢,抽穗推迟,经常表现比当地品种迟熟,容易遭受生长后期自然灾害的威胁,也不利于后茬安排。当超过一定的范围时,如引种到华南地区,则因不能满足春化阶段对温度的要求而不能进入光照阶段,甚至不能抽穗。因此,北种南引时,应选择早熟、春性品种,才可能获得成功。

反之,南方小麦品种引至北方,由于北方冬春温度低,日照时数较长,通过春化和光照阶段比较快,表现抽穗成熟提早,但因较快通过春化阶段而抗寒能力减弱,在北方地区冬季寒冷的情况下,易遭冻害。因此,宜引入弱冬性品种。如引入春性品种时宜作晚茬麦栽培,以免遭冻害,则可获得成功。

冬麦区的春性或弱冬性品种引种到春麦区可作春麦种植。因春麦区生长季节的日照长而强,一般表现早熟高产。但春麦区的品种一般不能适应南方冬麦区的较短光照,表现成熟推迟,籽粒瘦瘪,且易遭后期灾害的威胁。

根据一般的经验,凡是1月份平均气温近似的地区引种冬小麦,都比较容易成功。另

作物遗传育种

外,小麦引种时,要注意不同地区小麦锈病病菌生理小种分布情况及品种的抗病性能,最好引入抗引入地区病菌生理小种的品种

(三)玉米引种

玉米适应性广泛,引种成功的可能性很大。一般来讲低纬度、低海拔地区的玉米品种,生育期短。所以,由北向南,由高海拔向低海拔地区引种,生育期会缩短;反之,生育期延长。

根据经验,玉米的生育期是决定产量的一个重要因素,凡是生育期长,茬口又合适的,产量就高。从土壤条件来说,肥水条件好的地区应引种晚熟品种,肥水条件一般的应引种中熟品种,瘠薄地区应引种早熟品种,从品种类型来讲,马齿型品种适应性广,产量高,对肥水条件敏感,增产潜力大,但熟期晚,品质差。

不同地区间引种,一般说来,从东北、华北引到南方,表现较好;而从西北地区引入东北、华北,表现较差。总的来说,从高海拔向低海拔,从北向南,从瘠地向肥地小幅度引种,如果生态条件差异不大,引进品种比当地同一生育期的品种生长发育要好,都可增产。但南种北引,如距离过大,一般表现不适应。

(四)大豆引种

大豆是典型的短日照作物,对温度和光照的反应比其他短日照作物还要敏感,适应能力狭窄,但品种间的短日性差别极大。早熟型的大豆品种,对短日照的要求弱;迟熟型的大豆品种,对短日照要求强,光照缩短能大大加速花芽的分化与花部器官的形成,并促进豆荚的生长与成熟。一般 24 h 中连续光照时数在 13.5 h 以下,即为短光照条件。

南方的大豆北引,由于光照延长,而延迟开花成熟,甚至未成熟即遭遇秋霜,但植株高大、茂盛,作饲用大豆较合适。若把南方的早熟型品种引入北方种植,有适应的可能。

北方的大豆南引,由于光照缩短,很快满足了引入品种对短日的要求,花芽分化快,提早成熟,但营养生长较差,产量低。如果把偏北方的品种南引作为品种,或作为高肥水、密植条件下的种植材料,是有价值的。当然,其他性状也是一个引入品种能否在生产上应用的重要因素。如东北大豆南引至江淮地区作为春大豆种植,生育期是适合的,但成熟时种子易发霉,限制了生产上的应用。

从平原向山区引种早熟品种,有成功的可能。

大豆引种时,还要考虑种粒的大小和生态适应性。向黄土高原或东北西部等雨量稀少、土壤瘠薄的地区引种,需引用耐旱、耐瘠薄的中、小粒品种;反之,向肥水充足的地区引种,宜引用大粒品种。

此外,大豆引种时,还需考虑大豆的结荚习性。如将有限结荚习性的大豆,引种到干旱地区,生长优良的可能性不大,而将生长高大的无限结荚习性的大豆,引种到生育期间雨水较多的地区,则易徒长倒伏,难以适应。

(五)棉花引种

棉花天然杂交率高,变异性大,适应性强,是较易驯化的植物。从国内外引进优良品种,经过短期试种、培育、驯化,仍然能保存原有的优良性状,结合加速繁殖,可以很快地在生产上利用。如从美国引进的岱字棉 15 号,经试种驯化、选择、大量繁殖,迅速得到推广。在国内不同省区间引种,成功的例子也很多。我国育成的优良棉花品种从长江流域引到黄河流域,新疆棉花品种引至山西,山西品种引至辽宁,都表现良好。

不同的棉花品种各有其一定的适应范围,而自然气候条件中的温度、日照、雨量、无霜期等与棉花品种生育的习性有密切关系。在引种时应从自然条件相差不大而品种适应性及生态特点都比较相近的地区引进。如从国外引种,由北美洲密西西比河流域引进棉花品种较适合我国长江流域和黄河流域,因其气候条件比较接近,所以容易适应。

三、引种的原则和注意事项

引种虽然简单易行,成效快,容易获得新品种的一个重要途径,但由于自然和生产条件都在发生变化,为了保证引种效果,引种必须按照引种的基本原理和规律,遵循引种的原则,按一定的步骤进行。

(一)引种的目标要明确

为提高引种效果,避免盲目引种,必须针对本地区的生态条件、生产条件及生产上种植的品种所存在的问题,确定引入品种的类型和引种的地区。

引种前,应对引种地区的生态条件、品种的温光反应特性作详细的了解,分析本地区和品种原产地之间生态条件差异的程度,研究引种的可行性,并要特别注意考查所引品种的生育期是否适应于本地的耕作制度。根据实际需要和可能进行引种,切不可盲目贪多,以免造成不应有的损失。作为育种原始材料进行引种时,可根据需要引入多种材料,但每一种材料的数量要少。

引种要有组织地进行,不管是生产性引种还是育种资源材料的引种,都要在有关主管部门的领导下,有组织有计划地进行;要建立严格的引种手续和登记、试验、保存制度,引入的品种要进行统一的编号和登记,国外品种要统一译名;要加强情报工作,搞好品种交流,扩大利用范围,充分发挥引入品种的作用。

(二)加强种子的检疫和检验工作

1.种子检疫

引种是传播病虫害和杂草的一个重要途径,国内外在这方面有许多严重教训。历史上我国从国外引进棉花品种,曾由于对检疫注意不够,把棉花的黄、枯萎病带进来,造成严重威胁。

为防止病虫害随处传播,给生产带来威胁,必须严格遵守种子检疫和检验制度,严防病虫害和杂草等乘虚而入。凡是从外地,特别是从国外新引入的种子或材料在投入引种试验前,应特设检疫圃,隔离种植。在鉴定中如发现有检疫对象,或新的危险性病虫和杂草,应采取根除措施,不得使其蔓延。

2.种子检验

引入品种确定后如要从原产地大量调入种子,必须在调运前先对种子的含水量、发芽率(包括发芽势)、净度和品种纯度等方面,按照各级种子规定的标准进行检验。符合规定标准的,方可调运,不符合规定标准的,则应采取补救措施或停止调运。

(三)本着先试验、示范、再推广的原则

引入的品种其适应性和增产潜力如何,能否在生产上推广种植,必须经过试验才能确定。因此,对引入品种要先进行小面积的观察试验,了解其生育期、产量性状、抗逆性、适应性等,并与当地的主要栽培品种进行比较,从中选出最好的品种,再在较大面积上进行品种

作物遗传育种

比较试验和多点试验,以便更全面地了解引进品种的生产能力和适应性,确定推广使用的价值和适宜的推广范围。确有推广价值的品种,可送交区域试验并开展栽培试验和加速种子的繁殖,以便及早用于生产。

对于通过初步试验已经肯定的引进品种,还需要根据其遗传特性进行栽培试验。因为有的外来品种在本地区一般品种所适应的栽培措施下,不足以充分发挥其增产潜力,可能会因此而否定其推广前途。所以,引种时需对掌握的品种特性,联系到当地的生态环境进行分析,通过栽培试验,探索关键性的措施,借以限制其在本地区一般栽培条件下所表现的不利性状,使其得到合理的利用,做到良种配合良法,进行推广。

(四)引种与选择相结合

新引入的品种在栽培过程中,由于生态环境的改变,必然会出现一些变异,这种变异的大小,取决于原产地和引入地区自然条件差异的程度以及品种本身遗传性状的稳定程度。

为了保持引入品种的优良种性和纯度,在生产种植过程中要注意进行去杂去劣,或采用混合选择法留种。对优良变异植株则分别脱粒、保存、种植,按系统育种程序选育新品种。

二维码 2-2-2　育种案例——水稻品种
甬优 9 号引种简介及引种意见

二维码 2-2-3　农作物种质资源引进
和利用工作取得显著成绩
(知识链接)

复习思考题

1.基本概念

种质资源　基因资源　本地种质资源　外地品种资源　野生种质资源　人工创造的种质资源　引种　生态环境　作物生态类型。

2.种质资源的重要作用是什么?

3.怎样进行种质资源的收集、整理、保存、研究与利用?

4.引种的理论依据是什么?

5.试述作物阶段发育与引种的关系。

6.简述引种的原则和注意事项。

Chapter 3

选择育种

➤ **知识目标**

1.掌握作物选择育种的概念和特点。

2.熟悉选择育种的基本原理。

3.掌握性状鉴定与选择的方法。

4.掌握作物选择育种的程序。

➤ **技能目标**

掌握主要农作物选择育种的方法与程序。

第一节　选择育种的基本概念及特点

选择是植物进化和育种的基本途径之一,也是引种、杂交育种、倍性育种和辐射育种等育种方法中不可缺少的重要环节。选择贯穿于育种工作的每一个步骤。

选择不仅是独立培育良种的手段,也是其他育种方式,如杂交育种、引种、辐射育种、单倍体育种、多倍体育种及良种繁育中不可缺少的重要环节之一。它贯穿于育种工作的始终,如原材料的选择、杂交亲本的选择、杂种后代的选择等。

▶ 一、基本概念

选择育种是指根据育种目标对现有品种群体出现的自然变异进行性状鉴定、选择并通过品系比较试验、区域试验和生产试验培育新品种的育种途径。选择育种又称系统育种,对典型的自花授粉作物又称为纯系育种,是作物育种中最简单的简易、快速而有效的途径。

▶ 二、特点及局限性

选择育种是利用现有品种群体中出现的自然变异,从中选出符合生产需要的基因型,并进行后续试验,无须人工创造变异。另外,作物品种群体中的自然变异,特别是本地区推广的优良品种中的有利自然变异,从中进行选育,往往就能很快地育成符合生产发展所需的新良种。因此,该方法具有简单易行,育种年限短,而且能保持原品种对当地适应性的特点。

选择育种的局限性表现在它是从自然变异中选择优良个体,因此有利变异少,选择的概率不高,不能有目的地创造变异,而且改进提高的潜力有限;其次,它应用连续的个体选择,容易导致遗传基础贫乏,对复杂的条件适应能力差。

第二节　性状鉴定与选择

选择育种就是从自然变异的群体中,根据单株的表现型挑选符合生产需要的基因型,使选择的性状稳定地遗传下去。选择是创造新品种和改良现有品种的重要手段。任何育种方法,都要通过诱发变异、选择优株和试验鉴定等步骤,因此,选择是育种过程中不可缺少的环节。

▶ 一、选择

选择就是选优去劣,选择育种就是从自然变异的群体中,根据单株的表现型挑选符合生产需要的基因型,使选择的性状稳定地遗传下去。选择的基本方法有以下几种。

(一)单株选择法

单株选择法就是把从原始群体中选出的优良单株个体的种子分别收获、保存并播种繁殖为不同家系,根据各家系的表现鉴定上年当选个体的优劣,再以家系为单位进行选留和淘汰的方法。单株选择法又称系统选择法或系统选育,是目前育种工作最常用的方法。

单株选择法根据选择的次数可分为一次单株选择法和多次单株选择法。在整个育种过程中,若只进行一次以单株为对象的选择,而后就以各家系为取舍单位的,称为一次单株选择法(图 2-3-1)。此法多用于自花、常异花授粉作物品种改良和良种繁育,异花授粉作物自交系的保纯。如果先进行连续多次的以单株为对象的选择,然后再以各家系为取舍单位的,就称为多次单株选择法(图 2-3-2)。

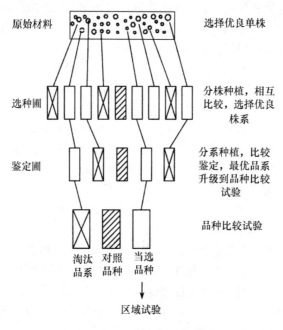

图 2-3-1 一次单株选择法

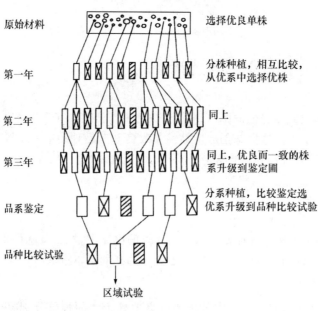

图 2-3-2 多次单株选择法

单株选择法的优点是选择效果较好。单株选择不仅在当年根据个体的表现进行选择，而且在第二年是按入选的单株分别播种的，能对单株后代的表现加以鉴定，因此可以确定上代所选单株是否属于遗传的变异，故能将在当年偶然表现优良的单株，在后代的鉴定选择中加以淘汰。其缺点是，需要的时间较长，人力较多。单株选择选到的单株需分别处理种植，比较费工，而且选出的新品种都是从一个单株得来的，每代种子数量不多，必须经过繁殖，所需要的时间也就要长些，同时对选择技术要求比较严格。此方法应用于自花授粉作物效果较明显，应用于常异花授粉和异花授粉作物品种群体，反而会在一定程度上破坏品种的群体结构。

(二)混合选择法

混合选择法是指在原始群体中根据育种目标选出一定数量的优良单株，混合脱粒、保存，第二年将入选的种子，播在小区内，并设对照品种与原始群体相邻种植进行比较鉴定的方法。

混合选择法根据选择的次数也分为一次混合选择法和多次混合选择法。按上述方法对原始群体只进行一次选择，第二年便将混合选择的种子与原始群体及对照品种相邻种植，进行比较的方法称为一次混合选择法(图2-3-3)。此法多应用于自花授粉作物群体品种类型的分离和杂种后代的选择。多次混合选择法是指从原始群体中进行一次混合选择后，在以后几代比较鉴定的同时，在表现较好的小区中再进行二次、三次或更多次的混合选择，直到性状表现较一致，实现选种要求为止的方法(图2-3-4)。多次混合选择法常应用于自花授粉作物较为混杂的群体和异花授粉作物、常异花授粉群体类型的分离和杂种后代的选择。

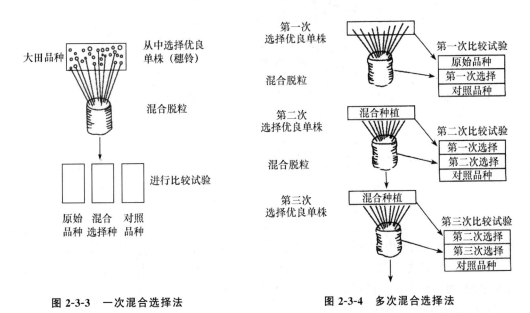

图 2-3-3　一次混合选择法　　　　　图 2-3-4　多次混合选择法

混合选择法的优点，方法简便易行，可在较短的时间内就从原有品种群体中分离出优良类型，迅速获得大量种子，解决生产的需要。过去许多农家品种都是用这个方法选育成的。如水稻品种"水源300粒"，玉米品种"混选1号"，小麦品种的"偃大5号"等，都是用混合选择法育成的。另外混合选择把品种群体基本类型的优良单株或单穗选出，既能保持品种种性,又能达到不断提高品种种性、提纯复壮的目的。对于异花、常异花授粉作物混合选择还可保持群体一定程度的异质性,不会导致遗传基础贫乏,引起生活力衰退。

然而对于混合选择,由于选择是根据当代表现型进行的,虽然表现型在一定程度上反映了基因型,但外表性状,特别是一些产量上的数量性状,经常受到环境的影响而表现出差异。因此,有可能把一些在优良环境条件下表现良好,而其基因型并不合乎要求的个体也选入,再经过混合脱粒、混合播种后,很难了解当选个体在性状上的表现,也就很难在后代中把那些不符合要求的个体一一清除,因而降低了选择效果。另外,当选择的经济性状与品种的生物学性状有矛盾时,如选择高的蛋白质含量、脂肪含量、糖的含量和棉花纤维长度等性状时,用混合选择法就难以达到预期的效果。

(三)集团选择法

根据育种目标,在原始群体中选择各种类型的优良个体,然后将属于同一类型的优良个体混合脱粒,组成几个集团与原始群体和对照品种进行比较鉴定,这种方法称为集团选择法(图 2-3-5)。

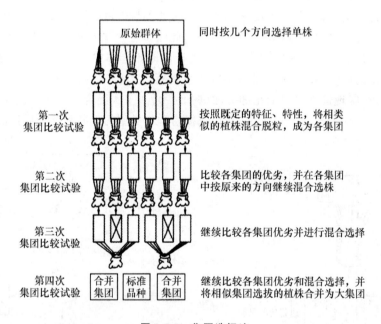

图 2-3-5 集团选择法

集团选择法的每一个集团实质上就是通过一次混合选择法获得的后代。因此,在必要时可以在每一个集团中再进行混合选择或集团选择。另外,因为集团选择法能保存原始群体中的主要类型,不会因选择而破坏了有价值的复杂群体,必要时可以把优良的小集团合并为大集团,再与对照品种比较鉴定。

(四)改良混合选择法

在选种工作进程中,根据某种需要和育种材料的特点,常常把单株选择和混合选择结合起来应用,称为改良混合选择法(图 2-3-6)。

选种时,可以先对某个需要进行选择的原始群体,进行几次混合选择,待性状比较一致后从中选择优良单株,分系进行鉴定比较,选择出优良株系,混合脱粒,保存,下年或下代继

作物遗传育种

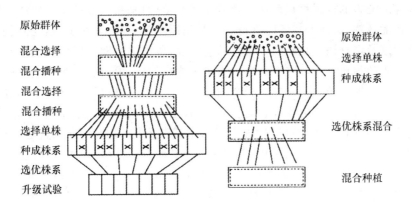

图 2-3-6　改良混合选择法

续比较选择培育成新品种。另外也可以先进行单株选择,分系鉴定,然后对优良而又一致的多个单株后代混合脱粒,进行繁殖。前一种方法一般应用在原始群体比较混杂的情况,后一种方法大多用于良种繁育中生产原种,即"单株选择,分系比较,混系繁殖"。

▶ 二、鉴定

在作物育种工作中,从选用原始材料,选配杂交亲本,选择单株,直到育成新品种,都离不开鉴定。鉴定是按照规定的方法对植物品种、品系或其他种质特征、特性进行测定和做出评价,如形态特征、抗病虫性、抗逆性、产量和品质性状等。鉴定是进行有效选择的依据,是保证和提高育种质量的基础。应用正确的鉴定方法,对育种材料做出客观的科学评价,才能准确鉴别优劣,做出取舍,从而体改育种效果和加速育种进程。鉴定的方法越快速简便和精确可靠,选择的效果就越高。

(一)性状鉴定的方法类别

性状鉴定方法,按所根据的性状、鉴定的条件、场所及手段等,有如下的类别。

1.按所根据的性状可分为直接鉴定和间接鉴定

根据目标性状的直接表现进行鉴定称为直接鉴定;根据与目标性状有高度相关的性状的表现来评定该目标性状,称为间接鉴定。如鉴定品种的抗寒性,可根据直接受害的表现来进行直接鉴定,也可测定叶片细胞质的含糖量,或根据株型、叶色、蜡质层的有无和厚薄等进行间接鉴定等。直接鉴定的结果当然最可靠,但是有些性状的直接鉴定需要较大的样本,或者鉴定条件不容易创造,或者鉴定程序复杂、鉴定费时费工等,则需要采用间接鉴定以适当代替直接鉴定,但最后结论还要根据直接鉴定的结果而定。间接鉴定的性状必须与目标性状有密切而稳定的相关关系或因果关系,而且其鉴定方法、技术必须具备微量、简便、快速、精确的特点,适于对大量育种材料早期进行选择。

2.按鉴定的条件可分为自然鉴定与诱发鉴定

作物对病虫害和环境胁迫因素的抗耐性,如果危害因素在试验田地上经常充分出现,则可就地直接鉴定试验材料的抗耐性,这就是自然鉴定;否则就需要人工模拟危害条件,包括病虫的接种,使试验材料能够及时地充分表现其抗耐性,而获得鉴定结果,这就是诱发鉴定。

对当地关键性的灾害的抗耐性最后还是依靠自然鉴定,但是在人工控制下的诱发鉴定,可以提高选育工作的效率,保证选择及时进行。在利用诱发鉴定时,育种工作者必须适当掌握所诱发的危害程度及全部诱发材料所处条件的二致性,危害的时期,以免发生偏差。

3.根据鉴定的场所及手段可分为当地鉴定和异地鉴定、田间鉴定和实验室鉴定

当一灾害在当地试验地上常年以相当的程度发生时,则可以在当地鉴定其抗耐性;如果这种灾害在当地年份间或田区间有较大差异,而且在当地又不易或不便人工诱发,则可以将试验材料送到这种灾害常年严重发生地区以鉴定其抗耐性,这就是异地鉴定。异地鉴定对个别灾害的抗耐性往往是有效的,但不易同时鉴定其他目标性状,对需要在生产条件下才能表现的性状,则应在具有一定代表性的地块上进行鉴定,如生育期、生长习性、株型、产量及其构成因素等,只有田间鉴定才能得到确切的结果。品质性状以及其他生理生化性状则需要在实验室内,借助专门的仪器设备,才能得到精确的鉴定。有些性状需要田间鉴定与实验室鉴定结合进行。

在选择育种中,育种工作者根据条件和需要采用合适的鉴定方法,或者同时兼用两三种鉴定方法,以提高选择效率。

(二)性状鉴定效率与选择效率的提高

性状选择的依据是性状鉴定,选择效率的提高主要决定于鉴定效率的提高。随着有关科学技术的发展,性状鉴定技术也得到显著的改进。所要鉴定的性状不仅根据其外观的形态表现,而且还要深入测定有关的生理生化指标。除了在当地自然和耕作栽培条件下进行田间鉴定外,还须采用经改进和发展的人工模拟和诱发鉴定方法,以保证对病虫害和环境胁迫因素的抗耐性进行及时、全面、深入的鉴定。对品质性状、生理生化特性等的鉴定,陆续研制的测定仪器和技术,使鉴定和选择效率不断得到提高。

现代化的性状分析测定已向微量或超微量、精确或高精度、快速和自动化的方向发展,并可同时测定许多样本,这使大量的小样本能够快速而精确的鉴定,从而就可以相应地提高选择效率,特别是个体选择效率。此外,在田间鉴定中,为了提高鉴定和选择的准确性,要求试验田地的土壤条件和耕作栽培措施均匀一致,使供鉴定和选择的各材料的性状都能在相对相同的条件下得到表现,还需要设置对照行(区)和重复进行比较,以减少误差。

第三节 各类选择育种的程序

选择育种是指根据育种目标,从现有品种群体中选择出一定数量的优良个体,然后按每一个体的后代分系种植,再通过多次试验的选优去劣,从而培育出新品种的一系列过程。

▶ 一、纯系育种

纯系育种或称系统育种,是通过个体选择,株行试验和品系比较试验到新品种育成的一系列过程(图 2-3-7)。纯系育种的基本工作环节如下:

(一)优良变异个体的选择

从种植推广品种群体的大田中选择符合育种目标的变异个体,经室内复选,淘汰不良个

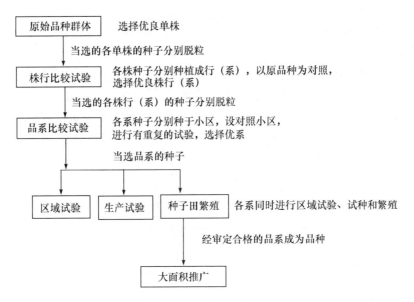

图 2-3-7　纯系(系统)育种程序

体,保留优良个体分别脱粒,并记录其特点和编号,以备检测其后代表现。田间选择应在具有相对较多变异类型的大田中进行,选择个体数量的多少应根据这些变异类型的真实遗传程度而定。受主基因控制的或不易受环境影响的明显变异其选择数量可从少,而受多基因控制或易受环境影响的性状其选择数量可从多。

(二)株行比较试验

将入选的优良个体,分系单株种植,每隔一定数量的株行设置对照品种进行对比,通过田间和室内鉴定,从中选择优良的株系。当系内植株间目标性状表现整齐一致时,即可进入来年的品系比较试验;若系内植株间还有分离,根据情况还可再进行一次个体选择。

(三)品系比较试验

当选品系分区播种,并设置重复提高试验的精确性。试验环境应接近生产大田的条件,保证试验的代表性。品系比较试验要连续进行两年,并根据田间观察评定和室内考种,选出比对照品种优越的品系 1~2 个参加区域试验。

(四)区域试验和生产试验

在不同的自然区域进行区域试验,测定新品种的适应性和稳定性,并在较大范围内进行生产试验以确定其适宜推广的地区。

(五)品种审定与推广

经过上述选育后综合表现优良的新品种,可报请品种审定委员会审定,审定合格并批准后定名推广。对表现优异的品系,从品系比较试验阶段开始,就应加速繁殖种子,及时大面积推广。

▶ 二、混合选择育种

混合选择育种,是从原始品种群体中,按育种目标的统一要求,选择一批个体,混合脱粒,所得的种子在下季与原始品种的种子成对种植,从而进行比较鉴定,如经混合选择的群体确比原品种优越,就可以取代原品种,作为改良品种加以繁殖和推广(图 2-3-8)。

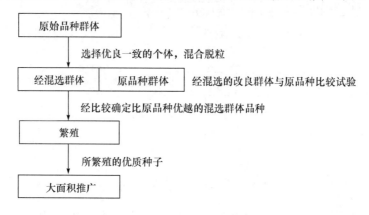

图 2-3-8 混合选择育种程序

(一)从原始品种群体中进行混合选择

按性状改良的标准,在田间选择一批该性状一致的个体,室内鉴定淘汰其中的一些不合格的,然后将选留的各株混合脱粒,进行比较试验。

(二)比较试验

将上季选留的种子与原品种的种子分别种植于相邻的试验小区中,通过比较试验证明其确实比原品种优越,则将其收获脱粒的种子进行繁殖。

(三)繁殖和推广

混合选择而改良的群体扩繁供大面积推广。首先在适于原品种推广的地区范围进行推广示范。

▶ 三、集团混合选择育种

集团混合选择育种是上述单向混合选择育种的一种变通方法,也称为归类的混合选择育种(图 2-3-9)。当原始品种群体中有几种基本符合育种要求并且分别具有不同类型的优点时,为了鉴定类型间在生产应用上的潜力,需要按类型分别混合脱粒,即分别组成集团,然后对各集团之间及其与原始品种之间进行比较试验,从而选择其中最优的集团进行繁殖,作为一种新品种加以推广。当这种育种方法应用于异花授粉作物时,在各集团与原品种进行比较试验时,各集团应分别隔离留种,集团内自由授粉,避免集团间的互交,对当选的集团采用隔离留种的种子进行繁殖。

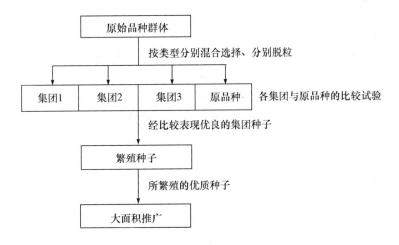

图 2-3-9　集团混合选择育种程序

四、改良混合选择育种

改良混合选择育种,是通过个体选择和分系鉴定,淘汰伪劣的系统,然后将选留的各系混合脱粒,再通过与原品种的比较试验,表现确有优越性的加以繁殖推广(图 2-3-10)。改良混合选择育种是通过个体选择及其后代鉴定的混合选择育种,它广泛地应用于自花授粉作物和常异花授粉作物良种繁育中原种的生产。在玉米中应用的穗行法、半分法,有些异花授粉作物中的母系选择法与此法类似。

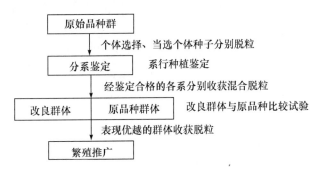

图 2-3-10　改良混合选择育种程序

任何育种途径,都必须经过选择和后代鉴定比较这两个基本环节。现今的选择方法虽然因不同育种途径而日新月异,但其原理仍然离不开纯系选择和混合选择。掌握了选择的基本程序和方法,将有助于在各种育种途径中加以灵活运用,提高育种效率。

二维码 2-3-1　选择育种案例

二维码 2-3-2　纯系学说与选择育种
(知识链接)

1.名词解释

选择育种　单株选择法　混合选择法　集团选择法　改良混合选择法

2.什么叫选择育种？选择育种的特点及作用是什么？

3.单株选择法有哪些优缺点？混合选择法有哪些优缺点？

4.鉴定在育种工作中的意义如何？各种鉴定方法的特点是什么？

5.试用图表示多次单株选择法。

6.试用图表示纯系育种的工作程序。

7.简述混合选择育种程序。

作物遗传育种

Chapter 4

杂 交 育 种

>> **知识目标**

1. 明确有性杂交育种的概念及特点。
2. 了解有性杂交育种的杂交方式及回交育种的遗传效应。
3. 掌握有性杂交育种亲本选择选配的原则与方法。
4. 掌握主要作物有性杂交的基本技术环节。
5. 掌握杂交后代的选择及培育方法。
6. 了解远缘杂交育种的概念,远缘杂交育种困难及克服方法。

>> **技能目标**

1. 能够熟练进行植物有性杂交去雄授粉工作。
2. 能够熟练利用亲本选择选配技术判断亲本的优劣。
3. 能够综合利用各种方法进行有性杂交育种。

有性杂交育种也称组合育种,是根据品种选育目标,通过人工杂交,组合不同亲本上的优良性状到杂交后代中,对其后代进行多代选择,经过比较鉴定,获得基因型纯合或接近纯合的新品种的育种途径。现在各国生产上应用的主要作物的优良品种绝大多数是用杂交育种法育成的。

第一节　杂交育种

▶ 一、杂交亲本的选配

亲本选择是根据育种目标选用具有优良性状的品种类型作为杂交亲本。亲本选配是指从入选亲本中选用哪些亲本进行杂交和配组的方式。亲本选用得当可以提高杂交育种的效果,反之,则降低育种效率,甚至不能实现预期目标,造成人力、物力的浪费。因此,必须认真确定亲本的选择选配的方式、方法和原则,选出最符合育种目标要求的原始材料作亲本。

(一)亲本选择的原则

1.选择优良性状较多的亲本

亲本的优良性状越多,需要改良完善的性状越少。若亲本携带有不良的性状,则会增加改造的难度,如果是无法改良的性状,势必会增加不必要的资源浪费。

2.明确亲本的目标性状

根据育种目标确定具体的目标性状,明确目标性状的构成因素,分清主次,突出重点。比如产量、品质等众多经济性状等都可以分解成许多构成性状,构成性状遗传更简单,更具可操作性,选择效果更好,如黄瓜的产量是由单位面积株数、单株花数、坐果率和单果重等性状构成的。当育种目标涉及的性状很多时,不切实际的要求所有性状均优良必然会造成育种工作的失败。在这种情况下必须根据育种目标,突出主要性状。

3.重视选用地方品种

地方品种对当地的气候条件和栽培条件都有良好的适应性,也适合当地的消费习惯,是当地长期自然选择和人工选择的产物。用它们作亲本选育的品种对当地的适应性强,其缺点也了解得比较清楚,容易在当地推广。

4.选用一般配合力高的材料

一般配合力高的亲本材料和其他亲本杂交往往能获得较好的效果,所以在实际育种工作中,应该优先考虑。

5.借鉴前人的经验

前人所得出的成功经验可以反映所用亲本材料的特征特性,用已取得成功的材料作亲本可提高选育优良新品种的可能性,减少育种工作中的弯路。

以上只是一般的指导原则。由于植物的种类多,性状多,群体小,至今仍有很多植物的许多性状的遗传规律尚不清楚,只能通过大量地配制杂交组合,来增加选出优良品种的机会。

(二)亲本选配的原则

1.父、母本性状互补

性状互补是指父本或母本的缺点能被另一方的优点弥补。性状互补还包括同一目标性状不同构成性状的互补。例如黄瓜丰产性育种时，一个亲本为坐果率高，单瓜重低，另一个亲本为坐果率低，单瓜重高。配组亲本双方也可以有共同的优点，而且愈多愈好。但不能有共同的缺点特别是难以改进的缺点。

但性状的遗传是复杂的，亲本性状互补，杂交后代并非完全出现综合性状优良的植株个体。尤其是数量性状，杂种往往难以超过大值亲本（优亲），甚至连中亲值都达不到。如小果、抗病的番茄与大果不抗病的番茄杂交，杂种一代的果实重量多接近于双亲的几何平均值。因此要选育大果抗病的品种，必须避免选用小果亲本。

2.选用不同类型的亲本配组

不同类型是指生长发育习性、栽培季节、栽培方式或其他性状有明显差异的亲本。近年来国内在甜瓜育种中利用大陆性气候生态群和东亚生态群的品种间杂交育成了一批优质、高产、抗病、适应性广的新品种，使厚皮甜瓜的栽培区由传统的大西北东移到华北各地。

3.用经济性状优良、遗传差异大的亲本配组

在一定的范围内，亲本间的遗传差异愈大，后代中分离出的变异类型愈多，选出理想类型的机会愈大。

4.以具有较多优良性状的亲本作母本

由于母本细胞质的影响，后代较多的倾向于母本，因此以具有较多优良性状的亲本作母本，后代获得理想植株的可能性较高。在实际育种工作中，用栽培品种与野生类型杂交时一般用栽培品种作母本；外地品种与本地品种杂交时，通常用本地品种作亲本；用雌性器官发育正常和结实性好的材料作母本；用雄性器官发育正常，花粉量多的材料作父本。如果两个亲本的花期不遇，则用开花晚的材料作母本，开花早的材料作父本。因为花粉可在适当的条件下贮藏一段时间，等到晚开花亲本开花后再授粉，而雌蕊是无法贮藏的。

5.对于质量性状，双亲之一要符合育种目标

根据遗传规律，从隐性性状亲本的杂交后代内不可能选出具有显性性状的个体。当目标性状为隐性基因控制时，双亲至少有一个为杂合体，才有可能选出目标性状，但我们在实际工作中，很难判定哪一个是杂合体，所以最好是双亲之一具备符合育种目标的性状。

二维码 2-4-1　亲本选配成功案例

▶ 二、杂交技术与杂交方式

(一)杂交技术

1.杂交前的准备

（1）制定杂交计划　根据育种目标要求，育种材料的花器结构、开花授粉习性，制定详细的杂交工作计划，包括杂交组合数、具体的杂交组合、每个杂交组合杂交的花数等。

（2）亲本种株的培育及杂交花选择　确定亲本后，从中选择具有该亲本典型特征特性、生长健壮的、无病虫危害的植株，一般 10 株即可。采用适宜的栽培条件和栽培管理技术，使性状充分表现，植株发育健壮，保证母本植株和杂交用花充足，并满足杂交种子的生长发育，最终获得充实饱满的杂交种子。对于开花过早的亲本，通过摘除已开花的花枝和花朵，达到调节花期的目的。

2. 隔离和去雄

（1）隔离　父本和母本都需要隔离，目的是防止非目标花粉的混入。隔离的方法有空间隔离、器械隔离和时间隔离等。种子生产一般采用空间隔离的方法，育种试验田一般采用器械隔离，包括网室隔离，硫酸纸袋隔离等。较大的花蕾也可用塑料夹将花冠夹住或用细铁丝将花冠束住，也可用废纸做成比即将开花的花蕾稍大的纸筒，套住第二天将要开花的花蕾。因为时间隔离与花期相遇是一对矛盾，所以时间隔离法应用较少。

（2）去雄　去雄是去除母本中的雄性器官，除掉隔离范围内的花粉来源，包括雄株、雄花和雄蕊，防止发生自交而得不到杂交种。去雄时间因植物种类而异，对于两性花，在花药开裂前必须去雄。一般都在开花前 24～48 h 完成去雄。去雄方法因植物种类不同而不同，最常用的方法是人工夹除雄蕊法，即先用镊子先将花瓣或花冠苞片剥开，然后用镊子将花丝一根一根地夹断去掉。在去雄操作中，不能损伤子房、花柱和柱头，去雄必须彻底，不能弄破花药或有所遗漏。去雄后的花朵要及时套袋隔离。如果连续对两个以上材料去雄，给下一个材料去雄时，所有用具包括双手都必须用 70% 酒精处理，以杀死前一个亲本附着的花粉。人工去雄困难的较小花朵可利用雌雄蕊对温度的敏感性不同进行高温杀雄，也可以采用化学杀雄剂进行化学杀雄。

（3）花粉的制备贮藏　育种人员通常在授粉前一天摘取次日将开放的花蕾带回室内，挑取花药置于培养皿内。在室温和干燥条件下，经过一定时间，花药会自然开裂。将散出的花粉收集于小瓶中，贴上标签，注明品种，尽快置于盛有氯化钙或变色硅胶的干燥器内，放在低温（0～5℃）、黑暗和干燥条件下贮藏。经长期贮藏或从外地寄来的花粉，应在杂交前先检验花粉的生活力。

（4）授粉、标记和登录

①授粉　授粉是用授粉工具将花粉涂抹到柱头上的操作过程。最好是在雌蕊生活力最强的时期授粉，要求父本花粉的生活力也要强。大多数植物的雌、雄蕊都是开花当天生活力最强。如果授粉量大或用专门贮备的花粉授粉，则需要授粉工具。授粉工具包括橡皮头、海绵头、毛笔、蜂棒、授粉器等。少量授粉可直接将正在散粉的父本雄蕊碰触母本柱头，也可直接用镊子挑取父本花粉涂抹到母本柱头上。在十字花科植物中，每个收集足量花粉的蜂棒可授粉 100 朵花左右。装在培养皿或指形管中的花粉，可用橡皮头或毛笔蘸取花粉授在母本的柱头上。

在实际工作中由于双亲花期有差异或杂交任务大，不可能保证所有的杂交组合都在最适时期授粉，所以要提前了解不同作物柱头受精能力维持的期限和花粉的寿命。比如禾谷类作物在开花前 1～2 d 即有受精能力，其开花后能维持的天数：小麦 8～9 d；黑麦 7 d；大麦 6 d；燕麦及水稻 4 d；水稻花粉取下后 5 min 内、小麦花粉取下后十几分钟至半小时内使用有效，而玉米花粉取下后 2～3 h 才开始有部分死亡，其生活力可维持 5～6 h。自然条件下，自花授粉作物花粉的寿命比常异花和异花授粉作物的寿命短。

②标记　为了防止收获杂交种子时发生差错,必须对套袋授粉的花枝、花朵挂牌标记。一般是授完粉后在母本花的基部位置立刻挂牌,标记牌上标明组合及其株号,授粉日期和授粉人姓名,果实成熟后连同标牌一起收获。由于标牌较小,通常杂交组合等内容用符号代替,并记在记录本中。为了方便找到杂交花朵,也可用不同颜色的牌子加以区分。

③登录　除对杂交组合、日期等有关杂交的情况进行挂牌标记外,还应该在记录本上登记,以供以后分析总结,还可防止遗漏。

(5)杂交授粉后的管理　杂交后前两天应注意检查,防止因套袋不严、脱落或破损等情况造成结果准确性、可靠性差,还有利于及时采取补救措施,如对授粉末成功的花可补充授粉,以提高结实率。加强母本种株的管理,提供良好的肥水条件,及时摘除柱头无受精能力的没有杂交的花朵等,保证杂交果实发育良好。此外,还要注意防治病虫害、鸟害和鼠害,应及时去除隔离物。

(二)杂交方式

在选定杂交亲本后,根据育种目标及亲本特点,合理配制杂交组合,确定适当杂交方式。杂交方式是指在一个杂交组合里要用几个亲本,以及各亲本间的组配方式。杂交方式是影响杂交育种成败的重要因素之一,并决定杂种后代的变异程度,杂交方式有单交、复交、回交和多父本杂交等类型。

1. 单交

参加杂交的亲本只有两个,而且只杂交一次叫作单交。单交又叫成对杂交,其中一个亲本提供雄配子,称为父本,另一个提供雌配子,称为母本。例如:亲本 A 提供雌配子,为母本,亲本 B 提供雄配子,为父本,两者杂交,以 A×B 表示,一般母本写在前面。单交有正反交之分,正反交是相对而言的。如 A×B 为正交,则 B×A 为反交。在一些杂交中,正反交的效应是不一致的,这主要是受细胞质遗传的影响。单交的方法简便,是有性杂交育种的主要方式。

2. 双交与四交

双交就是两个亲本杂交后所得杂交后代再次杂交,其形式是 A/B//C/D。4 个亲本的遗传物质在四交一代中所占的比例是一样,亲本 A、B、C、D 依次占 1/4。四交的形式是 A/B//C/3/D,其中/3/表示第 3 次杂交。四交与 4 亲本双交虽然都用了 4 个亲本,但由于采用了不同的杂交方式,4 个亲本的遗传物质在 4 交一代中所占的比例也不一样,亲本 A、B、C、D 依次占 1/8、1/8、1/4、1/2。

3. 回交

杂交后代及其以后世代如果与某一个亲本杂交多次称为回交,应用回交方法选育出新品种的方法叫回交育种。参加回交的亲本叫轮回亲本,只参加一次杂交的亲本称作非轮回亲本或称供体。杂种一代(F$_1$)与亲本回交的后代为回交一代,记做 BC$_1$ 或 BC$_1$F$_1$,再与轮回亲本回交为回交二代,记做 BC$_2$ 或 BC$_2$F$_2$,其他类推,见图 2-4-1。

其中 P$_1$ 为轮回亲本,P$_2$ 为非轮回亲本。回交可以增强杂种后代的轮回亲本性状,以致恢复轮回亲本原来的全部优良性状并保留供体少数优良性状,同时增加杂种后代内具有轮回亲本

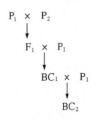

图 2-4-1　回交模式示意图

性状个体的比率。所以,回交育种的主要作用是改良轮回亲本一两个性状,是常规杂交育种的一种辅助手段。如麝香石竹花型较大,但与花色丰富的中国石竹杂交后,花型不理想,就与麝香石竹进行回交,取得了花型较大且花色丰富的个体。

4.多亲杂交

多亲杂交是指参加杂交的亲本 3 个或 3 个以上的杂交,又称复合杂交或复交、多系杂交。根据亲本参加杂交的次序不同可分为添加杂交和合成杂交。

(1)添加杂交 多个亲本逐个参与杂交的叫添加杂交。先是进行两个亲本的杂交,然后用获得的杂交种或其后代,再与第三个亲本进行杂交,获得的杂种还可和第 4、第 5 个亲本杂交。每杂交一次,加入一个亲本的性状。添加的亲本越多,杂种综合优良性状越多,但育种年限会延长,工作量加大。因而参与杂交的亲本不宜太多,一般以 3~4 个亲本为宜,否则工作量过大,且育种的效果也较差。例如沈阳农业大学育成的早熟、丰产、有限生长、大果的沈农 2 号番茄,就是以 3 个亲本通过添加杂交方式育成的。添加杂交方式见图 2-4-2。

图 2-4-2　添加杂交方式

因其呈阶梯状,因而也被称为阶梯杂交。

(2)合成杂交 参加杂交的亲本先两两配成单交杂种,然后将两个单交杂种杂交。这种多亲杂交方式叫作合成杂交。见图 2-4-3。

多亲杂交与单亲杂交相比,优点是将分散于多数亲本上的优良性状综合于杂种之中,丰富了杂种的遗传基础。为选育出综合经济性状优良品种,提供了更多的机会。多系杂交后代变异幅度大,杂种后代的播种群体大,出现全面综合性状优良个体的机会较低,因此工作量大,选种程序较为复杂,并且群体的整齐度不如单交种。

图 2-4-3　合成杂交方式

(3)多父杂交 用一个以上父本品种的混合花粉对一个母本品种进行一次授粉的方式。如甲×(乙+丙)。其方法是将母本种植在若干选定的父本之间,去雄(多朵花)后任其自然授粉。这种方式简单易行,在一个母本品种上同时可得到多个单交组合,后代为多组合的混合群体,分离类型丰富,有利于选择。

二维码 2-4-2　鲁麦 1 号的品种
来源及选育经过案例

▶ 三、杂种后代的选择

杂交组合的后代是一个边分离、边纯化(对自花授粉作物而言是自然纯化,对异花授粉作物来说,必须人工自交纯化)的异质群体,由于分离出的多种基因型其中大部分不符合育种目标的要求,所以必须在一定条件下采用适宜的方法选择适合于育种目标的基因型。处理杂种后代的方法很多,但基本的处理方法有系谱法和混合法,其他处理方法都是这两种基本方法的灵活运用。

(一)系谱法

按照育种目标,以遗传力为依据,从杂种的第一次分离世代开始,代代选单株,直到选出

作物遗传育种

纯合一致、性状稳定的株系后,转为株系(系统)评定。由于当选单株有系谱可查,故称系谱法。常用于自花授粉作物品种选育和异花授粉作物自交系选育。杂种的分离世代,对单交组合,从杂种二代(F_2)开始,对复交组合,则从杂种一代(F_1)开始。现以单交组合为例,具体说明杂种各世代的后代选育。现以单交组合为例,具体说明杂种各世代的后代选育。

1. 杂种一代(F_1)

(1)种植方式 以杂交组合为单位,单粒点播。在F_1两边,相应地种植亲本。每隔9或19个杂交组合种植一个对照品种(生产上的主栽品种)。F_1应在优良条件下稀植,加强田间管理,扩大繁殖系数,获得较多的种子,加大F_2代分离群体规模。

(2)选择策略 单交F_1个体基因型是高度杂合的,但个体间在遗传上是一致的,所以在F_1不选单株。主要任务是比较不同F_1的综合表现,淘汰有严重缺陷的个别组合(如熟期太晚、植株太高、感病极重),并拔除各F_1群体内的假杂种。当选组合进行比较,评选出一般组合和优良组合,并参照亲本,区别真假杂种。

(3)收获方法 按组合收获在去假、去杂、去劣后混收,同一组合的不同单株捆成一捆,并编号,如08(12),表示2008年杂交的12个组合,至于该组合的亲本及其杂交方式,可从田间试验记载簿上查得。每组合收获的数量应能保证F_2有足够大的群体以供选择为原则。如确实需要选择单株,则按单株分别收获、脱粒,并注明单株号。

2. 杂种二代(F_2)

(1)种植方式 同F_1,但要求群体容量大于F_1,一般种植2 000株左右。

(2)选择策略 在单交二代(或复交一代),性状发生分离,在同一组合的杂种群体中存在多种多样的变异类型,单株选择由此开始。首先选择优良的杂交组合,在中选组合中再选择优良单株,对一些整体水平差、表现出严重缺陷的杂交组合予以淘汰。这一世代所选单株的优劣,在很大程度上决定了以后各世代的选择效果。因此,第一次分离世代是选育新品种的重要世代。

在杂种早代,主要针对生育期、熟相、株高、抗性、株型等遗传为高的性状进行有效选择,同时,适当兼顾产量等重要的农艺性状,以免顾此失彼,即对遗传力低的农艺性状,选择的标准在早代不宜过严,也不能放之过宽。

(3)收获方法 将中选单株连根拔起,同一组合的单株捆成一捆,挂牌写明杂交组合,分单株考种脱粒,分别编号、装袋保存。如08(12)-5,表示在2008年所做的第12个杂交组合的第二代群体中选中的第5株。

3. 杂种三代(F_3)

(1)种植方式 按组合排列进行,单株稀点播成株;同一组合各单株后代相邻种植,每个组合的种植段中,均种植亲本,并在适当位置种植推广品种作对照,以便比较。一个单株的后代种成一行,称为株行(或株系、系统)。

(2)选择策略 F_2的一个单株,在F_3形成一个株行(株系或系统)。一般来说,株系在F_3仍在分离,即株系内不同单株之间有差异。然而,不同株系之间的差异大于株系内不同单株之间的差异。这就决定了F_3选择策略:首先选择优良的株系,在中选株系中再选优良的单株。这里并未排降其他选择策略,而只是强调这种选择策略更可靠。因为,在优良株系中,出现优良单株的机会更多。这种分步选择策略的优越性在于放弃一部分出现优良单株可能性不大的单元,而集中精力于出现这种可能性较大的单元中进行单株选择。

F_3 株系是 F_2 一个单株的后代,对 F_3 株系的鉴定也是对 F_2 当选单株的进一步鉴定。杂种第二次分离世代是处理杂种后代的关键世代。

(3)收获方法 将优良株系中的当选单株连根拔起,同一株系内的单株捆成一捆,挂牌注明该株系编号,同一组合不同株系的中选材料相邻放置。按组合顺序和株系顺序分单株考种脱粒,分单株保存,并编系谱号,如08(12)-5-40,至此,该组合已发展为曾祖曾孙四代家庭,曾祖父、曾祖母产生 F_1 代、F_1 代产生 F_2 代、F_2 代产生 F_3 代。这就是系谱法的一大特点,从育成品种开始上溯查找祖先亲本,可以比较分析不同品种的亲缘关系,为杂交育种的亲本选配提供遗传差异方面的证据。

4.杂种四代(F_4)

(1)种植方式 种植方式同 F_3 代,系谱号相近的材料相邻种植。

(2)选择策略 来自 F_3 同一株系的各单株种成的 F_4 各株系,合称株系群(或系统群)。同一株系群内的各株系称为姊妹系。就遗传差异而言,株系群间差异常大于株系群内各株系间差异,同一株系群内各株系间差异往往大于株系内各单株间的差异。所以,F_4 单株选择,首先着眼于优良株系群的选择,在中选的株系群内选优良株系,最后在中选的株系内选择优良单株。

F_4 以前,工作重点是针对遗传力高的性状进行单株选择。在 F_4,一些简单遗传的性状在相当一部分单株上已处于纯合状态,已能出现比较稳定一致的株系,但数目不多,稳定程度一般还不符合要求,还应当根据具体情况继续选单株。对个别特别优良的株系,虽然整齐度稍差,可以提前升级进行产量试验,并在其中继续选株,以便将来以高纯度的品系取而代之。

从 F_4 开始,工作重点逐步转为选择优良一致的株系。

(3)收获方法 若最终选择的是单株,则按单株收获、编系谱号,分单株脱粒并保存。若最终选择的是株系,则按株系混收,分株系脱粒、保存。系谱编号与单株选择是对应的,若单株选择停止,则系谱编号工作也随之停止。

5.杂种以后各世代

F_5 代、F_6 代的选育工作重点是选择优良一致的株系。其中更为优良一致的株系升级进行产量初步比较鉴定,把升级进行产量比较鉴定的株系,称为品系。所以,品系是由株系发展而来的。株系的主要特征是其性状发生明显的分离,而品系的性状则比较一致。

从 F_7 代开始,一般进行2年的品系鉴定试验和2年的品系(种)比较试验,旨在对所选品系各主要性状进行较为全面的比较鉴定。

升级进行产量试验的品系,根据需要可从中继续精选少量单株,其目的是为了进一步观察其稳定性,以便某品系表现分离时即以相应的株系替代。由于各株系发展不平衡,我们可以对较早表现优良一致的株系可提早到 F_5、F_6 代进行产量鉴定,对以后世代出现的特别优异的品系,也可越级进行试验。收获时应将准备升级的株系中的当选单株先行收获,然后再按株系混收,对表现优良而整齐一致的株系群,可按群混收。如果某个组合到 F_5、F_6 代仍未出现优良材料时,则予以淘汰。常异花授粉作物的选择世代可比自花授粉作物稍长。

6.杂种后代的选择基础和效果

遗传力是杂种后代选择的基础,遗传力愈高,选择效果愈好;反之愈差。简单遗传的性状,如株高、抽穗期等性状,在杂种早代就表现出较高的遗传力,这类性状宜在早代选择,以便尽早掌握一批此类性状优良的材料。微效多基因控制的数量性状,如每株分蘖数、单株产量等在杂种早代遗传力较低,选择效果较差。随着世代推进,数量性状的遗传力有所提高,在晚代选择效果较好。

(二)混合法

1908 年,瑞典学者尼尔森·埃尔(Nilsson Ehle)首先倡导混合法处理冬小麦杂种后代。随后,育种家相继采用此法。20 世纪 60 年代以来此法在日本稻麦育种中广为应用。由于混合法的特点与系谱法互补,因而提出并采用了多种综合应用系谱法与混合法的其他处理杂种后代的方法。

1.混合法选择要点

混合法是自花授粉作物育种最简便实用且有效的方法。典型混合法在自花授粉作物杂种分离世代按杂交组合混合种植,不选单株,只淘汰明显的杂株和劣株,直到群体中纯合体频率达到80%左右以上(在 $F_5 \sim F_6$ 代)时,才开始选择一次单株,下一代种成株系,从中选择优良株系进行升级试验。

每代样本大小因育种规模、设施及试验地条件、材料性质而异,一般每组合应不少于10 000 株。

2.混合法的理论依据

育种目标涉及的许多性状为经济性状,属数量性状,受多基因控制,受环境条件的影响大,在杂种早代遗传力较低,选择效果差。另外,杂种早代群体的纯合体比例很低。例如,杂种某性状若受 20 对基因控制,在 F_2 纯合体频率不到一百万分之一,在早代针对该性状进行单株选择效果甚微,到 F_7 该性状纯合率已达 72.98%,选择可靠性要大很多。若在早期世代就选择单株,不仅选择结果不可靠,而且大量的优良基因可能因为误选而丢失。而采用此法,既可以容纳较大的杂种群体,又能保存大量的有利基因,使其在各个混种世代进行重组,进一步提高优良重组型个体的出现概率,且数量性状的遗传力会随着世代的增加逐渐加大,使选择的准确性和效果加大,而且可能出现亲本优良性状聚合的纯合个体。

在混合种植过程中,群体经受自然选择,有利于育成适应性和抗性强的品种,但相对削弱了人工选择与自然选择结果矛盾的一些性状,如矮秆性、大粒性、丰产性、耐肥性、早熟性等。

3.混合法与系谱法比较

(1)选择方法比较 系谱法从杂种第一次分离世代开始选单株,直至外部形态性状基本稳定。混合法在杂种分离早期世代不选单株,按组合混合种植,直到群体中纯合体频率达80% 以上的世代选择一次单株。在获得稳定株系后,两种方法在处理品系方面采用相同或相似的手段。

(2)系谱法的优缺点

①优点 第一,杂种后代有详细的系谱记载,能了解育成品种的亲缘关系;第二,对当代所做的选择结果,能以后代测定所积累的资料为依据,从而最终可以得到较可靠的评价;第三,育种专家在早代针对生育期、株高、抗病性等遗传力较高的材料进行有效的选择,能及早掌握一批此类性状优良的材料,减少后期需要评价的品系数量,在淘汰一部分基本性状未过关的材料后,将产量、品质等遗传力较低的性状延迟到纯合度高的后期世代进行选择,这样

既可加速选择进程又能收到较好的效果;第四,经多次单株选择的后代,纯度较高,便于及时繁殖推广;第五,不同株系分开种植,有利于消除不同类型株间的竞争性干扰。

②缺点 第一,在早代进行单株选择,不可避免地丢失了一部分受多基因支配的优良基因型。第二,早代选株耗用较多的人力物力,限制了所能处理的杂交组合数和所能选择的植株数,从而限制了所能保持的变异类型。

(3)混合法的优缺点

①优点 第一,对数量性状早代不作选择,直到晚代遗传力提高后选择的效果较好;第二,杂种群体在早代经受自然选择,有利于加强育成品种的适应性和抗逆性;第三,混合种植简单易行,可以节省大量人力;第四,群体规模较大,能保持较多的变异类型。

②缺点 第一,缺乏系统的系谱观察资料;第二,杂种早代在自然选择作用下,会使一些对植株本身有利而不符合育种目标的性状得到发展;第三,混合种植条件下由于群体内株间竞争或类型间竞争,削弱了一些竞争性较弱但农艺上重要的性状;第四,晚代保留了许多不需要的变异类型,在进行一次单株选择后,有的株系还在分离,往往需要进一步选单株,从而延长了育种年限。

(三)派生系统法

派生系统是指可追溯于同一单株的混播后代群体,是由 F_2 或 F_3 代的一个单株所繁衍的后代群体。

派生系统法的一般作法:在杂种第一或二次分离世代选择一或两次单株,随后改用混合法种植各单株形成的派生系统,在派生系统内除淘汰劣株外,不再选单株,每代根据派生系统的综合性状、产量表现及品质测定结果,选留优良派生系统,淘汰不良派生系统,直到当选派生系统的外观性状趋于稳定时,再进行一次单株选择,下年播种成为株系(穗系),以后选择优系进行产量试验。

派生系统法实际上是在杂种分离世代采用系谱法与混合法相结合的方法。在杂种早期分离世代采用系谱法,针对遗传为高的性状进行 1~2 次单株选择,以期尽早获取一批此类性状优良的材料。在这些材料的基础上,采用混合法进级繁殖各派生系统,根据各派生系统的综合性状、产量、品质等数量性状的表现,选留优良派生系统,淘汰不良派生系统。在混合进级过程中,表现了混合法的优点,在杂种早代选株又体现了系谱法的优点。

(四)单籽传法

"一粒传"是加拿大学者 C. H. 戈尔丹(Gulden)于 1941 年提出,20 世纪 60 年代以后广泛用于自花授粉作物的育种方法。其要点是,从杂种第一次分离世代开始,每株取 1 粒(或者 2 粒)种子混合组成下一代群体,直到纯合程度达到要求时(F_6 代及其以后世代)再按株(穗)收获,下年播种成为株(穗)行,从中选择优良株(穗)系,以后进行产量比较。"一粒传"的理论依据:

第一,因加性效应在世代间是稳定的。随着世代推进,株系间加性遗传方差逐代增大,株系内加性遗传方差逐代减小。每株取一粒种子,抓住了株系间较大的遗传变异而舍弃了株系内较小的遗传变异。

第二,在性状分离世代,"一粒传"法不论性状表现是否充分,各单株均可传种接代,这种特点尤其适合于温室加代或异地异季加代,从而可快速通过性状分离世代,缩短育种年限。

穗子不同部位的种子，其遗传势、营养成分等方面存在差异。例如，小麦、玉米等穗子中部或中上部花朵先开花，先结实，其种子胚胎发育过程完善，同时也存在着优良的营养供给条件，因而这些作物穗中部或中上部位的种子较其他部位的种子更优良。所以采用"一粒传"法处理杂种后代，应优先考虑优势部位的种子。

应用"一粒传"的主要条件为：

第一，拥有温室加代设施或采取异地异季加代等其他加代措施，以充分发挥"一粒传"缩短育种年限的特点；

第二，杂种群体的整体水平要求较高以规避晚代保留大量不良株系的困难，提高育种效率。

上述几种处理杂种后代的方法都各具特点，这些特点反映在如何处理分离世代的杂种后代方面，一旦形成外观性状整齐一致的系统，各种方法间的差异随之消失。显然，就所述几种杂种后代

二维码 2-4-3　小麦品种农大 45、东方红 3 号系谱法选育程序案例

处理方法而言，在杂种性状形形色色分离世代，个体本身遗传异质性较突出，与此对应的处理方法也是多种多样的。

第二节　杂交育种程序

▶ 一、原始材料圃和亲本圃

种植原始材料的试验地块叫原始材料圃。在原始材料圃内，集中种植从国内外搜集来的种质资源，按类型归类种植，每份材料种植几十株。对原始材料的特征特性进行比较，系统地观察记载，对其中目标性状突出的材料应作重点研究。重点材料的重要性状，如抗性等，在田间自然条件下表现不充分时，应在诱发条件下进行鉴定。田间种植的原始材料有需要连年种植的重点材料及隔一定年限分批轮流种植的一般原始材料。在育种过程中，还需要不断引入新的种质，补充充实原始材料圃，丰富遗传资源。在种植、收获、贮藏等过程中，应严防机械混杂和生物学混杂，保持材料的纯度和典型性。

种植杂交亲本的地块叫亲本圃。为便于杂交，每个杂交组合的两亲本最好相邻种植。在亲本圃，为便于杂交，应进行稀播并适当加大行距。亲本材料依杂交计划和亲本间开花期差异，可分期播种以调节开花期，有的亲本还需种在温室或进行盆栽。

▶ 二、选种圃

种植 F_1 代及外观性状表现分离的杂种后代的地块称为选种圃。选种圃的主要工作是从性状分离的杂种后代中选育出整齐一致的优良株系，即品系。杂种后代在选种圃的种植年限根据其外观性状稳定所需的世代长短而定。所选材料性状一旦稳定，便可出圃升级进行比较鉴定。

三、鉴定圃

鉴定圃种植从选种圃升级的品系及上年鉴定圃选留的品系。其主要任务是对所种植品系的产量、品质、抗性、生育期及其他重要农艺性状进行初步的综合性鉴定，有些性状，如抗病虫性、抗旱性等，在自然条件下不能充分表现时，应进行人工诱发鉴定。根据田间表现和室内考种结果、自然鉴定和人工诱发鉴定结果，从参试的大量品系中选出一批相对优良的品系。

从选种圃送来的品系，除进行上述鉴定外，还应继续观察其一致性表现。在个别品系中若发现有分离现象，下年应将其重新种植在选种圃继续纯化。

一般升入鉴定圃的品系较多，各品系的种子数量又相对较少，所以鉴定圃的小区面积较小，试验条件接近大田生产条件，可设置2～4个重复，采取顺序排列或随机区组排列方式。

四、品种比较试验

种植由鉴定圃升级的品系和上年品种比较试验中选留的品系，简称为品比圃。

品种比较试验是育种工作的最后一个重要环节，品比圃的中心工作是在较大面积上进行更精细、更有代表性的产量比较试验，同时兼顾观察评定其他重要农艺性状的综合表现。

品比圃的小区面积一般在十几平方米以上，设置3～4次重复及对照，采用随机区组设计，连续进行2～3年的比较试验。

为了提高试验的精确性和代表性，试验地必须肥力均匀一致，同时要精细田间管理，栽培措施力求接近于大田生产情况。从品比圃择优选出的新品系，可提交进行地市级、省级或国家级的区域试验。

在进行品比试验的同时，应安排一定规模的种子繁殖。从鉴定圃升级的有些品系，若种子量不足，可进行一年的品种预备试验。预备试验的要求同品比试验，但小区面积略小。

五、生产试验、多点试验和栽培试验

对若干表现突出的优异品种，育种人员可在品种比较试验的同时，将品种送到服务地区，在不同的地点进行生产试验，以便使品种经受不同地点和不同生产条件的考验，并起示范和推广作用。

栽培试验是指在进行生产试验的同时，对准备推广的新品种的关键栽培技术（如播期、播量、密度等）进行试验，探索配套的栽培管理措施，保证良种良法一起推广。

第三节　回交育种

把供体的目标性状通过回交导入受体的育种方法称为回交育种。此法主要用于改良某个推广品种的个别缺点和转育某个性状。轮回亲本（受体亲本，背景性状 background character）综合性状优良，但尚欠缺一两个有利性状，非轮回亲本（供体亲本）恰好具备这一两个

作物遗传育种

有利性状,这一两个有利性状称为目标性状(target character)。

一、回交育种的意义

其一,控制杂种群体,精确地改良品种;提高优良品种的抗逆性和抗病性。

其二,雄性不育转育(自然发现或人工诱变的不育株往往经济性状不良或配合力低,利用回交转育法可将不育基因转移到优良品种后来,育成不育系)。

其三,克服远缘杂交的困难(不结实性),创造新种质。

其四,改善杂交材料性状(给杂交亲本转移苗期标志性状)。

二、回交育种的特点

1.回交育种的有利性

(1)性状的遗传变异易于控制,使其向确定的育种目标方向发展。在各种育种方法中,回交育种的预见性最强。

(2)只要回交后代的目标性状能充分表现,在任何环境条件下都可开展回交育种。这为利用温室、人工气候室及异地、异季加代提供了便利条件。另一方面,回交后代群体所包含的基因型种类远远少于杂种自交后代群体中的基因型种类,所以回交后代所需群体的容量较小,从而有利于缩短育种年限。

(3)目标性状的选择易于操作。回交育种一般只需将其农艺性状与轮回亲本比较,目标性状与非轮回亲本比较,比较鉴定所需的时间较短。育成品种的特征特性一经肯定,即可在生产上应用。

(4)育成品种易于推广。回交育种主要目的是改良推广品种的个别缺点,最后育成品种的形态特征、丰产性能、适应范围以及所需要栽培条件等均与原品种(轮回亲本)相似,很容易被群众接受,所以不必进行严格的产量试验和鉴定即可推广。

2.回交育种的局限性

(1)只能改良个别缺点,缺点很多的品种不能采用此法。育成的品种与原品种相比较,仅仅是目标性状有所改良,如果轮回亲本选择不当,就会出现回交新品种育成之时即为其淘汰之日,这也是此法的最大弱点。

(2)仅限于主基因控制的、遗传力较高的质量性状。如果控制目标性状的基因对数较多,则很难有成效。

(3)目标性状的遗传力较低时,难以鉴定识别,不易获得较好的改良效果。

(4)回交的每一世代都要进行大量的杂交,工作量大。

三、回交育种方法

(一)回交育种的程序

1.杂交

把选出的轮回亲本和非轮回亲本杂交。

2.回交

从回交后代中选出具有目标性状的植株与轮回亲本进行回交。

3.自交

在回交到适宜世代后,还必须自交1～2代。因为这时回交后代的背景性状大致纯合,但目标性状仍然处于杂合状态,需要自交纯化才能获得一个性状稳定的品系。

4.比较鉴定

回交育成的新品系,其丰产性、相适应性等性状与轮回亲本相似。因此在比较鉴定时,一般不需要像其他方法育成的品种那样,需要经过多年的鉴定和比较试验,只要用较短的时间与原品种进行比较鉴定,评断新品系是否保持着原品种的主要优点,有重要缺陷的性状是否得到改良。

(二)回交育种技术

1.亲本选择

(1)对轮回亲本的要求 回交育成品种与轮回亲本基本相同,因此要求轮回亲本综合性状优良,能够适应当前和今后一段时期内人民生活和市场经济的需要。仅存在一两个有待改进的性状。

(2)对非轮回亲本的要求 非轮回亲本必须具备弥补轮回亲本缺陷的目标性状,而且要十分突出。对非轮回亲本的综合性状,一般不作过高的要求,因为这个方面可由轮回亲本提供。

对非轮回亲本目标性状的要求是:在回交后代中容易辨别,便于选择。在遗传上,由显性单基因或少数主效基因控制的简单遗传性状,不存在与不利基因的连锁,或即使连锁,但连锁不紧密,容易被打破;遗传传递力强。

2.隐性目标性状的回交导入法

若目标性状为隐性性状时,则需一代杂交,一代自交,交替进行;或者进行大量回交,在回交株上同时作自交,下一年把自交和回交后代对应种植。若是自交后代中目标性状发生了分离,其相应回交后代可用来继续进行回交;自交后代若未分离出目标性状,则淘汰其相应的回交后代。

当被转移性状为显性时,可从 F_1 和每次回交后代中选择具有输出性状的个体,直接与轮回亲本回交(图2-4-4)。

若输出性状是隐性,则将 F_1 和每次回交后代分别自交一次,使隐性的输出性状表现出来,然后选择具有目标性状的个体继续回交(图2-4-5)。

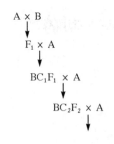

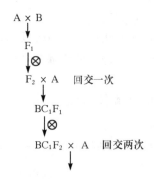

图 2-4-4　输出性状为完全显性时的回交程序　　**图 2-4-5　输出性状是隐性时的回交程序**

作物遗传育种

由此可见:①输出性状为隐性,回交育种所需时间延长一倍;②无论输出性状是显性或隐性,回交过程中必须选择输出性状表现突出的个体,再在这些个体内选择那些具有较高轮回亲本性状水平的个体作为回交亲本用。

3.聚合杂交法

当目标性状来自较多供体时,可将欲改良品种与多个供体同时分别回交几代,然后再进行聚合杂交,选育出兼具各供体亲本所特有的优良性状的改良品种。

第四节　远缘杂交育种

远缘杂交(wide cross)是指不同种、属间或亲缘关系更远的植物类型间的杂交,也包括栽培植物与野生植物间的杂交。所产生的后代称为远缘杂种。多数学者认为有性生殖隔离的类型之间的杂交属于远缘杂交,如玉米×高粱、水稻×野稗等。种内亚种间或不同类型间的杂交,如籼稻与粳稻、冬小麦与春小麦等,则可称为亚远缘杂交,其遗传变异幅度一般相对较小。

一、远缘杂交育种的作用及其意义

1.远缘杂交育种意义

(1)创造植物新类型　远缘杂交可以打破物种之间的界限,使不同物种之间的基因进行交流,形成新类型或新物种,丰富育种的原始材料。如普通小麦、陆地棉、普通烟草等很多物种都是通过天然的远缘杂交及染体加倍演化来的。我国育成的小黑麦、小偃麦、小冰麦、小山麦、小簇麦等远缘杂种在小麦育种中发挥了重要的作用。所以,远缘杂交新物种形成的重要因素,而人工远缘杂交则加速了新物种形成的过程。

(2)提高植物抗逆、抗病性　由于长期自然选择的结果,野生种往往具有栽培种所欠缺的优异种质资源(如抗高温、寒冷、干旱、高湿种质等),通过远缘杂交可以引入有利基因。如现代月季与东北月季杂交提高抗寒性,栽培牡丹与黄牡丹杂交提高抗病性。

(3)改变现有品种性状,提高和改进品质　作物的野生种中某些营养物质的含量明显高于现有栽培种。用野生绿果番茄与栽培番茄杂交选育出富含维生素元 A 和番茄红素高含量的品系。

(4)创造雄性不育的新类型　可以通过远缘杂交的方法获得不育系和保持系。利用三系配套进行杂交种生产,可以大大简化制种手续及保证杂交种的纯度。例如 T 型小麦不育系就是以提莫非维小麦为母本,普通小麦为父本的种间杂交种,再通过回交育成的。

(5)诱导单倍体　远缘花粉虽然不一定能在异种柱头上完成受精过程,但是有时可以刺激母本的卵细胞自行分裂,诱导单倍体产生。如普通大麦与球茎大麦杂交会得到普通小麦的单倍体,而球茎大麦的染色体会自行消失。

(6)利用杂种优势　如二球悬铃木(多球悬铃木×一球悬铃木),是长江流域主要的行道树。

(7)用于研究生物的进化　自然界很多物种都是通过天然的远缘杂交演化而来的,如普通小麦、陆地棉、普通烟草、甘蔗、甘蓝型和芥菜型油菜等。所以说远缘杂交是生物进化的重要因素，是物种形成的重要途径及研究生物进化的重要实验手段。当人们掌握了这种规律后就可以有目的地进行远缘杂交，人工合成前所未有的新物种、新类型，进一步加速物种的进化。

2. 远缘杂交的特点

(1)亲本选择、选配难度大　远缘杂交亲本选择、选配除了遵循一般原则外，还必须着重研究不同类群植物种间、属间杂交亲和性的差异。

(2)远缘杂交存在障碍

①远缘杂交具有难以交配性　由于双亲的亲缘关系较远，遗传差异大，存在生殖隔离机制而导致杂交种雌、雄配子不能正常受精，形成合子。

②远缘杂种的难育性　雌、雄配子虽然能够交配或通过克服杂交难交配的措施产生精子，但这种受精卵与胚乳或母体的生理机能不协调，不能发育成健全的种子，有时种子在形态上虽然已经形成，但不能发芽或发芽后不能发育成正常植株。

③远缘杂种的育性低　远缘杂交虽然能够形成植株，但由于生理不协调不能形成正常的生殖器官；或虽能开花，但由于形成配子时减数分裂过程中染色体不能正常联会产生正常的配子，导致不能繁衍后代。

④远缘杂种异常分离　远缘杂交由于亲本间的基因组成存在着较大差异。杂种的染色体组型也往往有所不同，因而造成杂种后代不规律的分离。

⑤远缘杂种优势　虽然远缘杂种常常由于遗传获生理上的不协调而表现生活力的衰退，且上下代之间的性状关系难以预测和估计，但有些远缘杂交能表现出非常明显的优势，特别是在生活力、抗性、品质等特性方面尤为明显。

▶ 二、远缘杂交育种的困难及其克服

远缘杂交时常表现不能结籽或结籽不正常(种子极少或只有瘪籽等)的现象称为杂交不亲和性(cross-incompatibility)。

1. 远缘杂交不亲和性的概念

由于物种间有生殖隔离现象，所以自然界的各种生物类型能够长期保持相对稳定。亲缘关系较远的亲本杂交时，由于遗传差异较大及生理上的不协调，受精过程常常受到影响，雌雄配子不能结合形成合子，这就是远缘杂交的不亲和性或不易交配性。

2. 远缘杂交育种的困难

具有杂交不亲和性，即交配不易成功；杂种生活力弱，容易夭亡。即使长成植株，也会结实率低甚至育。杂种后代剧烈分离。

3. 原因

(1)表面原因　花期不遇，花粉爆裂。不萌发，花粉管不进入胚囊，双受精不完全。

(2)生理差异　由物种间存在生殖隔离和遗传差异引起，是实质原因。

(3)遗传上差异　种间生殖隔离是远缘杂交不亲和性的关键，括双亲受精因素和基因组成的差异。

4.克服方法

（1）注意选配亲本　除了遵循一般原则选择选配亲本外,还要考虑到杂交不亲和性,正反交往往亲和性不同。育种实践证明:远缘杂交时,应以栽培种为母本;以染色体数目多的物种作母本;以品种间杂交种为母本;进行广泛测交,选择适当亲本组配。

（2）媒介法　若亲缘关系过远的两个物种不能成功杂交时,可以借助第三者充当桥梁,用其与亲本之一先进行杂交,然后杂交种再与另一个亲本进行杂交。如普通小麦和小伞山羊草很难直接杂交成功,可先用四倍体的二粒小麦作桥梁与小伞山羊草的杂种 F_1 加倍以后再与"中国春"小麦杂交,经过回交、射线处理和选择,培育出具有小伞山羊草抗叶锈基因的"中国春"品种。

（3）采用特殊的授粉方法

①重复授粉　这是一种提高远缘杂交结实率的有效方法,是指异种花粉在母本柱头上能够发芽的情况下,用此花粉进行重复多次授粉。主要利用雌蕊发育程度和生理状况的差异,进行重复多次授粉,提高受精结实率。重复授粉次数为 $1\sim2$ 次,否则会造成机械损伤而降低结实率。中国科学院西北植物研究所在用 302 小麦与长穗偃麦草、天蓝偃麦草杂交时,授粉一次者结实率分别为 0.2% 和 30.2%;授粉二次者,结实率分别提高到 7.4% 和 51.4%。

②混合花粉授粉　将多种花粉混合后给母本品种授粉,解除母本柱头上抑制异种花粉萌发的某些物质,活跃受精过程,促进远缘杂交的成功。如西北植物研究所育成的小偃759,就是用长穗偃麦草为母本,用小麦 6028、中农 28、阿尔巴尼亚丰收、碧蚂 1 号等品种的混合花粉做父本育成的。

③提前或延迟授粉　因为过熟及未成熟的母本柱头对花粉的识别或选择能力最低,所以可在开花前 $1\sim5$ d 或开花后数天授粉,提高结实率。如在小麦×黑麦中,给幼龄柱头授粉的结实率(44.06%),明显地高于给适龄柱头授粉的(30.06%)。

④射线处理法　如已去雄的开颖麦穗用紫外线照射后再授以燕麦的新鲜花粉,杂交成功率较高。

（4）染色体预先加倍法　若两亲本的染色体数目不同,可先将染色体数目少的亲本进行人工加倍后再杂交,来提高杂交结实率。如黑麦与卵穗山羊草杂交不易成功。若先将黑麦进行人工加倍,再和卵穗山羊草杂交,结实率显著可提高。

（5）植物组织培养技术　常用的方法有子房受精、试管受精和体细胞融合等方法。

（6）外源激素刺激　补施生长素、维生素等于花器上,对异种花粉的受精过程和杂种胚的分化和发育有促进作用。

三、杂种夭亡、不育及其克服方法

虽然可以利用克服远缘杂交不亲和的方法使双亲亲和产生受精卵,但从受精卵开始,在个体发育中往往表现一系列的不正常发育,导致正常植株不能长成或能长成但不能受精结实或结实率很低的现象,叫作远缘杂种的不育性。这种不育性导致了远缘杂种没有其利用价值。最根本的原因是遗传系统被破坏,主要表现在质核互作不平衡、染色体不平衡、基因不平衡和组织不协调等方面。

杂种夭亡、不育的克服方法:杂种染色体加倍法。回交法,远缘杂种的雌、雄配子并不都是完全不育的,有些雌配子是可以接受正常花粉受精结实的,有些能够产生有生活力的少数花粉,所以可以通过回交获得少量杂种种子。杂种幼胚的离体培养法,延长杂种生育期和改善营养条件,可通过延长杂种生育期,促使其生理机能逐步趋向协调,生殖机能及育性得到一定程度的恢复来改善远缘杂种的育性。其他方法:比如小麦的 5B 染色体上有染色体配对控制基因,其存在时,部分同源染色体不能配对,但是当其缺失或者抑制基因存在的情况下,部分同源染色体是可以配对的,借此提高远缘杂种的育性。

二维码 2-4-4　远缘杂交育种案例　　　　　二维码 2-4-5　分子设计杂交育种技术
　　　　　　　　　　　　　　　　　　　　　　　　　　　　　　　　　(知识链接)

? 复习思考题

1.基本概念

杂交育种　单交　双交　四交　回交育种　轮回亲本　非轮回亲本　远缘杂交

2.常规杂交育种的杂交方式有哪些?

3.有性杂交技术环节有哪些?应注意哪些问题?

4.回交育种的作用是什么?

5.杂种后代的培育方法有哪些?应注意哪些问题?

6.如何选择选配有性杂交的亲本?

Chapter 5

杂种优势利用

>> **知识目标**

1. 了解杂种优势利用现状。

2. 杂种优势利用现状的度量方法。

3. 掌握利用杂种优势方法技术。

4. 了解配合力的概念及测定方法。

5. 了解作物利用杂种优势的途径及杂交种类型。

6. 掌握玉米自交系及杂交种的选育方法。

7. 掌握"三系"选育及利用方法。

8. 掌握自交不亲和系的选育及利用方法。

>> **技能目标**

1. 掌握杂种玉米自交系繁育及杂交种制种技术。

2. 水稻"三系"选育及杂交种制种技术。

3. 菜自交不亲和系的选育及杂交种制种技术。

第一节 杂种优势利用的现状与度量

一、杂种优势利用的历史和现状

中国早在 1 400 多年前,后魏贾思勰著的《齐民要术》中就记载了马和驴杂交产生骡的事实,为人类历史上开辟了观察和利用杂种优势的先例,1637 年出版的《天工开物》中也记载了桑蚕品种间杂交获得杂种优势事例。

植物杂种优势利用研究最早始于欧洲。法国学者在 1761—1766 年间育成了早熟优良的烟草种间杂种。而且,还建议在生产上利用杂交一代。Mendel(1865)在豌豆杂交试验中,也观察到杂种优势现象,并首次提出杂种活力(hybrid vigor)这个术语。

Darwin(1877)是杂种优势理论的奠基人。他利用 10 年(1866—1876 年)的时间,仔细观察了植物界异花受精和自花受精的变异,搜集并研究了共 30 个科 52 个属 57 个物种及其许多变种的不同植物亲本与其杂交后代(包括杂种一代)在种子发芽率、株高、生活力和结实率等方面的差异,提出了"异花受精对后代有利和自花受精对后代有害"的结论,并第一个指出玉米杂种优势现象。其后,许多学者尤其是美国的一些玉米育种家对玉米做了一系列研究,使玉米成为第一个在生产上大规模利用杂种优势的代表性作物。Beal 从 1876 年开始进行玉米品种间杂交研究,他组配并测验了一系列玉米品种间杂交种,最好的杂交组合比亲本的平均值增产 50%。

此后,Shamel(1898—1902 年)、Shull(1905—1909 年)、East(1908 年)和 Collins(1910年)等先后进行了玉米自交系选育与杂种优势的研究。但是,由于当时玉米的自交系产量低,生产商用杂交种子的成本高,致使玉米单交种未能投入生产;到 1918 年,Jones 提出了利用玉米双交种的建议,才使玉米自交系间的杂种优势利用得以实现。接着,在玉米生产上相继采用双交种、三交种、顶交种和综合种。据统计,1934 年美国玉米杂交种只占玉米种植面积的 0.4%,到 1944 年玉米杂交种面积已占 56%,而在美国玉米带各州杂交种面积已达90%;到 1956 年,全美国已普及了玉米杂交种。

玉米杂交种的成功应用,推动了其他作物杂种优势利用的研究和发展。高粱的杂种优势的利用是在发现了细胞质雄性不育,解决了人工去雄问题后广泛应用的;到 20 世纪 50 年代后期,美国已基本上普及了高粱杂交种。以高粱"三系"(雄性不育系、雄不育保持系和恢复系)为基础的杂交种体系开创了常异交和自交授粉作物杂种优势利用的范例。

水稻杂种优势利用研究最早是日本,但中国水稻杂种优势利用研究代表了国际领先水平,开创了自花授粉作物杂种优势利用的先例,于 20 世纪 70 年代前、中期相继完成了籼型和粳型水稻的"三系"配套,近年来,全国每年种植杂交水稻面积为 1 500×10⁴ hm²,占水稻总面积的 50% 左右,产量则占稻谷总产量的 57%。1986 年以来,我国水稻杂种优势利用研究从"三系"法转向"两系"法,"两系"法杂交稻的核心技术是选育光敏或光温敏雄性不育系,这一技术的解决必将使水稻杂种优势利用达到更高的水平。

中国对玉米杂种优势的研究,始于 20 世纪 30 年代,直到 50 年代,才推广品种间杂交

作物遗传育种

种,60 年代推广双交种,70 年代推广单交种。统计资料表明,1987 年全国种植的玉米杂交种已占玉米总面积的 80％以上。

中国杂交高粱的研究始于 20 世纪 50 年代后期,到 60 年代后期,育成并推广了一批高粱杂交种,现在高粱杂交种也已普及,约占高粱总面积的 70％。

我国杂交小麦的研究始于 1965 年,1972 年发现太谷核不育小麦。此后,利用太谷核不育小麦开展小麦杂种优势利用研究,用于单交、复交、阶梯杂交、回交、远缘杂交、轮回选择等,选育出 K 型、V 型等一批新型不育系。

油菜杂种优势的研究始于 60 年代中期,经过 20 多年的研究,已育成秦油 2 号、华杂 2 号等几个杂交组合,据初步统计,1990 年秋播杂交油菜面积已超过 40 万 hm^2,在国际上处于领先地位。

棉花杂种优势利用,我国已在新疆利用陆地棉和海岛棉杂种一代的优势,选育出单基因核型雄性不育系和核质互作型雄性不育系及其杂交种,每年的种植面积占本省棉田 25％～30％。

蔬菜作物的杂种优势利用很广泛,例如,美国的黄瓜、胡萝卜新品种中杂交种占 85.7％;洋葱占 87.5％,菠菜则全是杂交种。在日本的 220 个蔬菜新品种中,杂交种占 71.3％,其中黄瓜为 100％,番茄、甘蓝、白菜也占 90％以上。

除此以外,还有椰子等果树植物,桉树等林木植物以及秋海棠等观赏植物。

由此可见,利用杂种优势可大幅度提高作物产量和改良作物品质,具有巨大的社会效益和经济效益,是现代农业科学技术的突出成就之一,而且随着研究的不断深入,还将会取得更大的进展。

▶ 二、杂种优势的度量

杂种优势是自然界普遍存在的现象,但并不是任何两个亲本杂交所产生的杂种,或杂种的所有性状,都比其亲本优越。因而,为了便于研究和利用杂种优势,通常采用以下方法度量杂种优势的强弱。

(1)中亲优势(mid-parent heterosis)是杂种一代的产量或某一数量性状的平均值与双亲同一性状的平均值差数的比率。计算公式为:

$$中亲优势 = \frac{F_1 - (P_1 + P_2)/2}{(P_1 + P_2)/2} \times 100\%$$

(2)超亲优势(over-parent heterosis)是杂种一代的产量或某一数量性状的平均值与高值亲本(HP)同一性状平均值差数的比率。

$$超亲优势 = \frac{F_1 - HP}{HP} \times 100\%$$

(3)超标优势(over-standard heterosis)是杂种一代的产量或某一数量性状的平均值与当地推广品种(CK)同一性状平均值差数的比率。

$$超标优势 = \frac{F_1 - CK}{CK} \times 100\%$$

(4)杂种优势指数(index of heterosis)是杂种一代某一数量性状的平均值与双亲同一性状的平均值的比值,计算公式如下:

$$杂种优势指数 = \frac{F_1}{(P_1 + P_2)/2} \times 100\%$$

三、杂种二代及以后各代的杂种优势

杂种优势主要表现在 F_1,从 F_2 开始便发生性状分离,因而 F_2 群体内的个体间差异很大,生长不整齐,出现杂种优势衰退现象。同时,由于 F_1 自交,F_2 增加了纯合基因的个体数,出现部分类似亲本的类型,在生长势、抗逆性及产量等方面均比 F_1 显著下降,从而出现优势逐代衰退现象。因此 F_2 及以后各代在生产上一般不再利用,F_2 优势降低的程度可用 F_1 与 F_2 的差值相当于 F_1 值的百分数估算。

$$F_2\ 优势降低 = \frac{F_1 - F_2}{F_1} \times 100\%$$

F_2 较 F_1 优势降低的程度,因亲本性质(即双亲遗传性差异的大小、数目和具体杂交组合)而不同。如在玉米杂交中,双亲遗传差异越大,亲本纯合程度越高,亲本数目越少,则 F_1 的优势就越大,F_2 的衰退现象也越明显。如据中国农科院作物所的试验,玉米品种间杂交种的 F_2 比 F_1 减产 11.8%,双交种的 F_2 比 F_1 减产 16.2%,单交种的 F_2 比 F_1 减产 34.1% 等。

虽然 F_2 比 F_1 减产,但 F_2 也不是绝对不能利用,像玉米、烟草、棉花等,若 F_1 的繁育制种工作暂时还不能满足生产上对杂种一代种子的需要,同时又已证明 F_2 的产量仍高于当地推广的品种时,F_2 也可暂时使用。

第二节 利用杂种优势的方法和技术

一、利用杂种优势的基本条件

(一)选配优良杂交组合

F_1 优势的表现因组合而表现不同,因此利用杂种优势首先要选配使两亲本相交能获得较强优势的杂交组合,如果组合选配不当,则杂种优势不强,甚至会出现劣势,不能为生产所利用。所以在选择优良亲本组合时,不仅要考虑产量因素,还要考虑抗逆性、适应性和稳定性,使杂交种的综合性状优良。因而必须在育种过程中进行大量的组合筛选,并经过多年、多点的试验比较和生产示范,才能确定。

(二)注重两亲本的纯合性

亲本纯合性高,F_1 才能表现出整齐一致的优势,杂种优势才能充分发挥。因此,选择优良亲本时要注重两亲本的纯合性,通过选择或自交进行纯化,因而在繁殖亲本和配制杂种

时,必须进行去杂保纯,避免降低亲本的纯合性。

(三)采用简易而经济的制种技术,降低种子生产成本

杂种优势一般只利用F_1,因此需要年年进行杂交制种。所以采用简易而经济的制种技术以获得大量高质量杂种种子,是利用杂种优势的一个重要前提。

二、亲本选配的原则

实践证明:不是任何两个亲本杂交都能获得理想的杂种优势,即使有了优良的亲本,也并不等于能配成优良的杂种。两个亲本性状的搭配、互补及性状的显隐性相互作用等,都影响杂种的表现。因此亲本的"选""配"十分重要。选配亲本的原则如下:

1. 亲本性状良好并能互补

由于许多经济性状不同程度的属于数量性状,杂种后代的性状表现与亲本的表现密切相关,因而要求两亲本应具有较多的优点,较少的缺点,且优缺点能互补,这样通过杂交后使优良性状在杂种中得到累加和加强,特别是杂种优势不明显的性状,如成熟期、抗病性以及一些产量因素等,杂种的表现多倾向于中间型,只有亲本性状优良,才能组配符合育种目标的杂种。

2. 亲本亲缘关系较远

选择亲缘关系较远、性状差异较大的亲本进行杂交,常能提高杂种异质基因结合程度和丰富其遗传基础,表现出强大的杂种优势。因此常用生态类型或亲缘关系或地理位置相差较大的亲本组配亲本。比如,用国内材料与国外材料、本地材料与外地材料进行组配,以增大杂种内部的差异性,从而获得强大的杂种优势。

3. 两亲本应具有较好的丰产性和较广的适应性

亲本对光、温等环境变化的适应性,抗御病、虫、害的能力等,都能影响杂种优势的表现,因而,在选择亲本时,通常亲本之一最好是适应当地条件的推广良种,这样能够保证F_1具有较广的适应性和较好的丰产性。

4. 亲本之一的目标性状应有足够大的强度

为克服亲本之一的缺点而选用的另一亲本的相应性状应有足够的强度,遗传率较大。这样才会使优良性状在F_1得以表达。

5. 亲本配合力高

实践证明,选择一般配合力高的材料或两个亲本的配合力都较高的材料作亲本,才容易得到强优势的杂种。若受其他性状的限制,至少应有一个亲本是配合力高的,另一个亲本的配合力也应是较高的,才能保证F_1杂种优势的表现。

三、亲本系配合力测定

(一)配合力的概念

配合力是指一个自交系与其他自交系(或品种、杂交种)杂交后,杂种一代的产量表现能力称配合力。配合力分为一般配合力和特殊配合力两种。

一般配合力(GCA)是指一个被测系(自交系、不育系、恢复系等)与一个遗传基础复杂的群体品种或与许多其他自交系杂交后,F₁的产量和其他数量性状的平均表现能力。一般配合力是由基因的加性效应决定的,因此,一般配合力的高低是由自交系所含的有利基因位点的多少决定的,一个自交系所含的有利基因位点越多,其一般配合力越高,否则一般配合力越低。一般配合力的度量方法,通常在一组专门设计的实验中,用某一个自交系组配的一系列杂交组合的平均产量与试验中全部杂交组合的平均产量的差值来表示。

　　特殊配合力(SCA)是指一个被测系与另一个特定的系杂交后,F₁的产量和其他数量性状的表现能力。它是在特定的组合中F₁的产量与双亲的一般配合力平均数值的偏差,它的度量方法是特定组合的实际产量与按双亲的一般配合力换算的理论产量的差值。因而在杂种优势利用中,大多数高产的杂交组合的两个亲本系都具有较高的一般配合力,双亲间又具有较高的特殊配合力;而大多数低产的杂交组合中,即使双亲具有较高的特殊配合力,但若双亲或双亲之一的一般配合力较低,也很少出现高产的杂交组合,所以,选育一般配合力高的亲本系是选育高产杂交种的基础。必须在高一般配合力的基础上再筛选高特殊配合力,才可能获得最优良的杂交组合。如330玉米自交系一般配合力高,用330做亲本已配制出丹玉6号、中单2号、沈单2号、京亲6号、旅丰一号、丰收一号、安单一号等38个单交种,在全国24个省、市、自治区广泛种植。

(二)测验种的选择

　　在测定配合力的工作中,常用来与被测系杂交的品种、杂交种、自交系、不育系、恢复系等,统称为测验种(tester),这种杂交叫测交(test-crossing),所产生的杂种统称为测交种(test cross variety)。测交种在产量和其他数量性状上表现的差异,即为与不同被测系间的配合力差异。因而测验种在测交试验中选择的是否得当,直接关系到配合力测定的准确性,故为了准确地测定配合力,需正确选择测验种。

　　测定一般配合力时用遗传组成复杂的品种作测验种,其作用相当于以许多纯合自交系同一个被测系杂交,可以减少工作量。作为测验种的品种或综合品种最好选产量水平中等,抗病和抗逆性一般的。因为这样的测验种能够比较真实地反映出被测的各自交系之间的配合力、抗病性和抗逆性等性状的差别。有时也用各种形式的杂种作测验种测定一般配合力。

　　测定特殊配合力时,用基因型单一或纯合的系作测验种。比如单交种和自交系,因遗传基础简单,能较好地反映出被测系的特殊配合力。

　　另外,测验种本身的配合力最好是中等的,与被测系应是不同来源的。若测验种配合力低或与被测系的血缘相近,测出的配合力往往偏低,反之,则测交种的产量往往偏高。因此,在测定具有两种类型的被测系时,往往采用中间型的测验种为好。

　　目前各作物利用杂种优势以推广单交种为主,常用几个骨干自交系作测验种,既可以测定自交系的一般配合力和特殊配合力,还可以同配杂交组合工作结合起来,有利于缩短育种年限。

(三)配合力测定的时期

　　自交系配合力的高低,是可以遗传的,具有高配合力的自交系,在不同自交世代中和同一测验种测交,一般都能表现出较高的产量,反之,测交种的产量则较低。

　　测定配合力的时期一般有早代测定、晚代测定和中代测定。

1. 早代测定

即在自交当代(S_0)或自交一代(S_1)进行。在选株自交的同时,用部分花粉进行测交。早代测验的好处是:可以在分离自交系过程中,较早地把配合力较低的自交材料淘汰掉,以便集中人力、物力对配合力较高的自交材料继续选育,既可减轻工作量,又可提早利用配合力高的系。

2. 中代测定

是在自交系选育的 S_2—S_3 代时测定自交系的配合力。此时,自交系的特性已基本形成,测出的配合力比早代测定更为可靠,并且配合力的测定过程与自交系的稳定过程同步进行,当完成测定时,自交系也已稳定,即可用于繁殖、制种,缩短了育种年限。

3. 晚代测定

即在各自交系基本稳定后,到 4—5 代(S_4—S_5)时测定配合力。晚代进行测定由于遗传性状已较稳定,容易确定取舍,但肯定优良自交系较晚,影响自交系的利用时间。一般是在早代测交时为了减少测交工作量,常采用品种或杂交种作测验种以测定一般配合力,晚代测交采用几个骨干自交系测定其特殊配合力。

(四)测定配合力的方法

1. 顶交法(top-cross method)

顶交法是选育一个遗传基础广泛的品种群体作为测验种用来测定自交系的配合力。由于选用了广泛遗传基础的测验种,可以把它看成包含着多个纯系的基因成分,因而测出的配合力相似于该系和多个自交系的平均值,即一般配合力。

具体的测交方法是以 A 群体为共同测验种,$1,2,3,4,5,\cdots,n$ 个自交系为被测系。用套袋杂交方法或在隔离区中以 A 作父本授粉,被测系作母本去雄获得测交组合:$1\times A$、$2\times A$、$3\times A$、$4\times A$、$5\times A$、$n\times A$ 等或相应的反交组合:$A\times 1$、$A\times 2$、$A\times 3$、$A\times 4$、$A\times 5$、$A\times n$ 等,下一代作测交组合的产量比较试验,由测交组合的产量差异,可以看出被测系的配合力的高低,如果一个测交组合的产量高,则表明该组合中相应的自交系的配合力高。

2. 双列杂交法(dialel cross method)

又称轮交法,是指各被测系互为测验种,两两互相轮流杂交(只配正交组合)。第二年比较产量,确定各被测系的配合力。这种方法可同时测定特殊配合力和一般配合力,但此法若被测系多时工作量太大,试验不易准确,所以该方法最好在选少数优良亲本系或骨干自交系采用。

3. 多系测交法(multiple cross method)

多系测交法是用几个优良系或骨干系作为测验种,分别与被测系杂交,获得测交种。如用 A、B、C、D 四个优良系作测验种,分别与 20 个被测系杂交,可得 80 个测交种,经过下一季田间鉴定后,可得一般和特殊配合力信息。

▶ 四、作物利用杂种优势的途径

利用杂种优势的关键是选择优良的父母本及保证母本接受父本的花粉,才能使获得的杂交种能充分体现杂种优势。但在自然界中,植物分为雌雄同花和异花,授粉方式有异花授粉、常异花授粉和自花授粉,因而在如何较好地利用杂种优势上有不同的途径。

1. 人工去雄

对于雌雄异花的作物如玉米,繁殖系数高的作物如烟草,花器较大,去雄较易的作物如棉花,均可通过人工去雄的方法,获得杂交种子。但对于高粱、水稻、小麦等作物,由于花器小去雄难,不能采用人工去雄法获得杂种种子,必须采用其他途径利用杂种优势。

2. 化学杀雄

因雌雄配子对各种化学药剂的杀伤作用具有不同的反应。一般雌蕊比雄蕊有较强的抗药性。因此,在作物生长发育的一定时期,在母本植株上喷洒一定浓度的药剂,可直接杀伤或抑制雄性器官的发育,造成不育,而对雌蕊无害,以达到去雄的目的。

目前我国已筛选出的杀雄剂有:青鲜素、232、稻脚青、杀雄剂一号等,但由于各种作物植株间和不同部位的花朵间小孢子发育的不同性及各种气候因素对花期和施药效果的影响等,都难以保证杀雄效果的稳定性,再加上药液与残留的影响,使化学杀雄只能作为一种辅助性手段,而不能广泛推广和使用。

3. 利用标志性状,进行不去雄授粉

利用苗期的某一显性性状,如水稻的紫叶鞘、小麦的红芽鞘,棉花的红叶和鸡脚叶等或某个隐性性状如棉花的芽黄(幼苗第 1~6 片真叶平展初期均为黄绿色)和无腺体(子叶柄、叶柄、铃柄、茎秆及铃壳的表面均无腺体)等作标志性状。杂交时,把具有显性性状的作父本,具有隐性性状的作母本,进行不去雄的自由授粉,从母本上收获种子,在下一年播种出苗后,根据标志性状间苗,拔除具有隐性标志性状的假杂种或母本苗,留下具有显性标志性状的幼苗,即为真正杂种。主要适用于自然异交率高的作物。

4. 利用自交不亲和性

有些作物如油菜,虽然雄蕊正常,能够散粉,雌蕊也正常,但自交或系内兄妹交均不结实或结实很少,这种特性叫自交不亲和性;具有这种特性的品系叫自交不亲和系。在杂交制种时,用自交不亲和系作母本,以另一个自交亲和的品种或品系作父本,就可以省去人工去雄的麻烦。如果双亲都是自交不亲和系,就可以互为父、母本,从两个亲本上采收的种子都是杂交种,这样可大大减少工作量,降低生产成本。目前已在油菜的杂交制种中应用。自交不亲和系的具体利用将在第五节中讲述。

5. 雄性不育的利用

这是目前克服人工去雄困难而应用最广泛、最有效的方法。用具有雄性不育性的品系作母本制种,可以不去雄。目前生产上应用较广的有玉米、高粱、水稻、甜菜等。小麦、棉花等作物的雄性不育系的研究、利用也取得了一定的进展。

▶ 五、杂交种的类型

在配制杂交种时,因亲本类型不同,可把杂交种分为下列类别。

(一)品种间杂交种

品种间杂交种是用两个亲本品种组配的杂交种,如品种甲×品种乙,在生产中利用 F_1。我国在 50 年代早期曾广泛利用玉米的品种杂交种,但品种间杂交种增产有限,性状不整齐,现在已不再利用。在自花授粉作物中,利用杂种优势时仍以品种间杂交种为主。

(二)顶交种

顶交种是用自由授粉品种和自交系组配而产生的杂交种,又称品种一自交系间杂交种如品种甲×自交系 A。顶交种比一般自由授粉品种增产 10% 左右,增产幅度不大、性状不整齐。现在中国西南部高寒山区,仍有少数玉米顶交种种植。

(三)自交系间杂交种

自交系间杂交种是用自交系作亲本组配的杂交种。因亲本数目、组配方式不同,又可分为下列 4 种:

1. 单交种(single cross hybrid)

用两个自交系组配而产生的,例如 A×B。单交种增产幅度大,性状整齐,制种程序比较简单,是当前利用玉米杂种优势的主要类型。但单交种的制种产量低,生产上又用近亲姊妹系配制改良单交种,如(A_1×A_2)×B,既可保持原单交种 A×B 的增产能力和农艺性状,又能相对提高制种产量,降低种子成本。

2. 三交种(three way cross hybrid)

用三个自交系组配而产生,组合方式为(A×B)×C。三交种增产幅度较大,产量接近或稍低于单交种,但制种产量比单交种高。

3. 双交种(double cross hybrid)

用 4 个自交系组配而成,先配成两个单交种,再配成双交种。组合方式为(A×B)×(C×D)。双交种增产幅度大,但产量和整齐度都不及单交种。制种产量比单交种高,但制种程序比较复杂。我国在 20 世纪 60 年代中,主要种植玉米双交种,现在基本上被单交种所代替。

4. 综合杂交种(synthetic hybrid)

用多个自交系组配而成。亲本自交系一般不少于 8 个,多至 10 余个不等。组配方式如下:

(1)用亲本自交系直接组配,具体方法是从各亲本系中取等量种子混合均匀,种在隔离区内,任其自由授粉,后代继续种在隔离区中自由授粉 3~5 代,达到形成遗传平衡的群体。

(2)先将亲本自交系按部分双列杂交法套袋杂交,组配成 $1/2n(n-1)$ 个单交种,从所有单交种中各取等量种子混合均匀后,种在隔离区中,任其自由授粉,连续 3~5 代,达到充分重组遗传平衡。

综合杂交种是人工合成的、遗传基础广泛的群体,F_2 后的杂种优势衰退不显著,一次制种后可在生产中连续使用多代,不需每年制种,适应性较强,并有一定的生产能力,在一些发展中国家和中国西南部山区,都种植有较大面积的玉米综合杂交种。

目前,在生产上,随着杂交所选择的母本和父本的不同,又有雄性不育杂交种、自交不亲和系杂交种、种间和亚种间杂交种等类型。

第三节　玉米杂种优势的利用

▶ 一、玉米自交系的概念

玉米是异花授粉作物,天然杂交率在 95% 以上,用两个不同的玉米品种杂交,即使两个亲本品种搭配得很好,育成的杂交种生长也不整齐,达不到最强的杂种优势。因而,要充分利用杂种优势,必须首先选择优良的、高度纯合的玉米杂交亲本。

但由于玉米是一个天然杂交群体,它经过自交以后,一方面会使许多不良的隐性性状表现出来;另一方面也使某些原来未能表现出来的优良性状,在不断选株自交的过程中逐步得到积累、纯化、稳定和加强,因而在一个优良的玉米品种或杂交种中,通过人工自交,不断地从其后代中选择优良的单株,进行连续自交选择 4~5 代后,就可以得到性状稳定,植株生长整齐一致的单系。这种因连续多代自交,并进行严格选择从而产生性状整齐一致、遗传相对稳定的自交后代系统,就称为玉米的自交系。

▶ 二、自交系的选育

(一)玉米自交系应具备的条件

玉米杂交种经济性状的优劣,抗病性能的强弱,生长期的长短取决于其亲本自交系相应的性状的优劣以及自交系间的合理组配,因此,选育优的自交系是选育出优良杂交种的基础,是玉米育种工作的重点和难点,优的玉米自交系必须具备以下几个条件:

1. 高产

高产自交系是获得高产杂交种的基础。由于自交系一般产量较低,导致制种成本高;因此,优良的自交系必须幼苗长势旺,籽粒产量高,从而减少繁殖与杂交制种面积,降低成本。

2. 高配合力

自交系配合力的高低是衡量自交系优劣的首要指标,一般高配合力的玉米自交系产生的杂交种,杂种优势大、产量高;反之,杂种优势小、产量低。通常高配合力的自交系可以从优良玉米品种和杂交种中选育,由于配合力是可以遗传的,利用高配合力的自交系产生的单交种、双交种或综合杂交种,然后再从中选育,可获得成效。

3. 品质好

玉米杂交种不仅要产量高,而且还要品质好。品质好的标志主要是指其蛋白质中赖氨酸和色氨酸的含量,目前,高赖氨酸玉米产量较低,因而,从考虑营养平衡出发,在选择自交系时,一方面考查产量,另一方面还要注重品质。

4. 纯合度高

自交系基因型的纯合度要高,只有这样,性状的遗传才较稳定,群体才能整齐一致,在繁殖与杂交制种中,可便于去杂去劣,保证种子的质量,并使杂交种的遗传基础一致,群体整齐,从而充分发挥其杂种优势。

5. 高度抗病虫害性、抗逆性

玉米自交系的高度抗病虫害性、抗逆性是自交系选育中的主要问题。目前,有不少好的自交系在生产上不能应用,就是因为抗病虫害性、抗逆性不好的缘故。自交系对当地的主要病虫害具有良好的抗性,以及对当地特殊的灾害性气候有抗性和耐性,都将影响玉米杂交种的推广。

6. 抗倒伏

玉米花期倒伏,不利授粉,影响结实;后期倒伏,引起穗部霉烂,都会影响产量。引起倒伏的内因就是玉米茎秆韧性不强、根系发育不良。所以在玉米自交系选育过程中,应注意选茎秆坚韧、根系发育良好,特别是气生根发达的单株进行自交,及早淘汰倒伏材料,以选育出抗倒伏的玉米自交系。

7.穗部性状

培育高产自交系应着重于穗部性状的选择,一般选择籽粒行数多和双穗率高的玉米品种或杂交种,同时也要考虑穗长、穗粗、穗轴和粒长等。双穗杂交种在密植条件下,空秆率较低,抗逆性、适应性较强,稳产性、丰产性较好,在土地瘠薄、种植密度较高的条件下,比单穗型杂交种产量高,选用双穗率高和多穗性的玉米品种或杂交种作为原始材料,是选育双穗自交系的有效措施。

(二)自交系的选育

1.选育自交系的基础材料

自交系优良与否在相当程度上取决于选育材料的遗传基础。从优良的基础材料中选择优良单株,即优中选优,是选育玉米自交系的原则。选育玉米自交系的基础材料,主要有单交种、双交种、回交种、地方农家种、改良群体、外引群体或综合种等。例如:从地方品种金皇后中选出了金03、金04等自交系;从单交种Oh43×可利67中选出了自330;从经过轮回选择的BSSS改良群体中选出了B14、B37、B73等自交系。在育种上,通常将以品种(地方品种、综合种以及改良群体)作基本材料选出来的自交系称为环系;用杂交种作基本材料选出来的自交系称为二环系。无论选择哪一类基础材料,都必须掌握优中选优的原则,只有从优良的品种和优良的杂交种中才能选出优良的自交系。选什么样的基本材料,主要应根据育种目标来确定。

2.选育自交系的方法

选育玉米自交系一般采用常规选育法,常规选育法是指用品种群体(包括品种间杂交种)或自交系间各类杂交种作为基本材料,从中直接自交选系的方法。方法步骤如下:

第一年进行自交,从基本材料中选择30～50株优良单株进行自交。在选择基本植株时,要根据育种目标的要求,选择生长健壮、生长势强、株高、穗位适中、抗病、抗逆性强的植株作自交株。自交果穗在收获时,应再进行一次田间鉴定和株选,淘汰后期不良植株,选留优良自交株的果穗,中选果穗收获后加以编号,妥善保存。

第二年继续自交。将上年自交果穗分别种成穗行或小区(20～30株),继续进行观察、选择。自交第一代植株比基本植株生长势显著减退,并发生分离现象。所以,从自交第一或第二代起就应进行系内和系间的选择,按照育种目标选择优良系,在优良系内选择优良单株(一般5～6株)进行自交,收获时参照田间观察进行严格选择,选留2～3个果穗即可。

第三年按照上年办法种植,继续选择自交。

第四年继续选择自交。其方法同上。

一般自交4～5年,一个单株后代在苗色、叶形、株高、穗位高、株型、果穗形状和大小等方面的性状达到整齐一致时,一个稳定的自交系就培育出来了。

选育自交系,自交代数没有一定的规定,主要是根据其性状稳定程度而有所不同。一般是选用纯度较高的品种作为基本材料分离自交系,需要的时间较短,通常自交三代就可以选出自交系来;相反,如采用纯度较差的品种和杂交种来分离自交系,花费的时间就较长,一般需要四至五代的时间才能稳定。

由同一基本材料的不同基本株选育的不同系,称为"系间"。由同一基本材料的同一基本株自交产生的后代,从第二代起分离出不同的系,统称姊妹系,姊妹系之间也称"系内"。在选择自交系时,从自交第一代起就应进行系内和系间选择。由于初选系基本植株之间差异较大,各自交早代之间在苗期性状、株型、叶形、株高、穗位高、果穗形状、籽粒类型等方面的差别,比同一自交早代内的差别为大,所以,选择自交系时,选择的重点应放在系间。根据系间的差异,通过鉴定、选择,可以选出具有各种特性的自交系。当然,同一系内不同株间的选择也不应忽视。把系间选择和系内选择有机地结合起来,才能多、快、好、省地选育自交系。

自交系选择的标准,一般要求是:植株生长健壮、秆矮、穗位低、生长势强,叶片短而上冲、叶节均匀,雄穗发达、分枝多、花粉量大,雌雄花期相遇良好,早熟、抗病力强,果穗大、果穗柄短,苞叶长而无子叶、苞叶层数少、抱合紧、产量高、农艺性状良好等。这样就需要从苗期至成熟各个阶段,进行分期观察记载,全面考查和评选。在选择时也不能过于严格,以免淘汰掉有些外表性状虽不大好,但具有良好配合力的材料。所以选择的标准不仅要根据外表性状的优劣,而且还要根据其配合力高低来决定取舍。

▶ 三、自交系配合力测定

自交系的优良与否虽然与外表性状的遗传性和它的生活力有很大关系,但自交系杂交所产生杂交种的生产能力和自交间的配合力的关系,却难以从外表性状来决定。因此,自交系育成后,必须测定其配合力。配合力的测定方法如下:

配合力与其他性状一样,是可以遗传的,具有高配合力的原始单株,在自交的不同世代,与同一测验种测交,其测交种一般表现出较高的产量,反之,测交种的产量较低。通常自交系配合力的遗传传递规律有三种情况:

> 低×低→第一代配合力最低;
>
> 低×高→第一代配合力偏低或偏高;
>
> 高×高→第一代配合力最高。

对配合力的测定,一般从以下几个方面考虑:

(一)测验种的选择

测定配合力时,测验种选择自交系、品种和各种杂交种均可,在选用优良品种做测验种时,应选择与被测自交系生育期接近,籽粒属中间型的为好;测定一般配合力时,可用当地主要自交系(通常称骨干系)做测验种,这样在测定一般配合力同时,可以测定其特殊配合力,与选育优良单交组合相结合。

(二)自交系测定的时期

测定配合力的时期有早代测定和晚代测定两种。

早代测定:一般是在自交的第一、二代进行。自交系的早代测定和晚代测定结果基本是一致的。因此,在培育自交系过程中,不一定等到自交系达到整齐一致时再进行配合力测定。经过早代测定选出配合力高的自交系,可以提早选配组合,也可在早代测定之后,淘汰一些低配合力的自交材料,以减轻自交工作量。

晚代测定:一般是在自交的第四代开始进行。晚代测定比早代测定有较多的困难,一是分离出的自交系繁多,加大工作量,浪费人力、物力;二是肯定优良自交系时间较晚,延迟自

作
物
遗
传
育
种

交系的利用。

目前一般采用早代测定和晚代测定相结合的方法。这种方法可以减少自交系选育过程中的工作量,取舍自交系又较稳妥可靠。

(三)自交系配合力测定的方法

测交的具体做法有套袋杂交和隔离杂交两种。

1.套袋杂交法

该方法适用于被测自交系数量较少,通常是把被测的各个自交系和3～5个测验种(自交系)分别播种(如父本和母本开花期不同,要分期播种)在同一块地里,在各个自交系的果穗抽丝前,分别选取适量的果穗,套上透明纸袋;授粉前一天下午,把测验种的雄穗也套上纸袋,第二天上午分别把花粉授给被测的各自交系。这样杂交所得到的种子,就是各个自交系的测交杂种的种子。

2.隔离杂交法

当被测自交系数量较多时采用该法。根据测验种的数目,选择3—5个隔离区,每个隔离区只播种一个测验种,授共同父本,自交系作为母本。自交系若开花期不同,应把开花期相近的,分成几个组,属于一个组的相邻播种。各个被测自交系同期播种,测验种则可适当多播几期,以确保各母本自交系授粉良好。母本与父本播种比例,以二行母本一行父本为宜,如父本分期播种,则应适当调整播种比例。母本或父本行应种植标志植物。抽穗开花时,母本要及时去雄,并辅之以人工授粉。母本行收获的种子就是测交种的种子。各个被测自交系的测交种子要分别收获、单晒、单脱、单存,以备来年进行测交种比较试验。

通过测交种比较试验,如果发现某几个自交系和几个测验种杂交得到的测交种产量都高,或者和一个测验种杂交得到的杂交种产量高,就表明组成这些测交种的自交系配合力高;另外一些自交系和测验种杂交得到测交种产量低,就表明这些自交系的配合力低。通过这种方法就可以把高配合力的自交系选出来。

在实际工作中,由于测交的目的不同又可采用顶交法、测用结合法、多系轮交和双列杂交法等。

(四)自交系的改良

培育而成的自交系,不一定十分完善,比如有的可能配合力较高,但自身产量很低;有的材料其他性状很好,却不抗病或倒伏等。因此需要通过适当的方法进行改良。

玉米自交系的改良方法,有回交法、系谱法、双回交法、配偶子选择法、多聚集改良法六种,而常用的是回交法和系谱法。

1.回交法

回交法是在甲系和乙系杂交后,将它的后代再和甲系或乙系进行杂交的一种方法。如果某一个自交系配合力较高,而且具有较多的优良农艺性状,但有一、两个不良性状需要改良时,就可以利用回交法,将另一自交系相应的优良性状转移给需要改良的自交系。这种方法比较适于把一个简单遗传性状转移给一个综合性状较好的自交系,而达到改良自交系的目的。

2.系谱法

与通常所说的选育二环系的方法相似,利用系谱法对自交系进行改良时,第一次杂交所用的另一自交系,最好也要具有较高的配合力和较好的农艺性状。用这种方法改良自交系实际上是选育新自交系,这样育成的自交系,与原来需要改良的自交系有较大的差异。

此外,还有其他的自交系改良方法,比如聚合改良法等。由于比较复杂,在此不再赘述。

▶ 四、玉米杂交制种技术要点

玉米杂交制种的任务是生产质量高、数量又多的杂种种子。因而,在整个杂交制种过程中,必须做到以下几个方面:

(一)选择制种区

制种区要求土壤肥沃、地势平坦、肥力均匀,以保证获得数量多的种子。

1.隔离区的选择

制种区必须安全隔离,严防非父本的花粉飞入制种区,干扰授粉,影响杂种种子质量。常用的隔离方法有三种:空间隔离、时间隔离、屏障隔离等。

隔离区的数目应按所繁殖及配制的杂种的种类及种子用途的不同而定。通常,配制单交种、顶交种、品种间杂交种至少需要二个隔离区,即一个繁殖母本,一个制种和繁殖父本;配制三交种,至少需要三个隔离区,即母本自交系繁殖区、单交制种区兼单交种父本自交系繁殖区和三交制种区兼三交种父本自交系繁殖区;配制双交种,至少需要5个隔离区,即两个母本自交系繁殖区,两个单交制种区兼父本自交系繁殖区、双交种制种区。

2.隔离区面积

亲本自交系繁殖田面积和杂交制种田面积,应根据下一年大田播种面积、用种量和亲本自交系杂交种的产量水平等因素,进行估计。

(二)规格播种

制种区内父、母本要分行相间播种,以便授扮杂交。

1.确定父、母本播种期

通过调节播种期使父、母本的开花期相遇良好,这是杂交制种成败的关键。

2.按比例播种父母本

在保证有足够的父本花粉的前提下应尽量增加母本行数,以便多收杂种种子。

3.提高播种质量

制种区要力求做到一次播种全苗,既便于去雄授粉,又可提高种子收量。播种时必须严格把父本和母本行区分开,不得错行、并行、串行和漏行;为便于分清父、母行,可在父本行两端和行内间隔一定距离种上一穴其他作物作为标志。为供应花粉,有时在制种区的近旁,加种小面积的父本,作为采粉区,但和制种区父本的播种期错开。

(三)精细管理

制种区要采用良好的栽培管理措施,在出苗后要经常检查,根据两亲生长状况,判断花期能否相遇。在花期不能良好相遇情况下,要采用补救措施,如对生长慢的可采取早间苗、早定苗、留大苗,偏肥、偏水等办法,促进生长;对生长快的可采用晚间苗、晚定苗、留小苗、控制肥水,深中耕等办法,抑制生长;宁可以雌待雄,不可以雄待雌。

(四)严格去杂去劣,提高制种质量

在亲本繁殖区严格去杂的基础上,对制种区的父、母本也必须及时地、严格地进行去杂去伪。常见的杂株、劣株有以下几种:第一,优势株,往往生长旺盛、植株高大;第二,混杂株,一般不具有亲本自交系性状;第三,劣势株,通常为白苗、黄苗、花苗、矮缩苗和其他畸形株,一般数量不多;第四,可疑苗,很像自交系,若在苗期不能鉴别,在拔节期应予拔除,对以上几种情况,在苗期结合间苗定苗,在抽穗前和在收获后脱粒前进行去杂去伪。

(五)母本彻底去雄和人工辅助授粉

根据玉米生长特点采用相应的去雄授粉方法,使母本去雄及时、彻底、干净、授粉良好。而且玉米又是风媒作物,可进行若干次的人工辅助授粉,提高结实率,增加产种量。有时还采用一些特殊措施,如玉米的剪苞叶、剪花丝等,促进授粉杂交。

(六)分收分藏

成熟后要及时收获,不论是父、母本或杂交种子,必须分收、分脱、分晒、分藏,严防人为混杂。一般在制种田收获时,可先收父本行,将父本行果穗全部收完校核无误后,再收母本行。母本行上收获所得到的即为杂交一代种,供大田生产上应用;父本行上收获的种子即为父本同胞交配的种子,可作下一年杂交制种田的父本自交系使用。父母本行应严格分收分藏,防止与其他自交系或杂交种混杂。凡掉在地上的株、穗,不能确切分清是父本还是母本时,则不能作种子用;脱粒前要淘汰亲穗、杂株。装种子的袋内外应有标签,注明种子名称、等级、数量及生产年代。贮藏期间要有专人负责,定期检查,做到防霉、防虫、防凉、防鼠、防杂。

二维码 2-5-1　玉米杂交制种成功案例

第四节　雄性不育系的选育

在杂交制种中,应用雄性不育性,可以免除人工去雄,节约人力、降低种子生产成本,因而,目前在生产上应用比较广泛。

可遗传的雄性不育性分为核不育型和质核不育型等多种类型。由细胞质基因和细胞核基因互作控制的不育类型称为质核不育型,在生产上应用较多,应用途径主要指"三系"育种。

▶ 一、"三系"的概念和应用

1. 雄性不育系

具有雄性不育特性的品种和自交系,简称不育系,其遗传组成 S(rr)。它没有花粉,或花粉粒空瘪缺乏生育能力,但它的雌蕊发育正常,能接受外来花粉受精结实,因此,在制种中可用作母本而不需人工去雄。

2.雄性不育保持系

用不育系 S(rr)作母本,以雄性可育的 N(rr)作父本杂交,其后代仍然是雄性不育的 S(rr)。这种用来给不育系授粉使后代保持雄性不育的父本类型 N(rr),称为雄性不育保持系,简称保持系。

3.雄性不育恢复系

用雄性不育系 S(rr)作母本,以雄性可育的 N(RR)或 S(RR)作父本杂交时,后代都是杂合可育的 S(Rr),即恢复了不育系的雄性繁殖能力。这种具有恢复不育系育性能力的材料称恢复系。

▶ 二、不育系和保持系的选育方法

1.远缘杂交选育法又叫核代换法

不同物种和类型间,亲缘关系较远,遗传性差异大,质、核之间有一定的分化。如果用一个具有不育细胞质 S(RR)的种(或类型)作母本和一个具有核不育基因的种(或类型)N(rr)作父本杂交,并与原父本连续回交,就可将父本的核不育基因取代母本的核可育基因,把不育细胞质和核不育基因结合在一起,而获得新不育系 S(rr)。如高粱 3197A、小麦 T 型不育系 Bison、水稻不育系广选 3 号等,都是用此法育成的。这类不育系除了雄性不育以外,其他特征、特性与原父本基本相似,而且整齐一致,因而原父本便是它的保持系。

2.回交转育法

利用现有的不育系,用回交法即可将不育基因转入优良品种中,获得优良不育系。一般回交四代以上,可得到完全像父本的即优良品种的不育系,而其父本就是保持系。这样,在保持母本不育系不育细胞质的同时,用父本控制农艺性状的核基因代换母本的核基因,而转育成新的不育系。这是目前选育不育系最常用的方法,如高粱原新 1 号 A,矬 1 号 A,2 号 A 等。

以上是常用的两种方法,其他还有测交筛选法、杂交选育法以及通过人工诱变、非配子融合转移基因技术等也可选育出三系。

▶ 三、恢复系的选育方法

1.测交筛选

搜集本地和外地的现有品种(品系),通过测交,把已存在于现有品种中的恢复系筛选出来。即用不育系作测验种,将被测的大量品种分别作父本,进行成对测交,凡 F_1 结实率高,优势明显的组合,其相应父本即可作恢复系。

2.回交转育

用带有不育细胞质的恢复系 S(RR)作母本,被转的品种为父本直接杂交后,与父本连续回交,可将恢复基因转入优良品种中育成恢复系。这种"以不育细胞质为背景"的回交法,可直接从杂种植株的育性上判断该植株是否带有恢复基因,以便选株回交。

如果所用的恢复系细胞质可育 N(RR)时,可先以其花粉授予任一不育系,然后从其杂种 S(Rr)中选择结实率高的植株为母本,与被转品种杂交后,再用被转品种连续回交,最后将回交后代自交两次,以纯化、巩固恢复能力,便可得到其性状与被转品种几乎完全相同的恢复系。

3.杂交选育

该法可以有目的地塑造恢复系,使两个亲本的优点结合在一起,获得进一步提高的新恢复系。它是按照一般的杂交育种程序,用恢复系×恢复系,恢复系×保持系,不育系×恢复系等方式杂交,从 F₁ 开始根据恢复力和育种目标进行多次单株选择,并尽可能在早代与不育系测交,以测定其恢复力,在适当世代不仅测定恢复力,还要测定配合力,可从中选出恢复力强、配合力高,性状优良的新恢复系。

▶ 四、三系配套制种体系

质核互作不育型较易获得三系,目前已在玉米、高粱、水稻、小麦等作物的杂交制种中应用。用三系配制杂交种时要求不育系的不育度达到或接近于 100%,不育性稳定,以恢复系授粉时育性易于恢复,不育的细胞质没有其他任何不良影响;恢复系的恢复力也要高,如玉米要在 80% 以上,其他雌雄同花的作物要求更高,并且恢复性要稳定,配合力要高;保持系的异交能力强,综合性状优良。

具体制种方法　制种时需设置两个隔离区。在第一个隔离区内种植不育系及保持系,采用适当的行比,即不育系与保持系可用 2∶1、4∶2、3∶1 或 6∶2 等比例种植。使其自由授粉,以产生不育系的种子,在保持系上收获保持系种子。在第二个隔离区内,也用适合的行比种植不育系和恢复系,要

二维码 2-5-2　中国工程院院士颜龙安在杂交水稻贡献非凡
（知识链接）

注意调节花期使之自然授粉产生杂种种子。在不育系上收获的种子即供大田生产用种,恢复系上的种子仍是恢复系。

▶ 四、光温敏核不育杂交种的选育

光温敏核不育是受双隐性基因控制的雄性不育性,光敏核不育系具有光敏感性,它的不育性与抽穗期间日照长短高度相关,可以转变,在长日照条件下生长表现雄性不育,在短日照条件下则转为雄性可育。因而可以利用这种育性转变的特性,春播可以作为母本不育系配制杂交种,夏秋播可以自身繁殖保存,不需要另外的保持系。所以在春播时,以其作为不育系,授以所选品种的花粉,在不育系上所收获得种子即为杂交种。因而如果育成良好的光温敏核不育系,将对选育杂种稻新组合具有十分重要的前景。

二维码 2-5-3　光敏核不育、温敏不育分析案例

二维码 2-5-4　"三系"、"两系"和智能不育杂交育种技术简要路线
（知识链接）

第五节　自交不亲和系的选育

一、自交不亲和性的利用

有些作物如十字花科的油菜等,虽然雄蕊正常,能够散粉,雌蕊也正常,但自交或系内兄妹交均不结实或结实很少,这种特性叫自交不亲和性。具有这种特性的品系叫自交不亲和系。在杂交制种时,用自交不亲和系作母本,以另一个自交亲和的品种或品系作父本,就可以省去人工去雄的麻烦。如果双亲都是自交不亲和系,就可以互为父、母本,从两个亲本上采收的种子都是杂交种,这样可大大减少工作量,降低生产成本。这种方法已在油菜的杂交制种中应用。但因人工剥蕾自交的繁殖任务重,而且由于自交不亲和基因间互作效应引起结实率下降,故还待进一步研究。

二、自交不亲和系的选育方法

1.大量套袋自交

在选系用的亲本杂交种或品种中,大量选择单株,在开花前将主花序用硫酸钠纸袋套上,进行隔离,以免异花授粉,当袋内开花 10～20 朵时,从中摘取 2～3 朵,对其他的花蕊进行人工辅助自交,授粉后仍套袋隔离,系上标签,待 15 d 左右,初步检查自交结实率,选结实率很低的植株,在下部分枝套袋剥蕾自交,注明授粉花朵数。

2.定向选择

即按自交亲和指数选择单株,种子成熟后,把所有单株套袋自交的种子分株收下,分别按下式计算自交亲和指数:

$$自交亲和指数 = \frac{收获种子数}{辅助自交花朵数}$$

凡自交亲和指数小于 1.0 的,就是自交不亲和株,可以当选。选出的单株以后种成株系,继续套袋自交和定向选择 3～5 代,使性状稳定,便育成了自交不亲和系。在继续套袋自交的同时,要在同株的分枝上进行剥蕾自交。剥蕾自交是繁殖甘蓝型油菜自交不亲和系的一种方法。即在开花前 2～3 天雌蕊柱头尚未形成特意蛋白质隔离层时,剥去花蕾,进行人工自交授粉,在将剥蕾自交的花朵套袋,以便成熟时收取自交种子繁殖后代。

对自交不亲和系的选择,除按自交亲和指数选择外,也和自交系一样,要注意对农艺性状和配合力的选择,只有农艺性状优良和配合力高的自交不亲和系才有利用价值。

二维码 2-5-5　自交不亲和案例

二维码 2-5-6　知识链接:杂交水稻
之父——袁隆平

❓复习思考题

1.名词解释

配合力　一般配合力　特殊配合力　雄性不育系　自交不亲和

2.计算杂种优势大小的方法有哪几种?

3.杂种优势的大小决定于什么? 杂种二代为什么一般不能在生产上应用?

4.作物在生产上利用杂种优势时,必须具备哪些条件? 怎样选育杂交种?

5.什么叫配合力? 配合力有哪几种? 如何进行配合力的测定?

7.杂交制种中,应注意哪些技术环节?

7.在杂交制种中解决去雄的途径有哪几种? 各在什么情况下应用

8.试绘三系配套制种示意图并注明文字。

Chapter 6

诱变育种和倍性育种

>> **知识目标**

1. 了解诱变育种的概念和特点。

2. 了解辐射育种、化学诱变育种的方法。

3. 熟悉诱变育种程序。

4. 熟悉单倍体的、多倍体的概念,获得的途径与方法。

5. 掌握多倍体育种的意义及育种材料选择的原则。

>> **技能目标**

1. 掌握单倍体培养技术。

2. 掌握多倍体诱导剂鉴定技术。

一、诱变育种的特点及成就

诱变育种是利用理化因素诱发变异,再从变异后代中通过人工选择、鉴定而培育出新品种的育种方法。诱变育种分为物理诱变和化学诱变。物理诱变是利用物理因素,如各种放射线、超声波、激光等处理植物而诱发可遗传变异的方法。化学诱变是利用化学药品处理植株,使之遗传性发生变异的方法。诱变育种技术的应用对推动世界植物优良品种的选育工作具有重要的意义。

(一)诱变育种的特点

1.提高突变率,扩大突变谱

一般诱变率在 0.1% 左右,但利用多种诱变因素可使突变率提高到 3%,比自然突变高出 100 倍以上,甚至达 1 000 倍。

人工诱发的变异范围较大,往往超出一般的变异范围,甚至是自然界尚未出现或很难出现的新基因源。

2.改良单一性状比较有效,同时改良多个性状较困难

一般点突变都是使某一个基因发生改变,所以可以改良推广品种的个别缺点,但同时改良多个性状较困难。实践证明,诱变育种可以有效地改良品种的早熟、矮秆、抗病和优质等单一性状。

3.性状稳定快,育种年限短

诱发的变异大多是一个主基因的改变,因此稳定较快,一般经 3～4 代即可基本稳定,有利于较短时间育成新品种。

4.与其他育种方法相结合,提高了育种效果

(1)与杂交育种相结合　诱发突变获得的突变体,具有所需的性状,可以通过选择和杂交的手段转移到另一个品种上,或者将某个品种的优良性状转移给突变体,或通过突变体的杂交,有可能创造更优良的新品种。辐射诱变还可以克服远缘杂交的不亲和性,改变植物的育性。

(2)与组织培养相结合　通过人工诱变的方法处理植物组织和细胞,使之发生变异,创造更多的变异选择机会。

(3)与染色体工程相结合　可进行染色体片段移植,重建染色体。

5.诱发突变的方向和性质尚难掌握

诱变育种很难预见变异的类型及突变频率。虽然早熟性、矮秆、抗病、优质等性状的突变频率较高,但其他有益的变异很少,必须扩大诱变后代群体,以增加选择机会,这样就比较花费人力和物力。

(二)诱变育种的成就

辐射诱变育种已经对农业生产做出了巨大的贡献,主要表现在两个方面。

1.育成大量植物新品种

(1)辐射诱变育种的植物种类已相当广泛,几乎遍及所有有经济价值和观赏价值的植物。1934年,Tollenear利用X射线育成了第一个烟草突变品种——Chlorina,并在生产上得到了推广。1948年,印度利用X射线诱变育成抗干旱的棉花品种。

(2)我国诱变育成的作物品种数量居世界各国之首,种植面积也不断扩大。辐射诱变育种在农业增产中做出了重要贡献。

20世纪60年代中期开始在水稻、小麦、大豆等主要作物上利用辐射诱变育成了新品种,在生产上得到了应用。到1975年,已在8种作物上育成81个优良品种,种植面积约100万hm^2。

2.提供大量优异的种质资源

(1)辐射诱变可使作物产生很多变异,这些变异就是新的种质资源,可供育种利用。

1927年,Muller在第三次国际遗传学大会论述X-射线诱发果蝇产生大量变异,提出诱发突变改良植物。之后,Stadler在玉米和大麦上首次证明X射线可以诱发突变。Nilsson-Ehle(1930)利用X射线辐照获得了茎秆坚硬、穗型紧密、直立型的有实用价值的大麦突变体。

(2)将辐射诱变产生的优良突变体作为亲本用于选育杂交品种是诱变育种的另一用途。

▶ 二、物理诱变剂及其处理方法

很多因素都可以诱发植物发生突变,这些因素统称为诱变剂。典型的物理诱变剂是不同种类的射线。育种工作者常用的是紫外线、X射线、γ射线和中子等。

(一)物理诱变剂的种类与性质

1.紫外线

特点:波长较长(200~390 nm)、能量较低的低能电磁辐射,不能使物质发生电离,故属非电离辐射。用途:紫外线对组织穿透力弱,只适用于照射花粉、孢子等,多用于微生物研究。

2.X射线

特点:X射线是一种核外电磁辐射。X射线发射出的光子波长0.005~1 nm。X射线的波长能量,对组织的穿透力和电离能力决定于X光机的工作电压和靶材料的金属性质。

3.γ射线

γ射线是核内电磁辐射。与X射线相比,γ射线波长更短、能量更高、穿透力更强。γ光子波长<0.001 nm,能量可达几百万电子伏,可穿入组织很多厘米,防护要求用铅或水泥墙。γ射线由放射性元素产生。现在农业上常用的γ源有两种:钴60(^{60}Co)和铯137(^{137}Cs)。γ射线是目前辐射育种中最常用的诱变剂之一。

4.中子

中子是中性粒子,不易和电子发生能量转移作用,质量大,有强的穿透能力;危险性很大。中子可以自由通过重金属元素,能穿过几十厘米厚的铅板,中子防扩层采用石蜡一类含氢原子多的物质(如水和石蜡)。中子按其能量可分为:热中子、慢中子、中能中子、快中子和超快中子。可以从放射性同位素、加速器和原子反应堆中获得,分别称反应堆中子源、加速器中子源、同位素中子源。

5. α 射线

由天然或人工的放射性同位素在衰变中产生。它是带正电的粒子束,由两个质子和两个中子组成,也就是氦的原子核,用 4/2He 表示。穿透力弱,电离能力强,能引起极密集电离。所以 α 射线作为外照射源并不重要,但如引入生物体内,作为内照射源时,对有机体内产生严重的损伤,诱发染色体断裂的能力很强。

6. β 射线

由电子或正电子组成的射线束,可以从加速器中产生,也可以由放射性同位素衰变产生。与 α 粒子相比,β 粒子的穿透力较大,而电离密度较小。β 射线在组织中一般能穿透几个毫米,所以在作物育种中往往用能产生 β 射线的放射性同位素溶液来浸泡处理材料,进行内照射。常用的同位素有^{32}P、^{35}S、^{14}C 和^{131}I,它们进入植物组织细胞,对植物产生诱变作用。

7. 电子束

利用高能电子束进行辐射育种,具有 M_1 生物损伤轻,M_2 诱变效率高的特点。

8. 激光

是激光器发出的光线,它具有亮度高,单色性、方向性和相干性好的特点。它也是一种低能的电磁辐射,在辐射诱变中主要利用波长为 200~1 000 nm 的激光。

激光引起突变的机理,是由于光效应、热效应、压力效应、电磁效应,或者是四者共同作用引发的突变,至今还不清楚。为此激光育种尚未得到国外同行的认可。

9. 离子注入

离子注入是 20 世纪 80 年代中期中国科学院等离子体物理研究所的研究人员发现并投入诱变育种应用的。

优点是对植物损伤轻、突变率高、突变谱广,而且由于离子注入的高激发性、剂量集中和可控性,因此有一定的诱变育种应用潜力。

10. 航天搭载

航天搭载(航天育种或太空育种)是利用返回式卫星进行农作物新品种选育的一种方法。利用空间环境技术提供的微重力、高能粒子、高真空、缺氧和交变磁场等物理诱变因子进行诱变和选择育种研究。

航天搭载育种起步于 20 世纪 60 年代,但只有中国、俄罗斯和美国三国进行该项研究。我国于 1987 年开始进行航天搭载育种,至今已成功地进行了多次航天搭载植物种子试验,在大田作物、蔬菜和花卉等多个物种上育成许多优良新品种,开辟了植物优良品种选育的新途径。见表 2-6-1。

表 2-6-1 各种常用辐射源的特性

辐射	源	性质	能量	危险性	必需的屏蔽	透入组织的深度
X 射线	X 光机	电磁辐射	5 万 ~ 30 万 eV	危险,有穿透力	几毫米厚的铅板,高能的机器除外	几毫米到很多厘米
γ 射线	放射性同位素及核反应堆	与 X 射线相似的电磁辐射	几百万电子伏特	危险,有穿透力	很厚的防护,厚铅或混凝土	很多厘米

辐射	源	性质	能量	危险性	必需的屏蔽	透入组织的深度
β射线	放射性同位素或加速器	正负电子	几百万电子伏特	有时有危险	厚纸板	几个毫米
中子	核反应堆或加速器	不带电的粒子	从不到1 eV到几百万电子伏特	很危险	用轻材料做的厚防护层	很多厘米
紫外光	低压水银灯	低能电磁辐射	低	危险性较小	玻璃即可	很浅
α粒子	放射性同位素	氦核,电离密度很大	$2 \times 10^6 \sim 9 \times 10^6$ eV	内照射时很危险	一张薄纸即可	小于1 mm

(二)物理诱变剂处理方法

1.诱变处理的材料

植物各个部位都可以用适当的方法进行诱变处理,只是有的器官和组织容易处理,有的处理比较困难。最常用的是种子、花粉、子房、营养器官以及愈伤组织等。

(1)种子 有性繁殖植物最常用的处理材料是种子。它的优点:①操作方便、能大量处理、便于运输和贮藏。②种子对环境适应能力强,可以在极度干燥、高温、低温或真空以及存在氮气或氧气等条件下进行处理,适于进行诱变效应等研究。缺点:是所需剂量较大,要求强度大的放射源。

(2)绿色植株 优点:①可以进行整体照射,在γ圃、γ温室或有屏蔽的人工气候室内进行室内处理。②可以局部照射,照射花序、花芽或生长点。③可以在整个生育过程连续或者选择性的照射。

(3)花粉 处理花粉的优点是不会形成嵌合体,花粉受处理后一旦发生突变,雌雄配子结合为异质合子,由合子分裂产生的细胞都带有突变。缺点:有些作物花粉量较少不易采集,花粉存活时间较短,要求处理花粉时在较短时间内完成。

(4)子房 可引起卵细胞突变,还可以诱发孤雌生殖,此法适合对雄性不育植株。

(5)合子和胚细胞 合子和胚细胞处于旺盛的生命活动中,辐射诱变效果较好,特别是照射第一次有丝分裂前的合子,可以避免形成嵌合体,提高突变频率。但是操作技术要求较高。

(6)营养器官 无性繁殖植物。如各种类型的芽和接穗、块茎、鳞茎、球茎、块根、匍匐茎等。如果产生的突变在表型上一经显现,可用无性繁殖方式加以繁殖即可推广。

(7)离体培养中的细胞和组织 将诱发突变与组织培养结合起来进行研究越来越多,并取得了一定成效。用于诱变处理的组织培养物有单细胞培养物、愈伤组织等。

2.辐射处理的方法

辐射处理主要有两种方法,即外照射和内照射。

(1)外辐射 指被照射的种子或植株所受的辐射来自外部某一辐射源,如钴源、X射线源和中子源等。这种方法操作简便,处理量大,是最常用的处理方法。外照射方法又可分为急性照射与慢性照射,以及连续照射和分次照射等各种方式。急性照射与慢性照射的区别主要在剂量率的差异,急性照射剂量率高,在几分钟至几小时内就可完成,而慢性照射的剂量率低,需要几个星期至几个月或几年才能完成。连续照射是在一段时间内一次照射完毕,而分次照射则需间隔多次照射才能完成。

(2)内辐射　将辐射源引入生物体组织和细胞内进行照射的一种方法(慢性照)。内照射的方法主要有:

①浸泡法　将种子或嫁接的枝条放入一定强度的放射性同位素溶液内浸泡。使放射性物质进入组织内部进行照射。

②注射法　用注射器将放射性同位素溶液注入植物的茎秆、枝条、叶芽、花芽或子房内。

③施入法　将放射性同位素溶液施入土壤中,利用根部的吸收作用,使植物吸收。

④涂抹法　用放射性同位素溶液与适当的湿润剂配合涂抹在植物体上或刻伤处,吸收到植物体内。

在进行内照射时,要注意安全防护,防止放射性污染。

3.辐射处理的剂量

适宜的诱变剂量是指能够最有效地诱发育种家所希望获得的某种变异类型的照射量。照射量是诱变处理成败的关键,如果选用的剂量太低,虽然植株损伤小,但突变率很低;如果剂量太高,就会使 M_1 损伤太重,存活个体减少,而且不利的突变增加,同样达不到诱变效果。

(1)不同的作物和品种对辐射敏感性差异很大。大豆、豌豆和蚕豆等豆科作物以及玉米和黑麦对辐射最敏感,水稻、大小麦等禾本科作物及棉花次之,油菜等十字花科作物和红麻、亚麻、烟草最钝感。二倍体较多倍体敏感。

(2)作物的器官、组织以及发育时间和生理状况不同,其敏感性也不同。分生组织较其他组织敏感,细胞核较细胞质敏感,性细胞较体细胞敏感,卵细胞较花粉敏感,幼苗较成株敏感,分蘖前期特别敏感,其次是减数分裂和抽穗期,未成熟种子较成熟的敏感;核分裂时较静止期敏感,尤其是细胞分裂前期较敏感,萌动种子比休眠种子敏感。

(3)处理前后的环境条件也影响诱变效果。种子含水量是影响诱变效果的主要因素之一。水稻种子含水量高于 17％或低于 10％时较敏感,种子含水量在 11％～14％之间的一般不敏感。

在较高水平的氧气条件下照射,会增加幼苗损伤和提高染色体畸变频率,以致相对地提高了突变率。

照射后种子贮存时间的长短会影响种子的生活力,所以一般都在处理后尽早播种。

因作物及品种的遗传背景以及环境条件都可影响诱变效果,最适剂量很难精确确定。必须进行预备试验。诱变育种时,常以半致死剂量(LD_{50},即照射处理后,植株能开花结实存活一半的剂量)和临界剂量(即照射处理后植株成活率约 40％的剂量)来确定各处理品种的最适剂量。各种作物对 γ 射线和快中子处理适宜剂量列于表 2-6-2。

表 2-6-2　几种大田作物 γ 射线和快中子处理适宜剂量参考表
(仿张天真,作物育种学总论)

作物种类	处理状态	适宜 γ 射线(krad)	处理状态	适宜中子流量/cm²
水稻	干种子(粳)	20～40	干种子	$4×10^{11}～6×10^{12}$
	干种子(籼)	25～45	催芽种子	$1×10^{11}～1×10^{12}$
	浸种 48 h	15～20		

作物种类	处理状态	适宜 γ 射线(krad)	处理状态	适宜中子流量/cm²
小麦	干种子	20~30	干种子	$1\times10^{11}\sim1\times10^{12}$
	花粉	2~4	萌动种子	$1\times10^{11}\sim5\times10^{12}$
玉米	干种子(杂交种)	20~35	干种子	$5\times10^{11}\sim1\times10^{12}$
	干种子(自交种)	15~25		
	花粉	1.5~3		
高粱	干种子(杂交种)	20~30	干种子	$10^{10}\sim5\times10^{11}$
	干种子(品种)	15~24		
大豆	干种子	15~25		$10^{11}\sim10^{12}$
棉花	干种子(陆地棉)	15~25	干种子	$10^{11}\sim10^{12}$
	花粉	0.5~0.8		
甘薯	块根	10~30		
	幼苗	5~15		
马铃薯	休眠块茎	3~4		
	萌动块茎	0.6~3		

二维码 2-6-1　主要园艺作物辐射育种常用的材料和剂量参考表（知识链接）

二维码 2-6-2　物理诱变案例

▶ 三、化学诱变剂及其处理方法

（一）化学诱变剂的种类与性质

早在 1948 年,Gustafsson 等曾用芥子气处理大麦获得突变体。1967 年 Nilan 用硫酸二乙酯处理大麦种子育成了矮秆、高产品种 Luther。此后化学诱变剂的研究和应用就逐步发展起来。与物理诱变剂相比,化学诱变剂的特点:①诱发突变率较高,而染色体畸变较少。②对处理材料损伤轻,有的化学诱变剂只限于 DNA 的某些特定部位发生变异。③大部分有效的化学诱变剂较物理诱变剂的生物损伤大,容易引起生活力和可育性下降。④此外,使用化学诱变剂所需的设备比较简单,成本较低,诱变效果较好,应用前景较广阔。⑤但化学诱变剂对人体更具有危险性。化学诱变剂的种类有以下几种:

1. 烷化剂

是指具有烷化功能的化合物。也是在诱变育种中应用最广泛的一类化合物。它带有一个或多个活性烷基。烷化剂可以将 DNA 的磷酸烷化。常用的烷化剂为甲基磺酸乙酯、硫酸二乙酯、乙烯亚铵、亚硝基乙基尿烷(NEU)和亚硝基乙基脲(NEH)。

2.叠氮化钠(Azide,NaN$_3$)

是一种动植物的呼吸抑制剂,它可使复制中的 DNA 碱基发生替换,是目前诱变率高而安全的一种诱变剂。可以诱导大麦基因突变而极少出现染色体断裂。这对大麦、豆类和二倍体小麦的诱变有一定的效果,但对多倍体的小麦或燕麦则无效。

3.碱基类似物

与 DNA 中碱基的化学结构相类似的一些物质。它们能与 DNA 结合,又不妨碍 DNA 复制。但与正常的碱基是不同的,当与 DNA 结合时或结合后,DNA 再进行复制时它们的分子结构有了改变,而导致配对错误,发生碱基置换,产生突变。最常用的类似物有类似胸腺嘧啶的 5-溴尿嘧啶(5-BU)和 5-溴脱氧核苷(BUdR),以及类似腺嘌呤的 5-氨基嘌呤(5-AP)。

4.其他化学诱变剂

其他一些化学诱变剂有,无机化合物如氯化锰、氯化锂、硫酸铜、双氧水、氨等;有机化合物,如醋酸、甲醛、重氮甲烷、羟胺、苯的衍生物等;某些抗生素及生物碱,如抗生素、吖啶类物质等虽也能引起一定的基因突变,但在诱变育种中的实用价值较低。

(二)化学诱变剂处理方法

1.处理材料和方法

与物理诱变一样,种子是主要的处理材料。植物的其他各个部分也可用适当的方法来进行处理。例如芽、插条、块茎、球茎等。此外,还可以处理活体植株的幼穗、花粉、合子和原胚,以提高诱变频率。药剂处理可根据诱变材料特点和药剂的性质而采取不同的方法:

(1)浸泡法 把种子、芽和休眠的插条浸泡在适当浓度的诱变剂溶液中。诱变处理前预先用水浸泡上述材料,可提高对诱变的敏感性。

(2)注入法 在植物茎上作一浅的切口,然后用注射器注射或将浸透诱变剂溶液的棉球包缚切口浸入,此法可用于完整的植株或发育中完整的花序。

(3)涂抹法和滴液法 将适量的药剂溶液涂抹在植株、枝条和块茎等材料的生长点或芽眼上,或用滴管将药液滴于处理材料的顶芽或侧芽上。

(4)熏蒸法 在密封而潮湿的小箱中用化学诱变剂蒸气熏蒸铺成单层的花粉、花序或幼苗。

(5)施入法 在培养基中用较低浓度的诱变剂浸根或花药培养。

2.处理剂量和时间

为了获得较好的诱变效应,对于每一个具体作物或品种的使用剂量,必须通过幼苗生长预备试验来确定。适宜的剂量应根据材料本身的性质、诱变剂的种类、效能、处理方法和处理条件而决定。就禾谷类作物而言,一般认为处理后的幼苗生长下降 30%~40%时,其处理浓度算是合适的,而 EMS 处理时,生长量下降 20%是最适浓度。

化学诱变剂的剂量单位一般以摩尔浓度或质量分数表示。常用化学诱变剂的处理浓度范围和时间可参考表 2-6-3。

表 2-6-3　常用化学诱变剂的处理浓度和时间参考表

（仿胡大成等,园艺植物育种学）

化学诱变剂的种类	处理药剂质量分数/%	处理时间/h
甲基磺酸乙酯(EMS)	0.30~1.50	0.5~3
亚硝基乙基脲(NEH)	0.01~0.05	18~24
N-亚硝基-N-乙基脲(NEU)	0.01~0.03	24
乙烯亚胺(EI)	0.05~0.15	24
硫酸二乙酯(DES)	0.01~0.60	1.5~24
亚硝基甲基脲(NMH)	0.01~0.05	24
1,4-1,4-四氮乙酸丁烷	0.005~0.025	18
叠氮化钠	0.1	2

四、理化诱变的特异性和复合处理

二维码 2-6-3　化学诱变案例

(一)理化诱变剂的特异性

射线处理容易引起染色体的断裂,其断裂往往在异染色质的区域,因此突变也发生在这些区域邻近的基因中。

1.目前已发现一些诱变剂对突变有一定的特异性

例如大麦的直立型突变体(具有密穗、茎坚韧和矮秆的类型)位点(ert-a、ert-e、ert-d),因不同诱变剂所引起的突变也不同。ert-a 对于密度较低的射线(X 和 γ 射线)出现的频率高于密度较高的中子或 a 射线。ert-e 对于中子处理的诱变频率较高。化学诱变剂的反应也不同,对 ert-e 诱变频率较低,而对 ert-a 和 ert-d 诱变频率较高。在大麦和水稻的突变谱方面,以射线诱发白化苗和染色体畸变较多,而化学诱变剂诱发淡绿苗、黄化苗和不育性的频率较高。

2.不同品种对各种诱变剂的效果也有差异

这些因素都造成诱变育种工作的困难,如果能够很好地了解诱变剂的特异性,将对定向诱变开辟广阔的道路。

(二)诱变剂的复合处理

突变率是随着诱变剂剂量的增大或处理时间的延长而增加,而且几种诱变剂复合处理比单独处理更能提高突变率。

第二节　倍性育种

倍性育种是根据育种目标要求,采用染色体加倍或染色体数减半的方法选育植物新品种的途径称为倍性育种。目前最常用的是整倍体,包括两种形式,一是利用染色体数加倍的多倍体育种,一是利用染色体数减半的单倍体育种。

作物遗传育种

▶ 一、单倍体育种

单倍体育种是指利用诱发单性生殖(如花药培养)的方法,使杂交后代的异质配子形成单倍体植株,经染色体加倍成为纯系,然后进行选育获得新品种的方法。

(一)单倍体的概念与特点

1. 单倍体的概念

单倍体是指具有配子染色体数目的细胞和植物体。它可分为:一倍体和多倍单倍体。一倍体,即只含一组染色体,如玉米单倍体等;多倍单倍体,即含有一个以上染色体组,如陆地棉的单倍体、普通小麦的单倍体等。

2. 单倍体的特点

单倍体一般具有以下几个特点:

(1)形态与其二倍体亲本基本相似,生长瘦弱,植株、叶片、穗子、花器或花药等都较小。

(2)高度不育,雌、雄配子均败育,不论自交还是授给正常花粉,其结实率均极低。

(3)加倍后成为纯合二倍体,恢复育性。

(二)单倍体育种的意义

单倍体本身没有任何生产应用价值,但将单倍体技术应用于作物育种中,则有如下优点:

(1)控制杂种分离,缩短育种年限 杂交育种年限较长。单倍体育种直接将 F_1 或 F_2 代杂种的花药进行离体培养,诱导其花粉发育成单倍体,再经染色体加倍后,就可得到纯合的二倍体。这种纯合体相当于同质结合的纯系,在遗传上是稳定的,不会发生性状分离。这样,从杂种到获得纯合品系,只需要一个世代。

(2)提高获得纯合材料的效率 如假定只有二对基因差别的父、母本进行杂交,其 F_1 代出现纯显性个体的概率是 $1/16$,而用杂种 F_1 代的花药离体培养,并加倍成纯合二倍体后,其纯合显性个体出现的概率是 $1/4$。

(3)排除显隐性的干扰,提高选择的准确性 假如要选择纯显性个体,单倍体育种中只有一种基因型 AABB,表现型也只有一种,一选就准;但在杂交育种中,由于存在基因间显隐性的干扰,AABB 和 AABb、AaBB、AaBb 三种基因型在表现型上相同,无法区别,且该表现型在 F_2 代群体中出现的概率高达 $9/16$,更加难以取舍。所以,与杂交育种相比,单倍体育种后代选择的准确性可以大大提高。

(三)单倍体产生的途径

产生单倍体途径有两个,自然发生和人工诱发。自然界单倍体的产生是不正常受精过程产生的。一般通过孤雌生殖、孤雄生殖或无配子生殖等方式产生。孤雌生殖是指卵细胞未经受精而发育成个体的生殖方式。孤雄生殖是精子入卵后未与卵核融合,而卵核发生退化、解体,精核在卵细胞内发育成胚。无配子生殖是指助细胞或反足细胞未经受精而发育为单倍体的胚。由于在自然界单倍体出现的频率极低,只有 $0.001\% \sim 0.01\%$,因此,并未得到广泛的利用。目前,人们诱导单倍体植株主要采用整体操作技术和花药、花粉的离体培养技术。

1. 整体操作技术

(1)雌核发育 通过阻止授粉途径(利用预先离子辐射处理的花粉或使用不亲和花粉),引起未受精卵细胞发育成单倍体植株。

(2)胚珠雄核发育 由有雄核的卵细胞发育成单倍体植株。在这种发育途径中,卵细胞核在受精前发生消失或失活。

(3)通过远缘杂交消除一个亲本的基因组 这种情况出现在属间和种间杂交中,在受精之后的发育过程中双亲之一的基因组被选择性消除。于是,形成的胚只具有一亲本的基因组,由此发育形成的单倍体植株。

(4)半受精 杂交过程中,卵细胞核与萌发花粉粒产生的精核不发生融合,各自独立地进行分裂,产生嵌合的单倍体植株。

(5)化学处理 一些化学试剂如氯霉素和对氟苯丙氨酸,可能诱导体细胞或组织中的染色体丢失,产生单倍体。用甲苯蓝、顺丁烯二酰肼、一氧化二氮和秋水仙素也可能产生类似的结果。

(6)高低温处理 高低温处理,可以起到抑制配子融合,诱导单倍体的作用。

(7)辐射效应 据报道,X射线或紫外线能诱导染色体断裂,导致亲本的染色体丢失,形成单倍体植株。

2. 花药、花粉的离体培养技术

花药和花粉培养都指在合成培养基上,改变花粉的发育途径,使其不形成配子,而像体细胞一样进行分裂、分化,最终发育成完整植株。只不过后者是将花粉从花药中游离出来,成为分散或游离态进行培养。从组织器官角度来说,花药培养属于器官培养的范畴,而花粉培养属于细胞培养的范畴。但两者的目的都一样,就是要诱导花粉细胞发育成单倍体植株。

(四)单倍体的鉴定与二倍化

鉴定单倍体主要有两种方法,一种是进行细胞学鉴定,即检查体细胞中的染色体数及花粉母细胞中的染色体数目及配对情况,这是较为可靠的方法;另一种是根据形态特征进行鉴定,因为单倍体与相应的双体正常植株相比,有明显"小型化"特征,细胞及器官变小,植株矮小。此外,单倍体是高度不育的,鉴定花粉的育性也是鉴定单倍体植株的重要方法。一般情况下,上述三个方面均要进行鉴定,才能确定某一植株是否是单倍体。

单倍体植株能正常地生长到开花期,但由于缺少同源染色体,减数分裂不能正常进行,因而不能形成有活力的配子。为了得到可育的纯合二倍体,必须把单倍体植株的染色体组加倍。虽然在花粉植株中染色体可自发加倍,但其频率太低。通过人工措施则可显著提高加倍频率。

(五)单倍体育种的主要步骤

1. 诱导单倍体材料的选择

应选择表现型优良的个体作为诱导材料,因为诱导出的单倍体受供试植株基因型的影响,诱导材料带有不良基因,这些基因很可能在诱导出的单倍体中出现。

2. 单倍体材料的获得

获得单倍体的途径有两个主要方面,一个是利用自然界的单倍体变异株。虽然自然界植物单倍体发生的频率较低,但确实存在这类变异。例如,甘蓝型油菜中发现自然发生的单倍体,染色体加倍后即育成了马荞酸品种(maxishaplona)。棉花中出现的半融合生殖材料能够产生单倍体。水稻、亚麻等植物的双胚苗、多胚苗中会产生单倍体。应在育种过程中注意寻找单倍体类型。另一途径是通过人工的方法诱导单倍体。

3.单倍体材料染色体加倍

经过选择获得的单倍体经秋水仙碱及其他方法加倍后,可获得双体植株。

4.二倍体材料的后代选育

对于获得的二倍体材料可按常规育种方法进行性状的系统鉴定,从中选出各类符合育种目标的优良品系,选择方法同常规育种。单倍体加倍后,植株的基因型是纯合的,可进行株系比较试验及选择,按系统育种的方法进行。

二、多倍体育种

(一)多倍体的种类及特点

1.多倍体的种类

(1)同源多倍体 形成多倍体的染色体组来自同一物种。如 AAA(同源三倍体),AAAA(同源四倍体)。

(2)异源多倍体 由两个或两个以上不同物种的染色体组组成。如 ABD(异源三倍体),AABBCC(异源六倍体)。

这种多倍体广泛存在,如陆地棉($A_1A_1D_1D_1$)、硬粒小麦(AABB)等是异源四倍体,普通小麦(AABBDD)是异源六倍体。异源多倍体染色体配对与分离正常,结实率较高。

2.多倍体的特点

在栽培作物中,香蕉是同源三倍体,马铃薯、苜蓿是同源四倍体,甘薯是同源六倍体。与二倍体作物相比,同源多倍体作物常具有下列特点:

(1)巨大性 在体形和细胞上都表现出明显的巨大性:叶片变宽增厚、茎粗壮;花、果实、种子增大;气孔与花粉增大等。多倍体形态上的巨大性还表现在气孔与花粉的增大,并且这种增大可用作鉴定多倍体的初步指标。

(2)生理特性发生变化 许多多倍体植物具有生长缓慢、发育延迟、呼吸和蒸腾作用减弱、水分增加、输导作用较差等生理特性方面的变化。

(3)适应性强 多倍体植物由于形体及生理特性等发生了变化,一般能适应不良的环境条件,具有耐紫外光、耐寒、耐旱等特性。如非洲西北部沙漠中有一种画眉草属植物,有 3 个种,一年生二倍体种分布在多水的湖区边缘;多年生四倍体种分布在较干燥地区;多年生八倍体种则表现了极强的耐旱能力,分布在极端干旱的沙丘地带。

(4)育性差,结实率低 同源多倍体由于染色体组来自同一个物种,细胞内有两个以上的同源染色体,减数分裂时可联会形成多价体,使减数分裂行为出现异常,同源三倍体会高度不育,同源四倍体部分不育。如无籽西瓜、无籽葡萄、无球悬铃木、蓬蒿菊、梅花、樱花、卷丹等三倍体种。但异源多倍体的染色体由两个或两个以上不同物种的染色体所组成,减数分裂时同源染色体能正常联会,不出现多价体,使减数分裂正常,高度可育。

▶ (二)多倍体育种的概念及意义

1.多倍体育种的概念

多倍体育种:利用人工的方法诱导植物形成多倍体,进行选育获得新品种的方法。与常规育种相比,具有重要意义。

2.多倍体育种的意义

(1)创造新物种、新作物或新品种　人类栽培的作物中,小麦、花生、烟草、甘薯、马铃薯、陆地棉、海岛棉、甘蓝型和芥菜型油菜等都是多倍体。它们都是由二个或二个以上的二倍体种经自然杂交、加倍和长期进化而成的。人工创造的异源多倍体小黑麦,同源三倍体的甜菜和西瓜、同源四倍体的水稻、荞麦、葡萄等,都已在生产上应用,并取得了明显的经济效益。

(2)多倍体在植物进化中起着重要作用　多倍体在自然界普遍存在,被子植物中 1/2 以上为多倍体,花卉中 2/3 为多倍体。

(3)通过染色体加倍,克服远缘杂交的困难　通过远缘杂交或种间杂交产生的一些性状优良的个体,它们往往不育或育性很低,如果将这些杂种的染色体加倍或诱导其形成异源多倍体,就可创造出性状优良且可育的新物种或类型。如普通小麦和节节麦杂交时,正反交均不成功,只有将节节麦加倍成同源四倍体后,杂交才能成功。

(三)诱导多倍体材料的选择

1.选用经济性状优良的品种

多倍体的遗传性是建立在原低倍材料基础上的,染色体加倍后,只能使其原有性状得到加强或减弱,而不会产生新性状,所以要获得优良的多倍体品系,必须挑选优良的亲本。

2.选用染色体数目少的材料

染色体数少的植物对染色体加倍的反应较好,特别是二倍体植物较易引变成多倍体。一般认为,超过六倍体水平以上的多倍体,往往是无益的。

3.单性结实或以收获营养器官为目的的作物

由于同源多倍体具有结实率低、种子不饱满等缺点,所以在禾谷类作物上要育成优良的同源多倍体品种难度较大。但染色体数目的倍增对增大营养器官等有良好效果,所以对利用营养器官为收获目的的作物,如牧草,蔬菜,肉质的根、茎植物、无性繁殖植物等,诱导培育多倍体较易成功。

4.选用多个品种进行处理

不同的种、品种,由于遗传基础不同,多倍化后的表现不同,处理材料多较易获得成功。

(四)人工诱导产生多倍体的途径与方法

在自然条件下,体细胞的染色体是能够加倍的,比如果树上出现的多倍体的芽变现象。此外,通过配子未减数的途径,也可产生各种多倍体。但这种天然染色体变异的概率很低,无法满足育种要求,所以在倍性育种过程中,主要是依靠人工方法诱导多倍体的产生。

1.物理因素诱导

利用物理因素虽可使染色体组加倍,但频率很低。利用 X 射线、γ 射线、中子等辐照处理,在促使染色体数目加倍的同时,也引起了染色体的损伤、断裂、丢失等,成功率也不高,所以物理法不理想。

2.化学因素诱导

化学法的药剂主要有秋水仙碱、富民农、萘嵌戊烷等,以秋水仙碱效果好、应用多。

(1)秋水仙碱诱发多倍体的原理　秋水仙碱的作用在于,当它与正在分裂的细胞接触后,使分裂的细胞核纺锤丝立即缩小,染色体不向两极移动,而停止在细胞分裂中期,从而产生染色体加倍的核。它对染色体结构无显著影响;浓度合适时,对细胞毒害不大。

(2)秋水仙碱诱发多倍体的原则

①处理材料　有效地诱变刺激,只发生在细胞分裂活跃状态的组织。因此,要想获得成功的多倍体植株,以处理萌动的种子、子叶生长点、花蕾、幼苗为宜。

②处理浓度　常用的浓度为 0.01%～1.0%,以 0.2%最常用。秋水仙素通常配成水溶液。根据需要,也可将秋水仙素配成酒精溶液、甘油溶液,或制成羊毛脂膏、琼脂、凡士林等制剂。在药液中加入 1%～4%的二甲基亚砜作载体剂,能促进秋水仙素对植物组织的渗透,提高染色体加倍效果。

③处理时间　发芽种子数小时至 3～10 d,处理插条、接穗一般 1～2 d。

④处理时的温度　温度是否适宜对处理的成功率影响很大,高温往往不利,一般控制在 20℃左右。处理完后,用水冲洗药剂,以防止药害。经过处理的植株,应精心管理,使之逐渐恢复生长。秋水仙素对人有剧毒,使用时应注意。

(3)处理方法

①浸渍法　配适宜浓度(避免蒸发)加盖、闭光。可浸渍幼苗、新梢、种子、球根。种子、球根处理后应冲洗干净后播种(防止阻碍根系发育)。处理幼苗时为防止根系受害,可将盆钵架起并倒置。

②涂抹法　配成一定浓度的乳剂,涂于幼苗、枝条的顶端。处理部位要适当遮盖,减少蒸发并防雨。

③滴液法　对较大植株的顶芽、腋芽处理时可采用此法。常用浓度为 0.1%～0.4%,每日滴 1 至数次,反复处理数日。如溶液在上面停不住,可将小片脱脂棉包裹幼芽,再滴液。

④套罩法　保留新梢的顶芽,除去顶芽下面的几片叶,套上一个防水的胶囊,内盛有含 1%秋水仙碱的 0.65%的琼脂,经 24 h 即可去掉胶囊。此法优点是不需要加甘油,可避免甘油引起药害。

⑤其他方法 如毛细管法、注射、喷雾、培养基法等。

3.组织或细胞培养法

(1)胚乳培养　很多二倍体被子植物在有性繁殖过程中,二倍体的极核与单倍体的雄配子结合形成三倍体的胚乳,所以可以在体外单独培养胚乳细胞,使之分化成新的植株,得到该物种的三倍体。

(2)细胞融合　又叫体细胞杂交法,用人工方法将两个不同种或不同属的植物细胞的原生质体融合,使一个细胞的细胞核进入另一个细胞,融为一个细胞核,使细胞核中染色体数量增加。

（3）组织培养中体细胞无性系变异　人们发现在离体培养的植株中,不仅含有染色体数为 $2n$ 的细胞,还发现一些 $4n$、$8n$,甚至 $16n$ 的多倍性细胞,可以单独培养形成多倍体植株。

（五）多倍体植物鉴定与选择利用

1. 多倍体的鉴定

秋水仙碱处理通常能诱发 10%～30% 的多倍体植株,高者达 50% 以上。但在加倍的植株中还有完全加倍和部分加倍而成嵌合体的,因此植株经处理后,一定要进行鉴定。

（1）直接鉴定法　检查花粉母细胞或根尖细胞内的染色体数目是否已经加倍,这是最可靠的鉴定方法。直接鉴定时如有嵌合体存在,还必须进行后代观察。

（2）间接鉴定法　即根据多倍体植株的形态特征或生理特性进行判断。鉴定异源多倍体与同源多倍体的方法不同。异源多倍体的育性和结实正常,是一个易于识别而又可靠的标志。同源多倍体植株呈巨型性,花器、花粉粒、气孔保卫细胞及种子等都变大,且结实率低。

2. 多倍体的选择与利用

（1）选择　人工诱变多倍体只是育种工植的开始,因为任何一个新诱变成功的多倍体都是未经筛选的育种原始材料,必须对其选育,才能培育出符合育种目标的多倍体新品种。

对于只能用种子繁殖的一二年生草本植物,要想克服结实低和后代分离的现象,必须通过严格的选择方法,不断选优去劣,以逐步克服以上缺点。有自交不亲和的种类,还必须保留较多的多倍体亲本,一般容易失去其后代。

一般多倍体的种籽粒大而圆,结实率较低。多倍体植株进行无性繁殖时,必须利用主枝,如果利用侧枝时,因有嵌合体的存在,必须经过精密的鉴别才能进行,否则多倍体的系统就难以保持。此外多倍体需要较多的营养物质和较好的环境条件,栽培时应稀植,使性状充分发育,并加强栽培管理。

（2）利用　同源多倍体结实率低,后代也存在分离的现象。但很多植物都可以用无性繁殖。因此,一旦选出优异的多倍体植株就可直接采用无性繁殖加以利用和推广。

二维码 2-6-4　无籽西瓜的培育案例

二维码 2-6-5　航天诱变育种技术在作物育种上的应用（知识链接）

❓复习思考题

1. 简述物理诱变剂的种类、辐射源和主要特性是什么?

2. 试述辐射诱变处理的材料与相应的处理方法?

3. 如何确定最适宜的辐射剂量?

4. 主要化学诱变剂的种类、性质和诱变原理是什么? 使用中应注意哪些问题?

5.如何确定化学诱变剂的处理浓度和处理时间？

6.诱变育种与其他育种(如杂交育种)在后代处理上有何异同？

7.植物诱变育种的特点和发展趋势是什么？

8.什么是倍性育种？

9.什么是单倍体育种？有什么意义？

10.什么是多倍体育种？有什么意义？

11.单倍体和多倍体植株在外观上有哪些特点？

12.诱导多倍体材料的选择应注意哪些原则？

13.人工诱导单倍体和多倍体的方法有哪些？

生物技术在作物育种中的应用

>> **知识目标**

1. 了解植物细胞工程育种的基本方法及其特点。

2. 了解转基因育种程序及其他特点。

3. 了解分子标记辅助选择育种特点及方法。

4. 认识转基因生物的安全性有关问题。

>> **技能目标**

掌握植物组织培养的基本操作技术。

生物技术也即生物工程技术，是应用自然科学及工程学的原理，以微生物体、动植物体或其组成部分（包括器官、组织、细胞或细胞器等）作为生物反应器将物料进行加工，提供产品为社会服务的技术。生物工程主要包括基因工程、细胞工程、酶工程、蛋白质工程和微生物工程等。由于基因工程和细胞工程都是以改变生物遗传性状为目的的技术，所以又统称遗传工程。

随着现代生物技术的发展，细胞工程育种、基因工程育种以及分子标记技术等已趋成熟，广泛应用于动植物品种遗传改良，在打破物种生殖隔离、目标性状定向选育等方面表现出诱人的魅力，展现出极其广阔的应用前景。

第一节　细胞工程与作物育种

植物细胞工程（plant cell engineering）是以植物组织和细胞培养技术为基础发展起来的一门学科，是细胞水平上的遗传工程。它以细胞为基本单位，在体外条件下进行培养、繁殖或人为地使细胞某些生物学特性按人们的意愿生产某种物质的过程。植物细胞工程的应用在 20 世纪 60 年代就已受到重视，但真正的应用研究在 70 年代才进入高潮。我国第一个用花药培养育成烟草品种，随后又育成了一些水稻、小麦新品种。如"花培 5 号"小麦、"华双 3 号"油菜、"中花 8 号"水稻等大面积推广的品种都是利用细胞工程技术培育的。

细胞全能性（cell totipotency）是指生物体的每一个具有完整细胞核的体细胞都含有该物种所特有的全部遗传信息。在适当的条件下，具有发育成为完整植株的潜在能力。细胞全能性是植物细胞工程的理论基础。早在 1902 年，德国植物学家 Haberlandt 就预言，植物体细胞在适宜条件下具有发育成完整植株的潜在能力，只是由于受到当时技术和设备的条件限制，他的预言未能用实验证实。直到 1958 年，Steward 和 Shantz 用胡萝卜根韧皮部细胞悬浮培养，从中诱导出体细胞胚并使其发育成完整小植株，第一次用实验证明了 Haberlandt 提出的植物体细胞全能性学说，大大加速了植物组织培养研究的发展。随着克隆羊、克隆牛的成功，也证实了动物体细胞也具有全能性。

▶ 一、细胞和组织培养与作物育种

植物细胞和组织培养（plant cell and tissue culture）是指利用植物细胞、组织等离体材料，在人工控制条件下使其生存、生长和分化并形成完整植物的一种无菌培养技术（图 2-7-1）。在 50 多年的发展中，以植物组织培养为基础的生物技术的研究与发展为植物育种提供了一些新的实验方法和手段，并且亦培养出一比在生产上有利用价值的品种。

在植物组织培养中，培养物的细胞处于不断分裂状态，易受培养条件和外界压力（如射线、化学物质等）的影响而发生变异，可以进行突变体的筛选。由体细胞培养所获得的再生植株一般称为体细胞无性系，所以将体细胞培养过程中产生的变异植物称为体细胞无性系变异，又叫体细胞克隆变异。

国内外许多研究表明，体细胞无性系变异是获得遗传变异的一个新途径。体细胞无性系变异所具有的变异范围广泛、单基因或少数基因变异较多等特点，适用于对优良品种进行

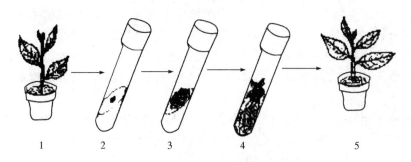

图 2-7-1　植物组织培养流程图

1.外植体来源　2.外植体培养　3.愈伤组织　4.再生小植株　5.再生植物

有限的修饰与改良,以增强作物的抗病性、抗逆性、改进品质等。例如,在抗病育种中,利用病菌毒素作为筛选剂进行抗病突变体的筛选是一种有效的方法。Carlson(1973)在这方面做了开拓性的工作,他用烟草花药培养的愈伤组织得到细胞悬浮系,从单倍体植株的叶肉得到原生质体,经 EMS 诱变后,在含有野火病菌致病毒素类似物氧化亚胺蛋氨酸(MSO)的培养基上进行筛选,获得抗病细胞系并再生了植株。国内外学者在甘蔗、玉米、马铃薯、水稻、棉花等多种植物利用体细胞无性变异成功筛选出抗病突变体,其再生植株表现明显的抗病性。在抗除草剂育种方面,Chaleff 等(1984)以烟草单倍体愈伤组织为材料,获得抗 chlor—sulfuron 和 sulfometuron methyl 的烟草突变体植株。Anderson 等(1986)从玉米体细胞无性系中筛选到耐咪唑啉酮类除草剂的突变体,对该除草剂的耐性提高 100 倍,再生植株及其后代在田间条件下对该除草剂均具有较好的耐受性。在抗逆性选择方面,Nabors 等(1980),以 NaCl 或海水为选择剂,对细胞或诱变细胞进行筛选,多数突变体的抗性能延续多代;Gossett 等(1994)筛选出能忍耐 200 mmol/L NaCl 的细胞系,与抗盐有关的生化指标明显高于对照。Smith 等(1982)从高粱种子诱发的愈伤组织获得了耐旱的再生植株及种子,与对照相比其耐热性、耐旱性均有显著差异。在品质育种方面,Carlson(1973)首次筛选出的抗蛋氨酸类似物的烟草突变体,其蛋氨酸含量比对照高 5 倍。利用不同的植物为材料,分别进行了抗缬氨酸、苏氨酸等氨基酸筛选以及抗赖氨酸、蛋氨酸、脯氨酸、苯丙氨酸与色氨酸等氨基酸类似物的筛选。氨基酸含量测定表明,一些氨基酸能提高 6～30 倍(Widholm,1977),苏氨酸的含量可提高 75～100 倍(Hibberd 等,1982);Evans 等(1984)曾在番茄的无性系变异中选出了一种干物质含量比原品种高的新品种。赵成章等(1984)从水稻幼胚愈伤组织获得的大量再生植株后代中选出了一些矮秆、早熟、千粒重增高、有效穗数多的新品系。

目前,离体筛选有用突变体的工作虽有较多报道,但真正能应用的事例还很少,今后要加强突变体的遗传规律研究、育种利用研究和变异的分子遗传研究,在理论和实践上推动该方面研究的发展。

▶ 二、单倍体细胞培养

单倍体细胞培育主要包括三个方面,花药培养、小孢子培养和未受精子房及卵细胞培养,其中花药和小孢子培养是体外诱导单倍体的主要途径(图 2-7-2)。

1964 年,印度学者 Guha 等首次从毛曼陀罗花药培养出单倍体植株,以后单倍体诱导技

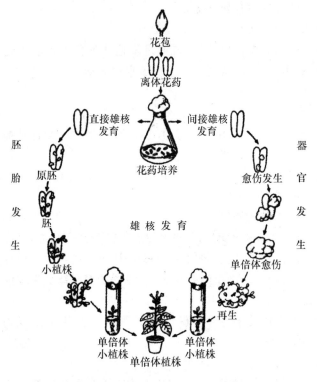

图 2-7-2　花药培养与单倍体植物的形成（Reinert 等，1977）

术迅速在茄科植物中获得应用,现在这项成果已在 300 多种植物上获得成功。单倍体育种的技术路线如图 2-7-3 所示。

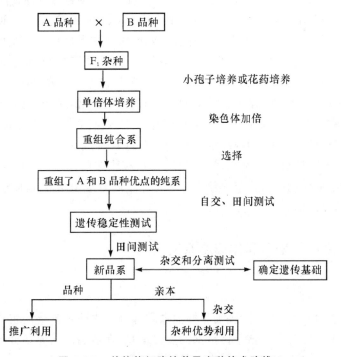

图 2-7-3　单倍体细胞培养及育种技术路线

单倍体应用于作物育种中有如下优点：

1. 使后代快速纯合产生纯系

杂交后代通过花药培养获得单倍体，再通过染色体加倍即可获得纯合系。对于异花授粉作物，可以快速筛选出自交系，从而大大缩短了育种周期。

2. 提高选择效率

如果某一性状受一对基因控制，在 $AA \times aa \to F_1 \to F_2$ 中，纯合 AA 个体只有 1/4。如 F_1 采用花药或花粉培养，产生的后代中 AA 个体占 1/2，比常规杂交育种提高 1 倍。如属两对基因控制，$(AAbb \times aaBB)F_2$ 中，我们要选出 AABB 个体的概率只有 1/16，若采用 F_1 花药或花粉培养，F_1 代 AaBb 产生 AB、Ab、aB、ab 四种花粉，加倍后 AABB 个体的频率可达 1/4，比常规杂交育种效率提高 4 倍。

3. 排除杂种优势对后代选择的干扰

对于杂交育种来讲，由于低世代很多基因位点尚处于杂合状态，会有不同程度的杂种优势表现，对个体的选择会造成一定误差，直接用单倍体进行染色体加倍后的群体进行选择育种，由于各基因位点在理论上均处于纯合状态，选择到的变异能更大程度上代表真实变异。

4. 突变体的筛选

由于单倍体的各基因均处于纯合状态，突变体很容易表现出来，从而大大提高了抗性或其他突变体的筛选效率。

5. 遗传研究的良好材料

单倍体是进行连锁群体构建、QTL 估计及定位、基因互作检测和遗传变异估计等数量遗传学的良好材料。尤其是近代分子生物学的发展，DH 系在一定程度上作为一种永久 BC 或 F_2 群体，已成为分子标记作图的良好群体。单倍体还可以用来创造非整倍体材料，利用单倍体与二倍体杂交，就可以创造一系列的非整倍体，进行染色体的遗传功能的研究。

我国花培育种技术走在世界前列，培育出水稻、小麦、玉米、油菜等多种农作物新品种几十个，有的已推广很大面积，在生产上发挥着重要作用。在水稻育种上花培技术应用成效尤其突出。李梅芳等育成的"中花"系列粳稻花培新品种，表现了丰产、品质好的优点。用花药培育提纯更新不育系、保持系，其产量比对照增产 10% 以上。在育种方法上，将花药培养育种与南繁加代相结合，大大缩短了育种周期。目前，将花药培养技术应用于超高产杂交稻的选育，即把水稻的广亲合基因导入不育系和恢复系中，进行籼粳亚种间的杂交，应用花药培养技术加速培育籼粳杂交种，为提高水稻产量开拓新途径。

尽管花药培养育种取得了突出成绩，但还存在相当多的问题，如诱导率偏低且不稳定，嵌合体较多，禾本科作物的白化苗现象严重等。相信随着组织培养技术的改进，会有更多的新品种通过花药培养的技术产生。

三、植物原生质体培养和体细胞杂交

(一)原生质体培养

原生质体是指植物细胞中除去细胞壁的裸露部分。去除细胞壁的植物原生质体具备下列特点：每个原生质体都含有该个体全部的遗传信息，在适当的培养条件下具有再生成与其亲本相似个体的全能性；在同一时间内获得的大量原生质体在遗传上是同质的，可为细胞生物学、发育生物学、细胞生理学、细胞遗传学及其他一些生物学科提供良好的实验体系;原生质体能够克服性细胞的不亲和障碍,有利于进行远缘的体细胞杂交;原生质体可以直接摄取外源的 DNA、细胞器、病毒、质粒等,是进行遗传转化研究的理想受体。因此,植物原生质体在改变植物遗传性、改良作物品种的应用研究以及生物学的基础理论研究中有着广泛的用途。

分离原生质体的方法一般有机械法分离和酶法分离两种,机械法分离是早期采用的分离方法,先对材料进行质壁分离处理,然后切割,这一过程中会释放出少量的不受损伤的原生质体。用这一方法仅能从液泡很大的材料获得原生质体,而不能应用于分生细胞:

酶法分离原生质体是目前常用的方法,可分为一步法和二步法。二步法是先用果胶酶处理材料,降解细胞间层使细胞分离,再用纤维素酶水解胞壁释放原生质体。

原生质体的培养过程包括原生质体的分离、纯化、活力鉴定、诱导再生植株等内容。植物的细胞壁由纤维素、半纤维素、果胶质及少量蛋白质等成分组成,细胞壁之间由胞间层黏着在一起。分离原生质体先除去胞间层,游离出单个细胞,再去除各个细胞的细胞壁。分离原生质体目测常用的方法为酶解法,又有一步法和两步法之分,目前主要采用一步法,即将果胶酶和纤维素酶等混合处理材料,直接分离获得原生质体。分离原生质体后在培养之前要进行活性测定,以胞质环流速度、氧的摄入量、光合活性等作指标或是用 Evan's blue 或二乙酸荧光素染色等方法测定。经分离纯化的原生质体在培养前调到适合原生质体培养的密度($10^3 \sim 10^5$/mL)后再进行培养,根据作物和材料来源不同选择不同的培养方法。如平板培养、液体浅层培养、悬滴培养、琼脂糖包埋、液固双层培养、看护培养等都是原生质体培养常用的方法。原生质体培养的适宜温度一般为 $22 \sim 25\,℃$,过高过低的温度都有害。但也有些植物要求 $27 \sim 30\,℃$,在 $25\,℃$ 时则不能形成愈伤组织。在适当的培育条件下,原生质体很快就开始细胞壁再生和细胞分裂,一段时间后,在培养基上出现一团肉眼可见的细胞团,即形成愈伤组织。将愈伤组织转移到分化培养基上诱导芽和根,使其形成再生植株。

(二)体细胞杂交

体细胞杂交(somatic hybridization)亦即体细胞融合,在植物中亦即原生质体融合。它为克服植物有性杂交不亲和性、打破物种之间的生殖隔离、扩大遗传变异等提供了一种有效手段。从理论上讲,利用适当的物理和化学方法,可以将任何两种原生质体融合在一起,并且利用适宜的培养方法可以由融合的原生质体再生出杂种植株,即产生体细胞杂种。

体细胞杂交包括原生质体分离及融合、杂种细胞筛选及培养、杂种植物再生及鉴定等一系列步骤(图 2-7-4)。诱导原生质体融合的方法常有 $NaNO_3$ 处理、高 pH-高浓度钙离子处理法、PEG(聚乙二醇)法和电融法等。虽然利用 $NaNO_3$ 处理诱发融合在植物中获得了第一个体细胞杂种,但此法的严重缺陷就是融合频率低,并且对来源于叶肉的高度液泡化的原生质体有害。高 pH-高浓度钙离子处理诱发融合的机制不是很清楚,通常认为是改变了膜电位及膜的物理结构。PEG(聚乙二醇)诱导不仅融合率高,且容易使二核融合体频率增加且无特异性。PEG 是一个高分子量的多聚体,$25\% \sim 50\%$ 的 PEG 可立刻刺激原生质体引起收缩并发生聚集。PEG 诱发融合后应逐步去除。PEG 的分子量及浓度、原生质体材料的来源、分离原生质体所用的酶制剂、离子的种类和浓度、融合温度等都会影响原生质体聚集及随后的融合。电融合包括电泳和融合两个步骤,电泳是指在电极的作用下,使原生质体泳到一起,建立一个膜接触状态,形成念珠链;融合是指由于膜的可逆性电激穿促使原生质体发生融合。此法由于避免了化学物质的潜在毒害而受到重视。融合率与很多因素有关。但在应用时要注意一个问题,即电刺激会造成液泡中一些毒性物质的渗漏,影响原生质体活力。

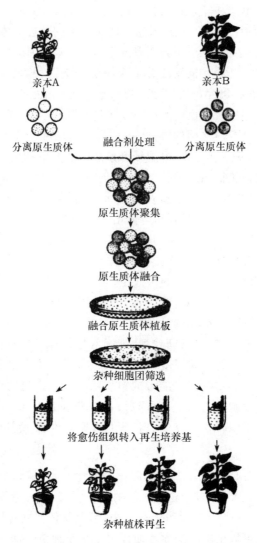

图 2-7-4　植物体细胞杂交与杂种植株再生过程示意图
（Reinert 和 Bajaj，1977）

　　两个亲本的原生质体相互融合后先形成异核体,异核体再生细胞壁后在进行有丝分裂过程中发生核融合,形成杂种细胞。经过融合处理的原生质体材料内既有未融合的两种亲本类型的原生质体,也有同核体、异核体和其他核一质组合,需先进行筛选,再诱导培养获得再生植株。如何选出异源融合体的杂种细胞是一项比较复杂的关键技术,若不及时筛选,亲本原生质体的生长很快就会掩盖杂种细胞的生长。常用的杂种细胞筛选体系有形态互补、遗传互补、代谢互补、生长互补。

　　最后还需要再确定再生植株是否是杂种植株,可以通过形态性状判别、染色体鉴定、同工酶鉴定以及分子标记方法鉴定。

　　目前,利用原生质体融合技术已从很多作物种、属间,甚至科间获得体细胞杂种,创造了一些自然界不存在的植物类型,有效地拓宽了植物育种的资源。例如,用体细胞杂交技术成功选育出雄性不育水稻、烟草新品系,获得马铃薯、甘薯、番茄等作物与其野生种的属间杂种,以及马铃薯与番茄、柑橘与枸橘的杂种。体细胞杂交技术在作物品质育种、抗性育种中取得了明显成效。

二维码 2-7-1　微繁殖技术（micropropagation）的应用（知识链接）

第二节　转基因技术与作物育种

▶ 一、转基因在作物上的应用

　　转基因技术育种即基因工程育种,是在分子水平上的遗传工程育种。它是采用类似于工程设计的方法,借助生物化学的手段,人为地转移和重新组合生物遗传物质 DNA,从而达到改变生物遗传性状,创造新的生物品种或种质资源的技术。

　　转基因育种具有常规育种所不具备的优势。首先,它能够打破自然界的物种界限,大大拓宽可利用的基因资源。实践证明,从动物、植物、微生物中分离克隆的基因,通过转基因的方法可使其在三者之间相互转移利用,并且利用转基因技术可以对生物的目标性状进行定向操作,使其定向变异和定向选择。转基因育种技术为培育高产、优质、高抗,适应各种不良环境条件的作物优良品种提供了崭新的育种途径,大大提高了选择效率。

▶ 二、转基因育种程序

　　利用转基因按术进行作物育种的基本过程可分为:目的基因或 DNA 的获得;含有目的基因或者 DNA 的重组质粒的构建;受体材料的选择和再生系统的建立;转基因方法的确定和外源基因的转化;转化体的筛选和鉴定;转基因植株的育种利用。

(一)目的基因或 DNA 的获得

　　目的基因的获得是利用作物转基因育种的第一步。根据获得基因的途径主要可以分为两大类:根据基因表达的产物——蛋白进行基因克隆;从基因组 DNA 或 mRNA 序列克隆基因。

　　根据基因表达的产物——蛋白进行基因克隆,首先要分离和纯化控制目的性状的蛋白质或者多肽,并进行氨基酸序列分析,然后根据所得氨基酸序列推导相应的核苷酸序列,再采用化学合成的方式合成该基因,最后通过相应的功能鉴定来确定所推导的序列是否为目的基因。利用这种方法人类首次人工合成了胰岛素基因,通过对表达产物与天然的胰岛素基因产物进行比较得到了证实。

　　随着分子生物学技术的发展,尤其是 PCR 技术的问世及其在基因工程中的广泛应用,以及多种生物基因组序列计划的相继实施和完成,直接从基因组 DNA 或 mRNA 序列克隆基因技术已成为获取目的基因主要方法,能够更大规模、更准确、更快速地完成目的基因的克隆。

(二)含有目的基因或者 DNA 的重组质粒的构建

　　通过上述方法克隆得到目的基因只是为利用外源基因提供了基础,要将外源基因转移到受体植株还必须对目的基因进行体外重组,即将目的基因安装在运载工具——载体上。质粒重组的基本步骤是从原核生物中获取目的基因的载体并进行改造,利用限制性内切酶将载体切开,并用连接酶把目的基因连接到载体上,获得 DNA 重组体。

(三)受体材料的选择及再生系统的建立

受体是指用于接受外源 DNA 的转化材料。能否建立稳定、高效、易于再生的受体系统是植物转基因操作的关键技术之一。良好的植物基因转化受体系统应满足如下条件:有高效稳定的再生能力;有较高的遗传稳定性;具有稳定的外植体来源;对筛选剂敏感等。从理论上讲,植物任何有活性的细胞、组织、器官都具有再生完整植株的潜能,因此都可以作为植物基因转化的受体。目前常用的受体材料有愈伤组织再生系统、直接分化再生系统、原生质体再生系统、胚状体再生系统和生殖细胞受体系统等。

(四)转基因方法的确定和外源基因的转化

选择适宜的遗传转化方法是提高遗传转化率的重要环节之一。尽管转基因的具体方法很多,但是概括起来说主要有两类:第一类是以载体为媒介的遗传转化,也称为间接转移系统法;第二类是外源目的 DNA 的直接转化。

载体介导转移法是目前为止最常见的一类转基因方法(图 2-7-5)。其基本原理是将外

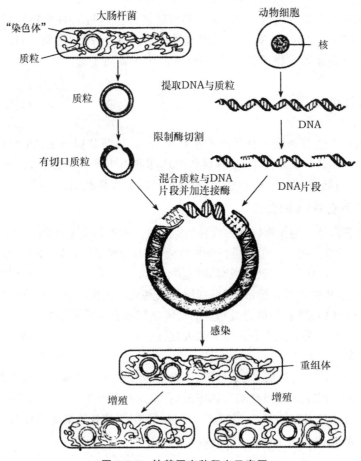

图 2-7-5　转基因育种程序示意图

源基因重组进入适合的载体系统,通过载体携带将外源基因导入植物细胞并整合在核染色体组中,并随着核染色体一起复制和表达。农杆菌 Ti 质粒或 Ri 质粒介导法是迄今为止植物基因工程中应用最多、机理最清楚、最理想的载体转移方法。具体选用叶盘法、真空渗入法、原生质体共培养法等将目的基因转移、整合到受体基因组上,并使其转化。

外源基因直接导入技术是一种不需借助载体介导,直接利用理化因素进行外源遗传物质转移的方法,主要包括化学刺激法、基因枪轰击法、高压电穿孔法、微注射法(即子房注射法或花粉管通道法)等。

(五)转化体的筛选和鉴定

外源目的基因在植物受体细胞中的转化频率往往是相当低的,在数量庞大的受体细胞群体中,通常只有为数不多的一小部分获得了外源 DNA,其中目的基因已被整合到核基因组并实现表达的转化细胞就更加稀少。为了有效地选择出这些真正的转化细胞,有必要使用特异性的选择标记基因进行标记。常用选择标记基因包括抗生素抗性基因及除草剂抗性基因两大类。在实际工作中,是将选择标记基因与适当启动子构成嵌合基因并克隆到质粒载体上,与目的基因同时进行转化。当标记基因被导入受体细胞之后,就会使转化细胞具有抵抗相应抗生素或除草剂的能力,用抗生素或除草剂进行筛选,即抑制、杀死非转化细胞,而转化细胞则能够存活下来。由于目的基因和标记基因同时整合进入受体细胞的比率相当高,因此在具有上述抗性的转化细胞中将有很高比率的转化细胞同时含有上述两类基因。

通过筛选得到的再生植株只能初步证明标记基因已经整合进入受体细胞,至于目的基因是否整合、表达还不得知,因此还必须对抗性植株进一步检测。根据检测水平的不同可以分为 DNA 水平的鉴定、转录水平的鉴定和翻译水平的鉴定。DNA 水平的鉴定主要是检测外源目的基因是否整合进入受体基因组,整合的拷贝数以及整合的位置。常用的检测方法主要有特异性 PCR 检测和 Southern 杂交。转录水平鉴定是对外源基因转录形成 mRNA 情况进行检测,常用的方法主要有 Northern 杂交和 RT-PCR 检测。检测外源基因转录形成的 mRNA 能否翻译,还必须进行翻译或者蛋白质水平检测,最主要的方法是 Western 杂交。在转基因植株中,只要含有目的基因在翻译水平表达的产物均可采用此方法进行检测鉴定。

(六)转化体的安全性评价和育种利用

上述鉴定证实携带目的基因的转化体,必须根据有关转基因产品的管理规定,在可控制的条件下进行安全性评价和大田育种利用研究;从目前的植物基因工程育种实践来看,利用转基因方法获得的转基因植株,常常存在外源基因失活、纯合致死、花粉致死效应;以及由于外源基因的插入对原有基因组的结构发生破坏,而对宿主基因的表达产生影响,以至改变该作物品种的原有性状等现象。此外,转基因植物的安全风险性也是一个值得考虑的问题。因而,通过转基因方式获得的植株还必须通过常规的品种鉴定途径才能用于生产。目前,获得的转基因植物主要用于为培育新的作物品种而创造育种资源。一般在获得转化体后,再结合利用杂交、回交、自交等常规育种手段,最终选育综合性状优良的转基因品种。

▶ 三、转基因作物的生物安全性

在转基因植物取得惊人发展的同时,其安全性也受到人们普遍关注。目前已成为当今世界关注的焦点和制约转基因作物发展的"瓶颈"。从保障人类健康、发展农业生产和维护生态平衡与社会安全的基础出发，为转基因产品健康有序发展，保证转基因作物的生物安全，提出如下建议：

1. 加强转基因产品的安全性研究

在研究与开发转基因产品的同时，必须加强其安全性防范的长期跟踪研究。

2. 建立完善的检测体系与质量审批制度

为确保转基因产品进、出口的安全性，必须建立起一整套完善的、既符合国际标准又与我国国情相适应的检测体系，以及严格的质量标准审批制度。有关审批机构应该相对独立于研制与开发商之外，而且也不应该受到过多的行政干预。

3. 不断完善相关法规

转基因产品安全性法规的建立与执行应该以严格的检测手段为基准。同时应培养一批既懂得生物技术专业知识，又能驾驭法律的专门人才。

4. 加强宏观调控

有关决策层应对转基因产品的产业化及市场化速度进行有序的宏观调控。任何转基因产品安全性的防范措施都必须建立在对该项技术的发展进行适当调控的前提下，否则在商业利益的驱动下只能是防不胜防。

5. 加强对公众的宣传和教育

通过多渠道、多层次的科普宣传教育，培养公众对转基因产品及其安全性问题的客观公正意识，从而培育对转基因产品具有一定了解、认识和判断能力的消费者群体，这对于转基因产品能否获得市场的有力支撑是至关重要的。

6. 为公众提供良好的咨询服务

应该设立足够数量的具有高度权威性的相关咨询机构，从而为那些因缺乏专业知识而难以对某些转基因产品做出选择的消费者提供有效的指导性帮助。

7. 规范转基因产品市场

必须培育健康、规范的转基因产品市场。转基因产品的安全性决定其在市场中的发展潜力。因此，有关转基因产品质量及其安全性的广告宣传，应该具有科学性和真实性。一旦消费者因广告宣传而受误导或因假冒产品而被欺骗，转基因产品就会因消费者的望而生畏而失去市场。

二维码 2-7-2　转基因大豆案例

第三节　分子标记辅助选择育种

长期以来，作物种质资源鉴定及育种材料的选择主要是依赖于植株的表现型进行的，而环境条件、基因间互作、基因型与环境互作等多种因素会影响表型选择效率。因此，育种家在长期的育种实践中不断探索运用遗传标记来提高育种的选择效率与育种预见性。

遗传标记包括形态学标记、细胞学标记、生化标记与分子标记。在育种中常利用的形态性状标记有棉花的芽黄、番茄的叶型、水稻的紫色叶鞘等；细胞学标记是以染色体的核型及非整倍体、缺失、倒位、易位等染色体数目、结构变异为基础；生化标记主要是利用基因的表达产物如同工酶与贮藏蛋白；分子标记是通过遗传物质 DNA 的序列差异来进行标记，即以 DNA 多态性为基础，通过检测基因组的一批识别位点来估测基因组的变异性和多样性。

分子标记是 20 世纪 80 年代发展起来的一项技术，与其他的遗传标记方法相比较有以下优点：①表现稳定，直接以 DNA 形式表现，无组织器官、发育时期特异性，不受环境条件、基因互作影响，在植物的各个组织、各个发育时期均可检测；②数量多，理论上遍及整个基因组；③多态性高，自然界存在许多等位变异，无须专门人为创造特殊遗传材料，这为大量重要性状基因紧密连锁的标记筛选创造了条件；④对目标性状表达无不良影响，与不良性状无必然连锁；⑤成本不是太高，一般实验室均可进行。对于特定探针或引物可引进或根据发表的特定序列自行合成。目前，分子标记已在作物遗传图谱构建、重要农艺性状基因的标记定位、种质资源的遗传多样性分析与品种指纹图谱及纯度鉴定等方面得到广泛应用，尤其是分子标记辅助选择（MAS）育种更是受到人们的重视。

▶ 一、分子标记的类型和作用原理

按其技术特性可将分子标记分为三大类：第一类是以分子杂交为基础的 DNA 标记技术，主要有限制性片段长度多态性标记（RFLP）；第二类是以 PCR 反应为基础的各种 DNA 指纹技术，包括随机扩增多态性 DNA 标记（RAPD）、简单重复序列中间区域标记（ISSR）、扩增片段长度多态性标记（AFLP）、简单序列重复标记（SSR）、序列特征化扩增区域（SCAR）及序标位（STS）等。PCR 反应即聚合酶链式反应，是 Mullis 等（1985）首创的在模板 DNA、引物和 4 种脱氧核糖核苷酸存在的条件下，依赖于 DNA 聚合酶的体外酶促反应合成特异 DNA 片段的一种方法。第三类是一些新型的分子标记，主要有单核苷酸多态性（SNP）、表达序列标签（EST）等。

其中应用于分子标记辅助育种的标记主要有 RFLP、RAPD、AFLP、SSR、STS 等。

1. RFLP 标记的原理

RFLP 即限制性片段长度多态性标记，其原理是植物基因组 DNA 上的碱基替换、插入、缺失或重复等，造成某种限制性内切酶（简称 RE）酶切位点的增加或丧失，这是产生限制性片段长度多态性的原因。对每一个 DNA7RE 组合而言，所产生的片段是特异性的，它可作为某一 DNA 所特有的"指纹"。某一生物基因组 DNA 经限制性内切酶消化后，能产生数百万条 DNA 片段，通过琼脂糖电泳这些片段按大小顺序分离，然后将它们按原来的顺序和位置转移至易于操作的尼龙膜或硝酸纤维素膜上，用放射性同位素（如 ^{32}P）或非放射性物质（如生物素、地高辛等）标记的 DNA 作为探针，与膜上的 DNA 进行杂交，若某一位置上的 DNA 酶切片段与探针序列相似，或者说同源程度较高，则标记好的探针就结合在这个位置上。放射自显影或酶学检测后，即可显示出不同材料对该探针的限制性片段多态性情况。

2. RAPD 标记的原理

RAPD 标记即随机扩增多态性 DNA 标记，它是采用随机排列的寡聚脱苷酸单链作引物，通过 PCR 扩增染色体组中的 DNA 所获得的长度不同的多态性 DNA 片段。RAPD 标记是以 PCR 为基础提出的，但比常规的 PCR 反应对基因组 DNA 分析的效率更高。

3. AFLP 标记的原理

AFLP 标记是对限制性酶切片段的选择性扩增,又称基于 PCR 的 RFLP。其特点是对基因组的 DNA 进行双酶切,提高了 AFLP 标记的多态性,一次可检测到 $100\sim150$ 个扩增产物,因而非常适合绘制品种指纹图谱及遗传多样性的研究。目前,SSR 标记技术已被广泛用于遗传图谱构建、品种指纹图谱绘制及品种纯度检测以及目标性状基因标记等领域,特别在人类和哺乳动物的分子连锁图谱中,已成为取代 RFLP 标记的第二代分子标记。

4. SSR 标记的原理

SSR 标记即简单序列重复标记,又称微卫星标记。SSR 标记是一类由 $1\sim6$ 个碱基组成的基序串联重复而成的 DNA 序列,其长度一般较短,广泛分布于基因组的不同位置,其两端的序列多是相对保守的单拷贝序列。根据微卫星 DNA 两端的单拷贝序列设计一对特异引物,利用 PCR 技术,扩增每个位点的微卫星 DNA 序列,通过电泳分析核心序列的长度多态性。SSR 标记多态性丰富,重复性好,其标记呈共显性,分散分布于基因组中。

5. STS 标记的原理

STS 是序列标签位点或序标位的简称,它是指基因组中长度为 $200\sim500$ bp,且核苷酸顺序已知的单拷贝序列,可采用 PCR 技术将其专一扩增出来。它对基因组研究和新基因的克隆以及遗传图谱向物理图谱的转化研究具有重要意义。STS 引物的获得主要来自 RFLP 单拷贝的探针序列、微卫星序列。其中,最富信息和多态性的 STS 标记应该是扩增含有微卫星重复顺序的 DNA 区域所获得的 STS 标记。

二、重要农艺性状基因连锁标记的筛选技术

目标基因的标记筛选是进行 MAS 育种的基础。用于 MAS 育种的分子标记要符合下列 3 个条件:①分子标记与目标基因紧密连锁(最好 1 cm 或更小,或共分离);②标记的适用性要强,重复性要好,并且能经济简便地进行大量个体的检测;③在不同遗传背景下选择均有效。遗传背景的 MAS 则需要有某一亲本基因型的分子标记研究基础。

分子遗传图谱的建立可以对许多重要农艺性状基因进行标记。目前已经在许多农作物上构建了以分子标记为基础的遗传图谱。这些图谱对重要农艺性状基因的标记和定位、基因的图位克隆、MAS 育种和比较作图以都具有非常重要的意义。鉴于分子标记数目有限,目前首先要选用亲本间的多态性水平高的亲本作为作图亲本,而育种目标性状则考虑较少,这样使遗传图谱的构建与重要农艺性状基因的标记筛选割裂开来。因此,可以根据育种目标选用两个特殊栽培品种作为亲本来构建作物的品种——品种图谱,将构建作物图谱和寻找与农艺性状基因紧密连锁的分子标记有机结合起来。

遗传作图的原理与经典的连锁测验一致,都是基于染色体的交换与重组。基因间的遗传距离可以用重组率来表示,图距单位则用厘摩(centi-Morgan,cM)表示,一个 cM 的大小大致符合 1% 的重组率。遗传图谱只表明基因在染色体上的相对位置,并不反映 DNA 的实际长度。

遗传图谱构建的主要环节为:①根据遗传材料之间的多态性确定亲本组合并建立作图群体;②群体中不同植株的标记基因型分析;③借助计算机程序构建连锁群。

一般将用于分子标记的遗传作图群体分为两类,一类为暂时性分离群体,包括 F_2 群体

和 BC 等;另一类为加倍单倍体(doubled haploid,DH)及重组近交系(recombinant inbred Lines,RIL)等永久性分离群体。自花授粉作物和异花授粉作物作图群体的构建方法如图 2-7-6 所示。

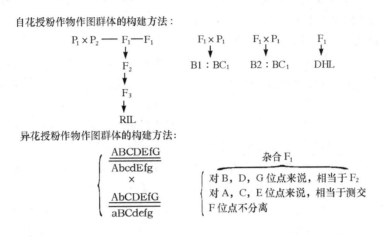

图 2-7-6　自花授粉作物和异花授粉作物作图群体的构建方法

F_2 群体的构建较省时。但每个 F_2 单株所提供的 DNA 有限,且只能使用一代,限制了该群体的作图能力。BC 群体为 F_1 与亲本之一回交产生的群体。该群体的配子类型较少,统计及作图分析较简单,但提供的信息量少于 F_2 群体,且可供作图的材料有限,故不能多代使用。DH 群体是由 F_1 进行花药离体培养或通过特殊技术(如棉花的半配生殖材料)得到单倍体植株后代通过染色体加倍技术得到的纯合二倍体分离群体,可以长期保存。但其构建需要深厚的组织培养基础及染色体加倍技术。RIL 群体是 F_2 群体通过 SSD 法得到的基因组相对纯合的群体。该群体一旦建立,即可代代繁衍保存,利于不同实验室的协同研究,且作图的准确度更高。缺点是费时,且有的物种很难产生 RIL 群体。永久性群体与暂时性群体相比较,至少有两方面长处:第一是群体中各品系的遗传组成相对固定,可通过种子繁殖代代相传,不断增加新的遗传标记,并可使不同的研究小组共享信息;第二是可以重复试验得到性状鉴定的可靠结果。这对于数量性状的分析尤为重要。

有些重要的农艺性状如抗病性、抗虫性、育性、一些抗逆性(抗盐、抗旱)等为质量性状遗传,只受单基因或少数几个主基因控制,在分离世代无法通过表型来识别目的基因位点是纯合还是杂合,在几对基因作用相同时,无法识别是哪些基因在起作用。特别是一些质量性状的表现还受遗传背景、微效基因以和环境条件的影响。所以利用分子标记技术来定位、识别质量性状基因,特别是利用分子标记对一些易受环境影响的抗性基因的选择就变得相对简单。

三、分子标记在遗传育种中的应用

(一)遗传图谱的构建与重要农艺性状基因的标记

分子标记提供了大量的遗传标记,通过建立分子遗传图谱,可同时对许多重要农艺性状基因进行标记。目前,在许多农作物上已构建了以分子标记为基础的遗传图谱,这对重要农艺性状基因的标记和定位、基因的图位克隆、比较作图、种质资源鉴定、物种进化等研究以及分子标记辅助育种提供了有利的研究手段。

(二)作物 MAS 育种

利用与目标性状紧密连锁的分子标记,是进行质量性状选择的有效途径。作物 MAS 育种即 DNA 分子标记辅助育种,是通过利用与目标性状紧密连锁的 DNA 分子标记对目标性状进行间接选择的现代育种技术。该技术对目标基因的转移,不仅可在早代进行准确、稳定的选择,而且可克服再度利用隐性基因时识别难的问题,从而加速育种进程,提高育种效率。与常规育种相比,该技术可提高育种效率 2～3 倍。由于其明显的优越性。美国、日本、西欧各国国家近年都投入巨资开展这方面的工作,已经鉴定到了水稻、小麦、玉米、棉花、大豆等重要作物的一些农艺性状的分子标记,取得了一定的进展。国际水稻研究所已获得了分别聚合多个抗稻瘟病和抗白叶枯病基因的水稻株系;美国已经把在玉米上鉴定到的与产量有关的数量性状基因座位转移到了不同的自交系中,由这些自交系组配的杂交种的产量比对照杂交种提高 15％以上。中国在水稻、小麦、大豆、油菜等重要作物上已鉴定了一些与重要农艺性状连锁的分子标记;通过分子标记辅助选择,已选育出高抗白叶枯病的水稻品种。进一步加快分子标记辅助育种的研究,将为大幅度提高农作物产量和品质提供有效途径。

(三)品种及种质资源鉴定分析

DNA 指纹图谱是鉴别品种、品系的有利工具,具有快速、准确等优点。在市场经济的条件下,检测良种质量(真伪、纯度),防止伪劣种子流入市场,保护名、优、特种质及育成品种的知识产权和育种家的权益等方面均有重要意义。在一些国家已普遍采用指纹图谱来鉴定作物品种,为品种审定、保存、保护提供依据。

二维码 2-7-3　传统育种与分子
标记辅助选择育种
(知识链接)

二维码 2-7-4　转基因植物在农业上的应用
(知识链接)

❓复习思考题

1.名词解释
遗传工程　植物细胞工程　细胞全能性　植物细胞和组织培养　体细胞杂交　分子标记
2.何谓体细胞无性系变异?其在作物育种中有什么利用价值?
3.单倍体细胞培养在作物育种中的应用有哪些优点?
4.如何利用细胞工程技术克服远缘杂交的不亲和性?
5.什么是转基因作物育种?转基因育种程序主要哪些步骤?
6.转基因育种的优缺点及其与常规育种的关系如何?
7.谈谈如何提高转基因作物生物安全性。
8.何谓分子标记?目前分子标记在遗传育种中有哪些应用?

Chapter 8

品种的区域化鉴定、审定和推广

➤ **知识目标**

1. 了解品种审定的组织体制、审定程序。

2. 了解区域试验的组织体系。

3. 了解转基因品种的安全管理。

4. 熟悉品种推广方法。

➤ **技能目标**

1. 熟悉区域试验、生产试验、品种审定的程序和方法。

2. 学会新品种示范、推广的方法。

第一节 品种区域化鉴定

农作物品种试验是品种审定、推广和种植结构调整的最主要依据。品种试验包括区域试验,生产试验,品种特异性、一致性和稳定性测试(以下简称 DUS 测试)。品种试验组织实施单位应合理设置试验组别,优化试验点布局,科学制定试验实施方案。区域试验、生产试验对照品种应当是同一生态类型区同期生产上推广应用的已审定品种,具备良好的代表性。品种试验组织实施单位应当充分听取品种审定申请人和专家意见,合理设置试验组别,优化试验点布局,科学制定试验实施方案,并向社会公布。对照品种由品种试验组织实施单位提出,品种审定委员会相关专业委员会确认,并根据农业生产发展的需要适时更换。省级农作物品种审定委员会应当将省级区域试验、生产试验对照品种报国家农作物品种审定委员会备案。

一、区域试验

区域试验(简称区试)是在品种审定机构统一组织下,将各单位新选育或新引进的优良品种送到有代表性的不同生态地区进行多点多年联合比较试验,对品种的利用价值、适宜的栽培技术做出全面评价的过程,是品种选育与推广的承前启后的中间环节,是品种能否参加生产试验的基础,是品种审定和品种合理布局的重要依据。

(一)区域试验的组织体系

品种区域试验分国家和省(直辖市、自治区)两级。国家级区域试验由全国农业技术推广服务中心组织跨省进行,各省(直辖市、自治区)的区域试验由各省(直辖市、自治区)的种子管理机构组织实施。市、县级一般不单独组织区域试验。

参加全国区域试验的品种,一般由各省(直辖市、自治区)区域试验的主持单位或全国攻关联合试验主持单位推荐;参加省(直辖市、自治区)区域试验的品种,由各育种单位所在地区品种管理部门推荐。申请参加区域试验的品种(系)必须有 2 年以上育种单位的品比试验结果,性状稳定,显著增产,且比对照增产 10% 以上,或增产效果虽不明显,但有某些特殊优良性状,如抗逆性、抗病性强,品质好,或在成熟期方面有利于轮作等。

(二)区域试验的任务

(1)鉴定参试品种的主要特征特性鉴定,如新品种的丰产性、稳产性、适应性和抗逆性等进行鉴定,并进行品质分析、DNA 指纹检测、转基因检测等。

(2)确定各地适宜推广的主栽品种和搭配品种。

(3)为优良品种划定最适宜的推广区域,做到因地制宜种植优良品种,恰当地和最大限度地利用当地自然资源条件和栽培条件,发挥优良品种的增产潜力。

(4)了解优良品种的栽培技术,做到良种良法。

(5)向品种审定委员会推荐符合审定条件的新品种。

(三)区域试验的方法和程序

申请国家级品种审定的,稻、小麦、玉米品种比较试验每年不少于20个点,棉花、大豆品种比较试验每年不少于10个点,或具备省级品种审定试验结果报告;申请省级品种审定的,品种比较试验每年不少于5个点。

1.设立试点

通常根据作物分布范围的农业区划或生态区划,以及各种作物的种植面积等,选出有代表性的科研单位或良种场作为试点。试点必须有代表性,而且分布要合理。试验地要求土地平整、地力均匀,要注意茬口和耕作栽培技术的一致性,以提高试验的精确度。

2.试验设计

区域试验在小区排列方式、重复次数、记载项目和标准等方面都有统一的规定。一般采用完全随机区组设计,重复3~5次,小区面积十几平方米到几十平方米不等,高秆作物面积可大些,低秆作物可适当小些。参试品种10~15个,一般规定只设一个对照(CK),必要时可以增设当地推广品种作为第二对照。

3.试验年限

区域试验一般进行2~3年,其中表现突出的品种可以在参加第二年区试时,同时参加生产试验。个别品种第一年在各点普遍表现较差,可以考虑退出区试,不再继续试验。

4.田间管理

试验地管理措施,如追肥、浇水、中耕除草、治虫等应均匀一致,并且每一措施要在同一天完成,至少每个实验重复要在当天完成,不能隔天,以减少误差。在全生育期中注意加强观察记载,充分掌握品种的性状表现及其优缺点。观察记载同一项目必须在同一天完成。

5.总结评定

作物生育期间应组织有关的人员进行观摩,收获前对试验品种进行田间评定。每年由主持单位汇总各试点的试验材料,对供试品种做出全面的评价后,提出处理意见和建议,报同级农作物品种审定委员会,作为品种审定的重要依据。

▶ 二、生产试验

生产试验在区域试验完成后,在同一生态类型区,按照当地主要生产方式,在接近大田生产条件下对品种的丰产性、稳产性、适应性、抗逆性等进一步验证。参加生产试验的品种,应是参试第一、二年在大部分区域试验点上表现性状优异,增产效果在10%以上,或具有特殊优异性状的品种。参试品种除对照品种外一般为2~3个,可不设重复。生产试验种子由选育(引进)单位无偿提供,质量与区域试验用种要求相同。在生育期间尤其是收获前,要进行观察评比。

生产试验原则上在区域试验点附近进行,在同一生态类型区,按照当地主要生产方式,在接近大田生产条件下对品种的丰产性、稳产性、适应性、抗逆性等进一步验证。每一个品种的生产试验点数量不少于区域试验点,每一个品种在一个试验点的种植面积不少于300 m²,不大于3 000 m²,试验时间不少于1个生产周期。第一个生产周期综合性状突出的品种,生产试验可与第二个生产周期的区域试验同步进行。在作物生育期间进行观摩评比,以进一步鉴定其表现,同时起到良种示范和繁殖的作用。

▶ 三、品种特异性、一致性和稳定性测试（以下简称 DUS 测试）

DUS 是特异性（distinctness）、一致性（uniformity）和稳定性（stability）英文首字母的统称。特异性是品种间的，是指本品种具有一个或多外不同于其他品种的形态、生理等特征；一致性是品种内的，是指同品种内个体间植株性状和产品主要经济性状的整齐一致程度；稳定性是世代间的，是指繁殖或再生成本品种时，品种的特异性和一致性能保持不变。这三性是基本属性，只有同时具备这三性，才能被认定为是育成了一个真正的品种。

申请品种审定的品种，委托国家授权的 DUS 测试机构进行测试；有条件能力的，也可以自主开展测试。DUS 测试一般在田间种植，测试两个独立的生长周期。DUS 测试所选择近似品种应当为特征特性最为相似的品种，DUS 测试依据相应主要农作物 DUS 测试指南进行。测试报告应当由法人代表或法人代表授权签字。

申请者自主测试的，应当在播种前 30 日内，按照审定级别将测试方案报农业部科技发展中心或省级种子管理机构。农业部科技发展中心、省级种子管理机构分别对国家级审定、省级审定 DUS 测试过程进行监督检查，对样品和测试报告的真实性进行抽查验证。

区域试验、生产试验、DUS 测试承担单位应当具备独立法人资格，具有稳定的试验用地、仪器设备、技术人员。

▶ 四、试验总结

各试验点每年度要按照试验方案要求及田间档案项目标准认真及时进行记载，作物收获后 1～2 个月内写出总结报告，报送主持单位汇总。

主持单位每年根据各区域试验、生产试验点的总结资料进行汇总，及时写出文字总结材料（包括参试单位、参试品种、试验经过、考察结果，结合各种试验数据和当年气象资料、病虫发生情况，对试验结果进行综合分析），作物收获后 2～3 个月内将年度试验总结提交给品种审定委员会的专业委员会或者审定小组初审。在 1 个试验周期结束后（包括 2 年生产试验）由主持单位对参试品种提出综合评价意见，作为专业组审定依据。

▶ 五、国家认定其他品种试验组织与实施形式

（1）申请者具备试验能力并且试验品种是自有品种的，可以按照下列要求自行开展品种试验。

在国家级或省级品种区域试验基础上，自行开展生产试验。自有品种属于特殊用途品种的，自行开展区域试验、生产试验，生产试验可与第二个生产周期区域试验合并进行；特殊用途品种的范围、试验要求由同级品种审定委员会确定。申请者属于企业联合体、科企联合体和科研单位联合体的，组织开展相应区组的品种试验。联合体成员数量应当不少于 5 家，并且签订相关合作协议，按照同权同责原则，明确责任义务，一个法人单位在同一试验区组内只能参加一个试验联合体。自行开展品种试验的实施方案应当在播种前 30 日内报国家

级或省级品种试验组织实施单位,符合条件的纳入国家级或省级品种试验统一管理。

(2) 符合农业部规定条件、获得选育生产经营相结合许可证的种子企业(以下简称育繁推一体化种子企业),对其自主研发的主要农作物品种可以在相应生态区自行开展品种试验,完成试验程序后提交申请材料。试验实施方案应当在播种前 30 日内报国家级或省级品种试验组织实施单位备案。

育繁推一体化种子企业应当建立包括品种选育过程、试验实施方案、试验原始数据等相关信息的档案,并对试验数据的真实性负责,保证可追溯,接受省级以上人民政府农业主管部门和社会的监督。

二维码 2-8-1 育繁推一体化农作物种子经营许可证核发条件(知识链接)

育繁推一体化企业自行开展试验的品种和联合体组织开展试验的品种,不再参加国家级和省级试验组织实施单位组织的相应区组品种试验。

第二节 品种审定

国家对主要农作物实行品种审定制度。主要农作物品种和在推广前应当通过国家级或者省级审定。主要农作物品种的审定办法由国务院农业主管部门规定。审定办法应当体现公正、公开、科学、效率的原则,有利于产量、品质、抗性等的提高与协调,有利于适应市场和生活消费需要的品种的推广。国家对部分非主要农作物实行品种登记制度。

▶ 一、品种审定的概念及意义

(一)品种审定的概念

新品系或引进品种在完成品种试验(包括区域试验或生产试验)程序后,省级或国家级农作物品种审定委员会根据试验结果,审定其能否推广及其推广范围,这一程序称为品种审定。

(二)品种审定的意义

1.规范品种管理

实行品种审定制度,可以加强农作物的品种管理,实现有计划、因地制宜地推广良种,加速育种成果的转化和利用;避免盲目引种和不良播种材料的扩散,是实现生产用种良种化,良种布局区域化,合理使用良种的必要措施。

2.避免盲目推广

防止一个地区品种过多、良莠不齐、种子混杂等"多、乱、杂"现象,以及品种单一化、盲目调运等现象的发生。

3.保护利益,推广良种

品种审定可以确保种子生产者和用种者的利益。使良种得到更广泛更持久的运用,品种审定还使种子市场规范化,促进种子贸易的发展。

二、品种审定的组织体制和任务

(一)品种审定的组织体制

农业部发布的《主要农作物品种审定办法》规定:我国主要农作物品种实行国家和省(自治区、直辖市)两级审定制度。农业部设立国家农作物品种审定委员会(简称全国评审会),负责国家级农作物品种审定工作。省(自治区、直辖市)级人民政府农业行政主管部门设立省级农作物品种审定委员会(简称省(自治区、直辖市)评审会),负责省级农作物品种审定工作。全国农作物品种审定委员会和省级农作物品种审定委员会是在农业部和省级人民政府农业行政主管部门的领导下,负责农作物品种审定的权力机构。

农作物品种审定委员会建立包括申请文件、品种审定试验数据、种子样品、审定意见和审定结论等内容的审定档案,保证可追溯。

品种审定委员会由科研、教学、生产、推广、管理、使用等方面的专业人员组成。品种审定委员会设立办公室,负责品种审定委员会的日常工作,品种审定委员会按作物种类设立专业委员会,省级品种审定委员会对本辖区种植面积小的主要农作物,可以合并设立专业委员会。品种审定委员会设立主任委员会,由品种审定委员会主任和副主任、各专业委员会主任、办公室主任组成。

(二)品种审定的任务

品种审定实际上是对品种的种性和实用性的确认及其市场准入的许可,对品种的利用价值、利用程度和利用范围的预测和确认。它主要是通过品种的多年多点区域试验、生产示范试验或高产栽培试验,对其利用价值、适应范围、推广地区及栽培条件的要求等做出比较全面的评价。一方面为生产上选择应用最适宜的品种,充分利用当地条件,挖掘其生产潜力。另一方面为新品种寻找最适宜的栽培环境条件,发挥其应有的增产作用,给品种布局区域化提供参考依据。我国现在和未来很长一段时间内,对主要农作物实行强制审定,对其他农作物实行自愿登记制度。《中华人民共和国种子法》中明确规定:主要农作物品种和主要林木品种在推广应用前应当通过审定。我国主要农作物范围规定为:水稻、小麦、玉米、棉花、大豆作物。

三、品种审定的方法和程序

(一)品种参试申请

按照要求,新品种区域试验申报工作改为品种试验(区试)和审定一次申请。

水稻、小麦、玉米、棉花、大豆以及农业部确定的主要农作物品种实行国家或省级审定,申请品种审定的单位或个人(以下简称申请者)可以单独申请国家级审定或省级审定,也可以同时申请国家级审定和省级审定,还可以同时向几个省、自治区、直辖市申请审定。在中国没有经常居所或者营业场所的外国人、外国企业或者其他组织在中国申请品种审定的,应当委托具有法人资格的中国种子企业代理。

品种审定委员会办公室在收到申请书45日内做出受理或不予受理的决定,并书面通知

作物遗传育种

申请者。符合《主要农作物品种审定办法》规定的申请应当受理,并通知申请者在 30 日内提供试验种子,种子质量要符合原种标准,由办公室安排品种试验。逾期不提供试验种子的,视为撤回申请。品种审定委员会办公室应当在申请者提供的试验种子中留取标准样品,交农业部植物品种标准样品库保存。

省级农业行政主管部门确定的主要农作物品种实行省级审定。从境外引进的农作物品种和转基因农作物品种的审定权限按国务院有关规定执行。

申请参试的,第一年应向品种审定委员会办公室提交申请书。

农作物品种审定所需工作经费和品种试验经费,列入同级农业主管部门财政专项经费预算。

(二)审定的基本条件

申请品种审定的单位和个人,可以直接申请国家审定或省级审定,也可同时申请国家和省级审定,还可同时向几个省(直辖市、自治区)申请审定。

申请审定的品种首先要具备以下几个条件:

(1)人工选育或发现并经过改良。

(2)与现有品种(已审定通过或本级品种审定委员会已受理的其他品种)有明显区别。

(3)遗传性状稳定。

(4)形态特征和生物学特性一致。

(5)具有符合《农业植物品种命名规定》名称。

(6)已完成同一生态类型区 2 个生产周期以上、多点的品种比较试验。

其中,申请国家级品种审定的,稻、小麦、玉米品种比较试验每年不少于 20 个点,棉花、大豆品种比较试验每年不少于 10 个点,或具备省级品种审定试验结果报告;申请省级品种审定的,品种比较试验每年不少于 5 个点。

1. 申报省级品种审定的条件

报审品种需在本省(直辖市、自治区)经过连续 2～3 年的区域试验和 1～2 年生产试验,两项试验可交叉进行;特殊用途的主要农作物品种的审定可以缩短试验周期、减少试验点数和重复次数,具体要求由品种审定委员会规定。申请省级品种审定的,品种比较试验每年不少于 5 个点。申请特殊(如抗性、品质、药用等)品种的还需对特殊性状在指定测定分析的部门作必要的鉴定。

报审品种的产量水平一般要高于当地同类型的主要推广品种 10% 以上,或者产量水平虽与当地同类的主要推广品种相近,但在品质、成熟期、抗病(虫)性、抗逆性等有一项乃至多项性状表现突出。报审时,要提交区域试验和生产试验年终总结报告、指定专业单位的抗病(虫)鉴定报告、指定专业单位的品质分析报告、品种特征标准图谱,如植株、根、叶、花、穗、果实(铃、荚、块茎、块根、粒)的照片和栽培技术及繁(制)种技术要点等相关材料。

2. 申报国家级品种审定的条件

凡参加全国农作物品种区域试验,且多数试验点连续 2 年以上(含 2 年)表现优异,并参加 1 年以上生产试验;申请国家级品种审定的,稻、小麦、玉米品种比较试验每年不少于 20 个点,棉花、大豆品种比较试验每年不少于 10 个点,或具备省级品种审定试验结果报告;达到审定标准的品种;或国家未开展区域试验和生产试验的作物,有全国品种审定委员会授权单位进行的性状鉴定和两年以上的多点品种比较试验结果,经鉴定、试验单位推荐,具有一定应用价值或特用价值的品种。同时填写《全国农作物品种审定申请书》，并要附相关证明材料。

经过两个或两个以上省级品种审定部门审定的品种也可报请国家级品种审定。除要附上述相关证明材料外，还要附省级农作物品种审定委员会的审定合格证书、审定意见（复印件）以及其他相关材料。

(三)品种审定申报

1.申报程序

申请者提出申请→申请者所在单位审查、核实→主持区域试验和生产试验单位推荐→报送品种审定委员会。向国家级申报的品种须有育种者所在省（直辖市、自治区）或品种最适宜种植的省级品种审定委员会签署意见。请者可以单独申请国家级审定或省级审定，也可以同时申请国家级审定和省级审定，还可以同时向几个省、自治区、直辖市申请审定。

申请品种审定的，应当向品种审定委员会办公室提交以下材料：

(1)申请表，包括作物种类和品种名称，申请者名称、地址、邮政编码、联系人、电话号码、传真、国籍，品种选育单位或个人。

(2)品种选育报告，包括亲本组合以及杂交种的亲本血缘关系、选育方法、世代和特性描述；品种(含杂交种亲本)特征特性描述、标准图片，建议的试验区域和栽培要点；品种主要缺陷及应当注意的问题。

(3)品种比较试验报告，包括试验品种、承担单位、抗性表现、品质、产量结果及各试验点数据、汇总结果等。

(4)转基因检测报告。

(5)转基因棉花品种还应当提供农业转基因生物安全证书。

(6)品种和申请材料真实性承诺书。

2.申报时间

按照现行规定，申请者、品种试验组织实施单位、育繁推一体化种子企业应当在2月底和9月底前分别将稻、玉米、棉花、大豆品种和小麦品种各试验点数据、汇总结果、DUS测试报告提交品种审定委员会办公室。

3.品种审定与命名

对于完成品种试验程序的品种，品种审定委员会办公室一般在30日内汇总结果，并提交品种审定委员会专业委员会初审。专业委员会(审定小组)在30日内完成初审工作。

专业委员会初审品种时应当召开会议，到会委员达到该专业委员会委员总数2/3以上的，会议有效。对品种的初审，根据审定标准，采用无记名投票表决，赞成票数超过该专业委员会委员总数1/2以上的品种，通过初审。专业委员会对育繁推一体化种子企业提交的品种试验数据等材料进行审核，达到审定标准的，通过初审。

初审通过的品种，由品种审定委员会办公室在30日内将初审意见及各试点试验数据、汇总结果，在同级农业主管部门官方网站公示，公示期不少于30日。

公示期满后，品种审定委员会办公室应当将初审意见、公示结果，提交品种审定委员会主任委员会审核。主任委员会应当在30日内完成审核。审核同意的，通过审定。育繁推一体化种子企业自行开展自主研发品种试验,品种通过审定后,将品种标准样品提交至农业部植物品种标准样品库保存。

省级审定的农作物品种在公告前,应当由省级人民政府农业主管部门将品种名称等信息报农业部公示,公示期为 15 个工作日。

审定未通过的品种,由品种审定委员会办公室在 30 日内通知申请者。申请者对审定结果有异议的,在接到通知之日起 30 日内,可以向原品种审定委员会或者上国家级品种审定委员会申请复审。品种审定委员会对复审理由、原审定文件和原审定程序进行复审。品种审定委员会办公室应当在复审后 30 日内将复审结果书面通知申请者。

水稻、小麦、玉米、棉花、大豆以及农业部确定的主要农作物的品种审定标准,由农业部制定。审定的品种由品种审定委员会统一命名、发布。引进品种一般采用原名,不得另行命名。

4. 撤销审定

审定通过的品种,有下列情形之一的,应当撤销审定:在使用过程中如发现有不可克服的缺点;种性严重退化或失去生产利用价值的;未按要求提供品种标准样品或者标准样品不真实的;以欺骗、伪造试验数据等不正当方式通过审定的。由原专业委员会或者审定小组提出停止推广建议,经主任委员会审核同意后,由同级农业行政主管部门公告。公告撤销审定的品种,自撤销审定公告发布之日起停止生产、广告,自撤销审定公告发布一个生产周期后停止推广、销售。品种审定委员会认为有必要的,可以决定自撤销审定公告发布之日起停止推广、销售。

(四)审定品种公告

省级审定的农作物品种在公告前,应当由省级人民政府农业主管部门将品种名称等信息报农业部公示,公示期为 15 个工作日。审定通过的品种,由品种审定委员会编号、颁发证书、同级农业行政主管部门在媒体(发文、专业期刊、报纸、广播、电视、网络等载体)上发布公告。

省级品种审定公告,应当在发布后 30 日内报国家农作物品种审定委员会备案。

编号为审定委员会简称、作物种类简称、年号、序号,其中序号为四位数。审定公告内容包括:审定编号、品种名称、申请者、育种者、品种来源、形态特征、生育期、产量、品质、抗逆性、栽培技术要点、适宜种植区域及注意事项等。审定公告公布的品种名称为该品种的通用名称。禁止在生产、经营、推广过程中擅自更改该品种的通用名称。

二维码 2-8-2 品种审定案例

第三节 品种示范和推广

品种审定后如何得到农民的认可,能让品种发挥最强的生产力,这就需要大量的推广工作,而推广工作中尤其重视的是示范和展示。应当审定的农作物品种未经审定的,不得发布广告、推广、销售。应当登记的农作物品种未经登记的,不得发布广告、推广,不得以登记品种的名义销售。

一、品种示范

主要农作物新品种展示示范工作,能够让群众在众多审定品种中选择最适合的品种,能够让种子管理部门发挥技术指导职能,是一项推进种子管理部门看禾推介品种、农民看禾选用品种、种子企业看禾营销品种的重要工作,是农业行政主管部门为农民办实事的一个具体体现。

(一)品种示范的意义

(1)筛选适应不同区域生态环境、种植习惯、市场需求的主导品种,对保证品种使用的安全,充分发挥主导品种增产增效能力,加快良种的应用具有重要的意义,对区域农业生产力水平的提高有极大促进作用。

(2)将农作物新品种示范打造成农民选用良种的看台、种子企业品种比拼的擂台,种子管理部门推介新品种的平台,促进农民的科学用种意识,促进种业健康有序发展。

(3)有利于新品种储备,品种更新与更换。

(二)品种示范的实施

1.严格选址

良种展示、示范区应具有良好的群众基础,交通便利,水利设施完善,排灌方便,地力肥沃,农户种粮积极性较高,加上市、县镇和村各级领导的重视,为良种展示、示范的建立和开展打下了良好基础。

2.提高认识,明确工作责任

为保障良种展示、示范工作的顺利开展,承担单位负责提供展示、示范良种,从培育和经营单位引进良种种子,作为展示、示范用种,以保证种子质量,并负责组织落实和技术指导。良种展示、示范工作由承担单位和实施单位的负责人亲自抓,由主管领导主持项目的实施和落实。

3.做好技术人员和展示、示范农户的培训

为促进良种示范工作的开展,做好新品种示范推广工作,定期举办技术人员培训班,主要对良种的特征特性及栽培上应注意的问题,规范化栽培和调查总结方法等进行培训。同时,在作物生长各关键时期派出人员进行检查指导,保证各项技术措施能及时到位。

4.设立新品种展示、示范标志牌

在展示、示范显著位置设立标志牌,标明项目名称、主办单位、实施单位、作物种类、品种名称、展示示范面积和产量指标等,标志牌坚固耐用,全生育期放置。

二、品种推广

新品种审定通过后,必须采用适当的方式,加速繁殖和推广,使之尽快在生产中发挥增产作用。新品种在生产过程中必须合理使用,尽量保持其纯度,延长期寿命,使之持续发挥增产作用。

(一)新品种推广的方式

发挥行业指导作用,加强与种子企业联合,构建种子行业＋企业＋基地的全新示范推广平台,促进新品种推广,具体采取以下方式进行。

1.分片式

按生态、耕作条件,把推广区域划分成若干片,与县级种子管理部门协商分片轮流供应新品种的原种及其后代种子方案。自花授粉作物和无性繁殖作物自己留种,供下一年度生产使用;异花授粉作物分区组织繁种,使一个新品种在短期内推广普及。

2.波流式

首先在推广区域选择若干个条件较好的乡、村,将新品种的原种集中繁殖后,通过观摩、宣传,再逐步推广。

3.多点式

将繁殖的原种或原种后代,先在各区县每个乡镇,选择1~2个条件较好的专业户或承包户,扩大繁殖,示范指导,周围的种植户见到高产增值效果后,第二年即可大面积普及。

4.订单式

对于优质品种、有特定经济价值的作物,首先寻找企业开发新产品,为新品种产品开辟消费渠道。在龙头企业支撑下,新品种推广采取与种植户实行订单种植。

(二)品种区域化和良种的合理布局

在推广良种时,必须按照不同品种的特征特性及其适用范围,划定最适宜的推广地区,以发挥良种本身的增产潜力;另一方面要根据本地自然栽培条件的特点,选用最适合的良种,以充分发挥当地自然资源的优势。这样才能使品种得到合理布局并实现区域化。品种区域化,就是根据品种区域结果和品种审定意见,使一定的品种在其相应的适应地区范围内推广的措施。在一个较大的区域范围内,选用、配置具有不同特点的品种,使之能保证丰产、稳产的做法,就是品种的合理布局。我国幅员辽阔,地形、地势、气候条件及耕作栽培制度等都很复杂、不同生态条件下,只有选用、推广与之相适应的良种,才能保证农业生产的全面高产、稳产。

(三)良种必须合理搭配

在一个生产单位或一个生产条件大体相似的较小地区内(一个乡、村或一个农场),虽然气候条件基本相似,但由于地形、土质、茬口和其他生产条件(如肥料、劳、畜力,机具等)的不同,在推广良种时,每个作物应有主次地搭配种植各具一定特点的几个良种,使之地尽其力,种尽其能,这就是品种的合理搭配。这样不仅可以达到全面增产、增收,提高农业生产效益的目的,而且也可防止生产上品种过于单一化的弊端,为防止生产过程中,发生品种混杂,一个生产单位,同一作物一般可搭配种植2~3个品种;而像棉花那样容易混杂的经济作物,一个生产单位,甚至一个县,以一地一种为好。

(四)良种良法相配套

不同良种具有不同的遗传性,具体表现在不同良种的生长发育特点及其对外界条件的要求是不同的。为了充分发挥良种的作用,还必须熟悉和掌握每个良种的生长发育特点(如适宜的群体结构、发育早晚、肥水要求等),以便在推广时,能有针对性地采取相应的栽培措施,创造适合于每个品种生长发育所需要的条件,促使其正常的生长发育,最大限度地获得高产、稳产及最大的经济效益。即推广良种时,只有良种良法配套,才能真正发挥良种在生产中的作用。

(五)品种的更新与更换

　　品种的利用也有一定的时间性,即使是优良品种,在生产过程中,也常会发生混杂退化,从而引起品种的纯度下降,种性发生不良变异,抗病性、抗逆性降低,适应性变窄,失去原品种的典型性和一致性,致使产量降低,品质下降。所以,在推广利用新品种时,在防杂保纯、注意保持其种性的同时,对已退化品种应及时采取提纯措施,加速生产原种,有计划地分期分片实行品种更新。对于混杂退化严重,已不能再在生产上应用的品种,要及时淘汰。选用新育成或引进的品种,以替换生产上价值低的原有品种,全面实行品种更换。

二维码 2-8-3　品种推广、示范案例

二维码 2-8-4　甘肃省主要农作物
品种联合体试验申请条件
（知识链接）

二维码 2-8-5　主要农作物
品种审定 DUS 测试
（知识链接）

❓**复习思考题**

　　1.名词解释

　　品种审定　区域试验　生产试验　品种区域化

　　2.品种审定的组织体制和审定程序是什么?

　　3.品种审定的主要任务是什么?

　　4.试述区域试验的方法和程序。

　　6.品种推广的方式?

作物遗传育种

Chapter 9

植物新品种保护

▶▶ **知识目标**

1.了解植物新品质保护的重要意义。

2.掌握植物新品种保护的具体要求。

3.掌握植物新品种保护方法。

▶▶ **技能目标**

1.能够熟悉植物新品种保护审批程序。

2.能够对植物新品种侵权案件进行立案和处理。

一、植物新品种与植物新品种保护

所谓植物新品种,是指经过人工培育的或者对发现的野生植物加以开发,具备新颖性、特异性、一致性和稳定性并有适当命名的植物品种。植物新品种保护是指通过专门法律授予植物新品种所有权人在一定时间对授权品种的享有独占权,是知识产权的一种形式。

植物新品种保护旨在通过有关法律、法规和条例,保护育种者的合法权益,鼓励培育和使用植物新品种,促进植物新品种的开发和推广,加快农业科技创新的步伐,扩大国际农业科技交流与合作。被授予品种权的新品种选育单位或个人享受生产、销售和使用该品种繁殖材料的独占权,同专利权、商标权和著作权一样,是知识产权的重要组成部分。农业植物和林业植物分别由农业部和国家林业局负责植物新品种权申请的受理、审查,并对符合条件的植物新品种授予植物新品种权。

二、品种权的内容和归属

完成育种的单位或者个人对其授权品种,享有排他的独占权。任何单位或者个人未经品种权所有人(以下称品种权人)许可,不得为商业目的生产或者销售该授权品种的繁殖材料,不得为商业目的将该授权品种的繁殖材料重复使用于生产另一品种的繁殖材料。执行本单位的任务或者主要是利用本单位的物质条件所完成的职务育种,植物新品种的申请权属于该单位;非职务育种,植物新品种的申请权属于完成育种的个人。申请被批准后,品种权属于申请人。

委托育种或者合作育种,品种权的归属由当事人在合同中约定;没有合同约定的,品种权属于受委托完成或者共同完成育种的单位或者个人。一个植物新品种只能授予一项品种权。两个以上的申请人分别就同一个植物新品种申请品种权的,品种权授予最先申请的人;同时申请的,品种权授予最先完成该植物新品种育种的人。

三、植物新品种保护意义

植物新品种保护称为育种者权利,是授予植物新品种培育者利用其品种专利的权利。植物新品种保护最终目的是鼓励更多的组织和个人向植物领域投资,从而有利于育成和推广更多的植物新品种,推动我国的种子工程建设,促进农业生产的不断发展。品种权是一种无形资产,一旦公开,则会被任何人无偿占有和使用,而成果的所有者很难控制,其经济效益也会受到不同程度的损害。植物新品种保护则维护广大品种培育者的权益。品种权人可以将其在优良作物品种通过自主生产销售、许可生产、品种权转让等方式迅速推向市场,并利用其在一段时间内对品种享有排他性的独占权获得较高的利益,实现发展所必需的资本积累。推动自身的科技创新、开发能力。

(1)植物新品种保护的根本目的是为了鼓励培育和使用植物新品种,促进农业生产的发展。植物新品种的培育给生产带来的进步是60％。使用受保护的品种就是使用新品种。一个新品种受到政府的保护,实质是提高了这个新品种的知名度,提高了这个新品种的自身的"身价",易于在生产中得到广泛的推广。

(2)植物新品种保护有利于在育种行业中建立一个公正、公平的竞争机制。这个机制可以进一步激励育种者投入植物品种的创新活动。通过植物新品种保护,育种者获得应得的利益。这样,育种者不仅收回已经投入的育种资本,而且还可以将这部分资本再行投入到新的植物品种的培育工作。

(3)我国实行植物新品种保护制度是我国社会主义市场经济发展的必然结果,也是我国参与国际经济技术一体化进程的一个必不可少的环节。如果我国不对植物新品种进行保护,已实行保护的国家出于保护本国利益的目的,就不会把自己受保护的植物新品种向我国出售,或者只是出售一些超过保护期的品种。此外,我国育种者培育的新品种也曾流失海外,给国家造成了严重的损失。因此,实行植物新品种保护制度,可以促进我国在植物品种方面的国际贸易、国际交流与合作。

(4)植物新品种保护有利于克服传统计划经济体制下的种种弊端,改变过去品种主体产权不清、品种市场混乱、种子假冒伪劣、企业无证经营、非法垄断等问题,规范种子市场,维护育种者、育种单位的利益;大力推动我国种业的健康发展。

(5)植物新品种保护有利于科技创新。植物新品种保护有利于种子企业开展作物新品种的研究、开发、生产,推进"企业是育种的主体"整体工作,提高种子企业的科技能力和核心竞争力。

(6)使植物新品种的培育机制更好地适应市场经济。可吸引社会投资用于育种事业,壮大种子产业。植物新品种保护有利于种子繁殖经营单位在相应的法律制度保护下进行正常种子繁殖经营活动。

(7)品种权意识得到加强。农林业行政和企事业单位人员的品种权意识得到了加强,越来越多的人特别是育种企事业单位人员认识到,要在激烈的市场竞争中求生存、求发展,就必须拥有自主知识产权的新品种,拥有了品种权,也就拥有了市场竞争的制高点。

植物新品种,作为人类智力劳动成果,在农业增产、增效和品质改善中起着至关重要的作用。对植物新品种实施产权保护,是当今世界的潮流和人类文明的标志。世界上许多发达国家发展农业的成功经验之一是十分重视植物新品种保护。美国的先锋种子公司、法国的丽玛种子公司、澳大利亚的太平洋种子公司都把品种资源的研究和新品种选育视为公司的生命线,它们将销售利润的绝大多数用于育种科研,促进快出品种、出好品种。

第二节　植物新品种保护要求

▶ 一、植物新品种保护审查测试体系

植物新品质保护也叫"植物育种者权利",同专利、商标、著作权一样,是知识产权保护的

一种形式,这就需要审查测试体系完备,保护制度日趋完善。为配合《中华人民共和国植物新品种保护条例》及《国际植物新品保护联盟》(UPOV)公约的实施,我国先后制定了《农业植物新品种保护条例实施细则》《农业部植物新品种复审委员会审理规定》《农业植物新品种权侵权案件处理规定》《农业植物新品种权代理规定》等规章制度;省级农、林业行政部门成立了植物新品种保护工作领导小组和办公室;农业部植物新品种繁殖材料保藏中心;使新品种权审批、品种权案件的查处以及新品种权中介服务等工作更具可操作性。

农业部在全国建立了 1 个测试中心、14 个测试分中心;国家林业局在全国建立了 1 个测试中心、5 个测试分中心、2 个分子测定实验室和 5 个专业测试站。在借鉴国际植物新品种测试技术规范的基础上,结合我国实际情况,我国研制了 102 个植物新品种测试指南,其中 18 个已以国家或行业标准予以公布实施。UPOV 给我国提供了多种培训和交流的机会,给我们提供了 100 多个植物新品种 DUS 测试指南,这对我国新品种保护技术支撑体系建立和保证品种权审批的科学性起到了有力的促进作用。

▶ 二、植物新品种申请保护审批程序

(一)初步审查

审批机关对品种权申请的下列内容进行初步审查:

(1)是否属于植物品种保护名录列举的植物属或者种的范围。

(2)申请品种权的,应当向审批机关提交符合规定格式要求的请求书、说明书和该品种的照片。申请文件应当使用中文书写。

(3)是否符合新颖性的规定。

(4)植物新品种的命名是否适当。

(二)审批机关时间安排

对经初步审查合格的品种权申请,审批机关予以公告。对经初步审查不合格的品种权申请,审批机关应当通知申请人在 3 个月内陈述意见或者予以修正;逾期未答复或者修正后仍然不合格的,驳回申请。

(三)DUS 测试

审批机关对品种权申请的特异性、一致性和稳定性进行实质审查。审批机关主要依据申请文件和其他有关书面材料进行实质审查。审批机关认为必要时,可以委托指定的测试机构进行测试或者考察业已完成的种植或者其他试验的结果。因审查需要,申请人应当根据审批机关的要求提供必要的资料和该植物新品种的繁殖材料。对经实质审查符合条例规定的品种权申请,审批机关应当做出授予品种权的决定,颁发品种权证书,并予以登记和公告。

(四)新品种公告

申请人所申请的品种审核合格,将在农业部下发的书面公告或相关网上进行公告,如果在公告期间没有任何人提出质疑,该申请人将获得新品种保护权。

品种权被授予后,在自初步审查合格公告之日起至被授予品种权之日止的期间,对未经申请人许可,为商业目的生产或者销售该授权品种的繁殖材料的单位和个人,品种权人享有追偿的权利。

◆ 三、保护期限

品种权的保护期限,自授权之日起,藤本植物、林木、果树和观赏树木为 20 年,其他植物为 15 年。根据《财政部　国家发展改革委关于清理规范一批行政事业性收费有关政策的通知》(财税〔2017〕20 号)要求,自 2017 年 4 月 1 日起,停征植物新品种保护权收费。

◆ 四、植物新品种保护与品种审定区别

植物新品种保护称为育种者权利,是授予植物新品种培育者利用其品种专利的权利,是知识产权的一种形式。品种审定是广大品种培育工作者所熟悉和重视的工作,但保护和品种审定有所不同。品种保护是授予育种者一种财产独占权,是一种通过法律对智力成果的保护,侵权者将受到法律的制裁。品种审定授予的是某品种可以进入市场的准入证,是一项行政管理措施。

1. 本质不同

植物新品种保护从本质上来说是授予申请人一项知识产权,属于民事权利范畴,是给予品种权人一种财产独占权;完全由植物新品种所有权人自愿申请,新品种所有人是否获得品种权,与新品种的生产、推广和销售无关。品种审定是对申请人生产秩序的管理,是一种行政许可,是给予新品种市场准入,属于国家和省级人民政府农业行政部门规定的审定作物范围的新品种必须经过审定后,才能进入生产、推广和销售,未获得品种审定证书进行生产和销售将要承担相应的法律责任。

2. 范围不同

植物新品种保护主要是指对植物新品种的保护,只有属于国家植物品种保护名录中列举的植物属或者种的新品种申请人才能向新品种权审批机关申请品种权。品种审定指对主要农作物的审定,包括稻、小麦、玉米、棉花、大豆。

3. 审查机构和层级不同

植物新品种保护受理、审查和授权集中在国家一级进行,农业方面由农业部植物新品种保护办公室负责。而品种审定实行国家与省两级审定,申请者可选择申请国家农作物品种审定委员会审定者省级农作物品种审定委员会审定,可以同时申请国家审定或者省级审定,也可以同时向几个省申请审定

4. 特异性要求不同

植物新品种保护主要从品种的外观形态上进行审查,如植株高矮种皮或花的颜色、株型等方面,明显区别于递交申请以前的已知品种,其所选的对照品种(近似品种)是世界范围内已知的品种。而品种审定突出品种的产量、品质、成熟期、抗病虫性、抗逆性等可利用特性,所选的对照品种是当地主要推广品种。

5. 新颖性要求不同

植物新品种保护的新颖性,是一种商业新颖性,要求在申请前未销售或者销售未超过规定时间。而品种审定主要强调以经济价值为主的农艺性状,即该品种的推广价值,对品种的新颖性没有要求,不管在审定前是否销售过。

6.审查过程及所需提交的材料不同

植物新品种保护,主要是书面审定,必要时可委托指定的测试机构进行测试或者考察也已完成种植或者其他试验的结果,需提供书面材料和该植物新品种的繁殖材料。品种审定,需要提交试验种子,由品种委员会决定进行区域试验(两个生产周期)和生产试验(一个生产周期)。

7.有效期限不同

植物新品种的品种权有保护期限限制,我国木本、藤本植物从授权之日起保护 20 年,草本植物 15 年。通过审定的品种没有严格的期限限制。

第三节　植物新品种保护方法

▶ 一、授予品种权的条件

申请品种权的植物新品种应当属于国家植物品种保护名录中列举的植物的属或者种。植物品种保护名录由审批机关确定和公布。

授予品种权的植物新品种应当具备新颖性。新颖性,是指申请品种权的植物新品种在申请日前该品种繁殖材料未被销售,或者经育种者许可,在中国境内销售该品种繁殖材料未超过 1 年;在中国境外销售藤本植物、林木、果树和观赏树木品种繁殖材料未超过 6 年,销售其他植物品种繁殖材料未超过 4 年。

授予品种权的植物新品种应当具备特异性。特异性,是指申请品种权的植物新品种应当明显区别于在递交申请以前已知的植物品种。

授予品种权的植物新品种应当具备一致性。一致性,是指申请品种权的植物新品种经过繁殖,除可以预见的变异外,其相关的特征或者特性一致。

授予品种权的植物新品种应当具备稳定性。稳定性,是指申请品种权的植物新品种经过反复繁殖后或者在特定繁殖周期结束时,其相关的特征或者特性保持不变。

授予品种权的植物新品种应当具备适当的名称,并与相同或者相近的植物属或者种中已知品种的名称相区别。该名称经注册登记后即为该植物新品种的通用名称。

下列名称不得用于品种命名:仅以数字组成的;违反社会公德的;对植物新品种的特征、特性或者育种者的身份等容易引起误解的。

▶ 二、品种权终止

有下列情形之一的,品种权在其保护期限届满前终止:品种权人以书面声明放弃品种权的;品种权人未按照规定缴纳年费的;品种权人未按照审批机关的要求提供检测所需的该授权品种的繁殖材料的;经检测该授权品种不再符合被授予品种权时的特征和特性的。

品种权的终止,由审批机关登记和公告。

三、行政保护的职责划分

(一)国务院农业、林业行政部门

1. 新品种授权

负责植物新品种权申请的受理和审查,并对符合规定的植物新品种授予植物新品种权。

2. 受理侵权案件

根据品种权人或利害关系人的请求,对侵犯品种权行为进行调解和行政处罚。

3. 查处假冒授权品种

对假冒授权品种的行为进行查处。

4. 查处不使用注册登记名称

对销售授权品种的未使用注册登记名称的行为进行查处。

(二)省级农业行政管理部门

除农业部行使的新品种授权职责外,行使其余受理侵权案件,查处假冒授权品种和不使用注册登记名称3项职责。

(三)市县级农业行政主管部门

主要行使查处假冒授权品种和不使用注册登记名称2项职责。还可协助省级农业行政管理部门查处品种权侵权行为。

四、侵权案件的立案条件和程序

(1)未经品种权人许可,以商业目的生产或者销售授权品种的繁殖材料的,品种权人或者利害关系人可以请求省级以上人民政府农业、林业行政部门依据各自的职权进行处理,也可以直接向人民法院提起诉讼。

(2)省级以上人民政府农业、林业行政部门依据各自的职权,根据当事人自愿的原则,对侵权所造成的损害赔偿可以进行调解。调解达成协议的,当事人应当履行;调解未达成协议的,品种权人或者利害关系人可以依照民事诉讼程序向人民法院提起诉讼。

(3)省级以上人民政府农业、林业行政部门依据各自的职权处理品种权侵权案件时,为维护社会公共利益,可以责令侵权人停止侵权行为,没收违法所得和植物品种繁殖材料;货值金额5万元以上的,可处货值金额1倍以上5倍以下的罚款;没有货值金额或者货值金额5万元以下的,根据情节轻重,可处25万元以下的罚款。

(4)假冒授权品种的,由县级以上人民政府农业、林业行政部门依据各自的职权责令停止假冒行为,没收违法所得和植物品种繁殖材料;货值金额5万元以上的,处货值金额1倍以上5倍以下的罚款;没有货值金额或者货值金额5万元以下的,根据情节轻重,处25万元以下的罚款;情节严重,构成犯罪的,依法追究刑事责任。

(5)省级以上人民政府农业、林业行政部门依据各自的职权在查处品种权侵权案件和县级以上人民政府农业、林业行政部门依据各自的职权在查处假冒授权品种案件时,根据需要,可以封存或者扣押与案件有关的植物品种的繁殖材料,查阅、复制或者封存与案件有关的合同、账册及有关文件。

（6）销售授权品种未使用其注册登记的名称的,由县级以上人民政府农业、林业行政部门依据各自的职权责令限期改正,可以处 1 000 元以下的罚款。当事人就植物新品种的申请权和品种权的权属发生争议的,可以向人民法院提起诉讼。

二维码 2-9-1　侵权案例

二维码 2-9-2　国际植物新品种保护联盟
（知识链接）

?复习思考题

1.名词解释

植物新品种　　植物新品种保护

2.简述植物新品种保护的意义。

3.简述植物新品种保护审批程序。

4.简述侵权案件的立案条件和程序。

Chapter *10*

种 子 生 产

>> **知识目标**

1.了解品种混杂退化的主要原因。

2.了解我国种子生产的基本程序。

3.掌握假劣种子的概念和范围。

4.掌握种子检验的内容及方法。

5.掌握种子的依法经营。

>> **技能目标**

1.掌握防止品种混杂退化的有效方法。

2.掌握主要农作物种子生产的方法及技术。

3.能区分假种子和劣种子,掌握种子检验的基本内容与方法。

4.能够利用种子法规知识解决种子管理中的实际问题。

种子是重要的农业生产资料,选用优良品种及其高质量的种子,采用适合品种特性的栽培技术,才能充分发挥其增产作用,从而获得较大的经济效益。种子在植物学上是指由胚珠发育成的繁殖器官。在农业生产上,种子是农业生产中最基本的生产资料,其含义比较广泛。凡是农业生产上可作为播种材料的植物器官都称为种子。各种作物的播种材料种类繁多,大致可分为以下四大类:真种子、类似种子的果实、用以繁殖的营养器官与植物人工种子等。

　　优良品种是指在一定地区和栽培条件下能符合生产发展要求,并具有较高经济价值的品种。农业生产上的良种是指优良品种的优质种子。

　　种子生产是依据种子科学原理和技术,生产出符合数量和质量要求的种子。广义的种子生产包括从品种选育开始,经过良种繁育、种子加工、种子检验和种子经营等环节直到生产出符合质量标准、能满足消费者(市场)需求的商品种子的全过程。狭义的种子生产仅指良种繁育。种子是最重要的农业生产资料,是农业科技和各种管理措施发挥作用的载体。种子生产是农业生产中前承作物品种选育,后接作物大田生产的重要环节,是种植业获得高产、优质和高效的重要基础。

第一节　品种的混杂及其防止办法

▶ 一、品种混杂退化的现象及其原因

(一)品种混杂退化及其表现

　　品种混杂退化是指优良品种在生产栽培过程中品种纯度降低、原有的优良种性变劣的现象。混杂退化的品种田间表现为植株高矮不齐,成熟早晚不一,生长势强弱不同,病、虫为害加重,抵抗不良环境条件的能力减弱,穗小、粒少等。

(二)品种混杂退化的主要原因

1. 机械混杂

　　机械混杂是指在种子生产和流通的过程中,由于各种条件限制或人为疏忽,使繁育的品种中混入异品种或异种子的现象。在种子处理及播种、补栽、补种、收获、运输、加工贮藏等环节中不按操作规程办事都会发生机械混杂。种子田连作或施入未腐熟的有机肥也会造成机械混杂。机械混杂是自花授粉作物品种混杂退化的最主要原因。机械混杂使品种整齐度和一致性下降,并且进一步引起生物学混杂,由此引起的不良后果使异花授粉作物比自花授粉作物还严重。

2. 生物学混杂

　　对于有性繁殖作物的种子田,由于隔离条件不严或去杂去劣不及时、不彻底,造成异品种花粉传入并参与授粉杂交,从而因天然杂交后代产生性状分离而造成的混杂退化称为生物学混杂。生物学混杂是异花授粉作物和常异花授粉作物品种混杂退化的主要原因之一。

作物遗传育种

3. 不良的环境条件的影响

优良品种的特征特性是在一定的生态环境和栽培条件下形成的,其优良性状的发育都要求一定的环境条件和栽培条件。离开其适宜的生态环境条件和栽培技术,其优良种性就难以发挥,就会出现退化。

4. 不正确的选择

在种子生产过程中,单株选择的主要目的是为了保持和提高品种典型性和纯度。但如果不熟悉被选品种的特征特性,选择标准不正确,还会加速品种的混杂退化。如在玉米自交系繁殖田,人们往往把较弱的典型苗拔掉而留下健壮的杂种苗;又如片面追求稻、麦的大穗型,往往造成植株变高,生育期推迟等,这些都会越选越杂。

5. 品种本身的变化

品种的"纯"是相对的,品种内个体间的基因组成总会有些差异,在种子生产过程中,这些异质基因会分离重组,使品种的典型性、一致性降低,纯度下降。在自然条件下基因突变率虽很低,但多数突变为不良突变,这些突变体一旦留存下来,就会通过自身繁殖和生物学混杂方式,导致品种混杂退化。

▶ 二、防止品种混杂退化的办法

品种的防杂保纯和防止退化是一个比较复杂的问题,技术性和时间连续性强,涉及良种繁育的各个环节。防止品种混杂退化的技术要点如下:

1. 防止机械混杂

对播种机、种子精选机等在一个品种收获完或种子精选后,严格清理干净,以便造成混杂。

2. 严防天然杂交

对异化授粉作物的繁殖田必须进行严格的隔离,防止天然杂交。常异化授粉作物和自花授粉作物也要适当隔离,隔离的方法可采取空间隔离、时间隔离、障碍物隔离和高秆作物隔离等。

3. 进行去杂去劣和提纯复壮

在种子繁殖田必须坚持严格去杂去劣。去杂主要指去掉异品种的植株;去劣是指去掉感染病虫害、生长不良的植株。提纯复壮是使品种保持高纯度,防止混杂退化的行之有效的措施。

4. 严把种源质量关

繁育原、良种所使用的种源是否可靠,直接关系到所繁种子的质量。生产原种的种源必须是育种家种子或株(穗)系种子,生产良种的种源最好每年用原种进行更新,这是确保种子质量的一项重要措施。

二维码 2-10-1　马铃薯种薯
退化及其原因
(知识链接)

第二节 种子生产的基本程序及方法

一、种子生产的基本程序

所谓种子生产程序,是指一个品种按繁殖阶段的先后,世代的高低所生产的过程。不同国家的种子生产程序不同,英、美等国的种子生产程序为育种者种子、基础种子、登记种子、检定种子,前三者为原种级的不同水平,后者为生产用种。目前,我国种子生产实行原原种、原种和良种三级生产程序。

1.原原种

原原种是指育种者育成的遗传性状稳定的品种或亲本种子的最初一批种子,用于进一步繁殖原种的种子,又称育种者种子或育种家种子。这里的育种者可以是单位或集体,也可以是个人。育成品种确定推广后,育种者就负责原原种的保存和生产。

2.原种

原种是指原原种繁殖的第一代至第三代种子,或按原种生产技术规程生产的达到原种质量标准的种子,用于进一步繁殖良种的种子。在我国原种可以分为原种一代和原种二代,国外称为基础种子。各个国家对它的繁殖代数和商品质量都有一定的要求,我国各类作物原种的质量标准在纯度、净度、发芽率、水分和杂草种子等五个方面均有明确的规定。

3.良种

良种用常规种的原种繁殖的第一代至第三代种子或杂交种达到良种质量标准的种子,即大田用种。良种,用于大田生产,是商品化的种子。

二、种子生产的方法及技术

(一)原种生产

原种在种子生产中起到承上启下的作用,搞好原种生产是整个种子生产过程中最基本和最重要的环节。原种要求性状典型一致,主要特征特性符合原品种的典型性状,株间整齐一致,纯度高。同时保持原品种的长势、抗逆性、丰产性和稳产性。杂交种亲本要保持高的配合力。播种质量好,净度、发芽率高,无检疫性病虫及杂草种子。

1.自花授粉、常异花授粉作物常规品种的原种生产

(1)重复繁殖法 重复繁殖法又称保纯繁殖法,是由育种单位或育种者提供原原种子,在具有种子生产资格的企业的繁育基地生产原种和生产用种。生产用种在生产上只使用一次,下一轮又从育种单位或育种者提供的原原种开始,重复相同的繁殖过程,如此重复不断地繁殖生产用种。

最熟悉品种特征、特性的莫过于育种者。采用这种方法,每年都由育种单位或育种者直接生产、提供原原种种子,能从根本上保证种源质量和典型性。育种单位或育种者要注意原种的生产和保存,可以采用一年生产、多年贮存、分年使用的方法,以保持品种的种性

作物遗传育种

（图 2-10-1）。

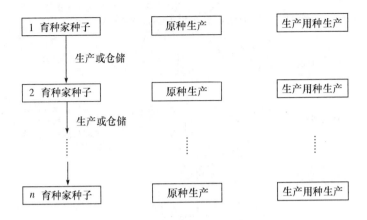

图 2-10-1　重复繁殖法种子生产程序图

重复繁殖法在生产原种的整个过程中都要求有严格的防杂保纯措施和检测制度，把机械混杂和生物学混杂的概率降到最低限度。由于种源质量好，除了进行必要的去杂去劣外，不需进行人工选择，不会造成基因流失。由此进一步生产得到的生产用种能够保持品种的纯度和种性。但这种生产原种的方法，对于一些繁殖系数小的作物，由于原种数量有限，在投入生产前要经过多代繁殖，既耗费时间，又会增加混杂退化的概率。重复繁殖法不仅适用于自花授粉作物和常异花授粉作物常规品种的种子生产，也可以用于自交系、"三系"亲本种子的保纯生产。

（2）循环选择繁殖法　循环选择繁殖法是从某一品种的原种群中或其他繁殖田，通过"单株选择、分系比较、混系繁殖"生产原种，然后扩大繁殖生产用种，如此循环提纯生产原种，常用于自花授粉作物或者常异花授粉作物。这种方法实际上是一种改良混合选择法，这种方法对于混杂退化比较严重的品种的原种生产比其他方法更为有效。原种种子再繁殖一两代，生产良种，供大田播种用（图 2-10-2）。

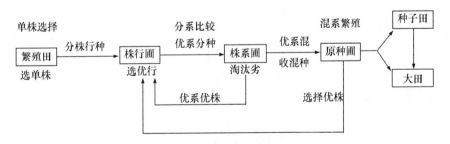

图 2-10-2　循环选择繁殖法种子生产程序图

循环选择繁殖法与重复繁殖法相比较，育种单位没有保存原种的任务，原种生产分散在各地原种场进行，只要按照"三圃制"或"二圃制"生产程序，并获得符合原种各项指标的种子，都可视为原种。

循环选择繁殖法因选择比较、混系过程的长短不同，分为"三年三圃制"和"二年二圃制"。"三年三圃制"指株行圃、株系圃和原种圃，而"二年二圃制"只是在三年三圃中省掉一个株系圃。下面对"三年三圃制"原种生产过程做一详细介绍（图 2-10-3）。

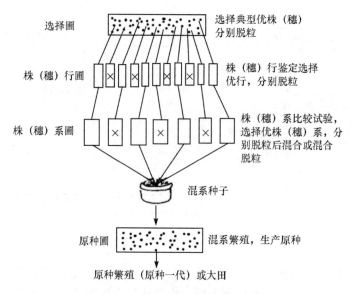

图 2-10-3 三年三圃制原种生产程序图

①选择优良单株(穗) 优良单株(穗)应在选种圃中或在生长优良、纯度较高的丰产田里进行选择。选择典型性、丰产性都好的单株(穗)是搞好选优提纯生产原种的关键。选择数量应根据后代株行圃的需要而定,选择工作应在品种性状最明显的时期进行,如苗期、抽穗开花期、成熟期。选择的单株(穗)分别收获,收获后再按穗、粒性状决选,淘汰杂劣株(穗),中选单株(穗)分别脱粒、装袋,充分晒干后妥善贮藏,供下年株(穗)行比较鉴定之用。

②株(穗)行比较鉴定 将上年入选的单株(穗)种于株(穗)行圃,进行比较鉴定。株(穗)行圃要土地肥沃、地势平坦、肥力均匀、旱涝保收,并注意隔离。每株(穗)种一行或数行,点播密度偏稀。在生长的各个关键生育阶段对主要性状进行观察记载,并比较鉴定每个株(穗)行的性状优劣和典型性与整齐度。收获前综合各株(穗)行的全部表现进行决选,严格淘汰长势差、典型性不符合要求的株(穗)行。入选的株(穗)行既要求行内的各株优良整齐,无杂、劣株,又要求各行间在主要性状上表现一致。收获时先收被淘汰的杂、劣株(穗)行并运出,避免遗漏混杂在入选的株行中,再将典型优良、整齐一致的株(穗)行除去个别杂、劣株,分别收获、脱粒、贮藏,供下年进行株(穗)系比较鉴定。

③株(穗)系比较鉴定 上年入选的株(穗)行各成为一个单系,种于株(穗)系圃。每系种一个小区,对其典型性、丰产性、适应性等做进一步比较试验。观察评比与选留标准可依照株(穗)行圃,入选的各系经过去杂去劣后,视情况混合或分系收获、脱粒,然后混合,所得种子精选后妥善贮藏。

④混系繁殖 将上年入选株(穗)系的混合种子种于原种圃,扩大繁殖。原种圃要隔离安全、土壤肥沃,采用先进的农业技术和稀播等措施提高繁殖系数。要严格去杂去劣,收获后单脱、单藏,严防机械混杂,这样生产出的种子就是原种。

图 2-10-3 是"三年三圃制"原种生产过程,常异花授粉作物,如棉花,多采用这种程序生产原种。对于像小麦、水稻等自花授粉作物可以采用"二年二圃制",即不经过株(穗)系圃,由株(穗)行圃去杂去劣混收直接进入原种圃混合繁殖。这种方法既简单易行又可达到提纯

作物遗传育种

的目的,但提纯效果不如"三年三圃制"好。除此之外,还有"一圃制",即单粒点播、分株鉴定、整株去杂、混合收获。

采用循环选择繁殖法生产原种时,都要经过单株、株行、株系的多次循环选择,汰劣留优,这对防止和克服品种的混杂退化,保持生产用种的某些优良性状有一定的作用。但由于某些单位在用这种方法生产原种时,没有严格掌握原品种的典型性状,选株的数量少,株系群体小;或者在选择过程中,只注意了单一性状而忽视了原品种的综合性状,使原种生产的效率不高。因此,今年来对小麦、水稻等自花授粉作物发展了"株系循环繁殖法"生产原种。

(3)株系循环繁殖法　株系循环繁殖法是把引进或最初选择的符合品种典型性状的单株或株行种子分系种于株系循环圃;收获时分为两部分:一部分是先分系收获若干单株,系内单株混合留种,称为株系种;另一部分是将各系剩余单株去杂后全部混收留种,称为核心种。株系种次季仍分系种于株系循环圃。收获方法同上一季,以后照此循环。核心种次季种于基础种子田,从基础种子田混收的种子称为基础种子。基础种子次季种于原种田,收获的种子为原种(图2-10-4)。

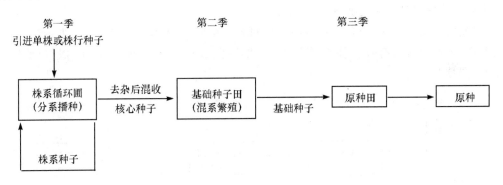

图 2-10-4　株系循环繁殖法原种生产程序图

株系循环繁殖法生产原种的指导思想是,自花授粉作物群体中,个体基因型是纯合的,群体内个体间基因型是同质的。表型上的个别差异主要是由环境引起的,反复选择和比较是无效的。从理论上讲,自花授粉作物也会发生极少数的天然杂交和频率极低的基因突变,但在株系循环过程中完全能够将它们排除掉。从核心种到原种,只繁殖两代,上述变异就难以在群体中存留。因此,进入稳定循环之后,每季只需在株系循环圃中维持一定数量的株系,就能源源不断地提供遗传纯度高的原种供生产应用。

(4)自交混繁法　自交混繁法是在自交的条件下,设置保种圃、基础种子田、原种生产田,通过自交保种、混系繁殖,建立纯度高、个体差异小的品种群体。在单株选择圃中,选择具有品种典型性状的自交单株单收,次季按单株分行种植于株行鉴定圃,收获当选株行自交种子,按编号分别种成株系,决选后,收获当选株系的自交种子留作保种圃种子,剩余混系留种作为核心种子用于基础种子田繁殖用种。在基础种子田,要去病去杂去劣,混收种子作为基础种子用于下一季原种生产田用种。在原种田,加强田间管理,去杂去劣,扩大繁殖系数,收获原种(图2-10-5)。这样利用保种圃,每年自交保种、混系留种,实现源源不断生产原种。

自交混繁法主要适用于常异花授粉作物的原种生产,如棉花,高粱等;也适用于异花授粉作物的原种生产,如油菜等。

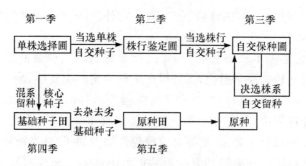

图 2-10-5　自交混繁法原种生产程序图

2．"三系"亲本的原种生产

对于水稻、向日葵等作物的杂交品种原种生产,主要是"三系"亲本原种生产,即雄性不育系、保持系和恢复系的生产。根据原种生产过程中有无配合力测定的步骤,可将"三系"亲本原种生产方法分为两类:一类有配合力测定步骤,以"成对回交测交法"为代表;另一类无配合力测定步骤,以"三系七圃法"为代表。

(1)成对回交测交法　这种方法既注重根据"三系"亲本的典型性选择,又进行亲本配合力的测定,因此可靠而有效。基本程序是:单株选择、成对回交与测交、后代(株行)鉴定、原种生产(图 2-10-6)。

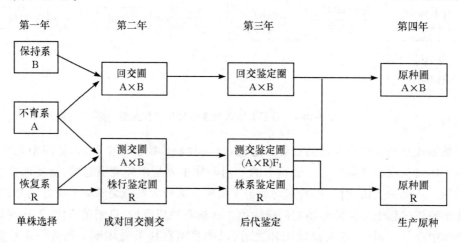

图 2-10-6　成对回交测交法原种生产程序图

①单株选择　在杂交水稻纯度较高的亲本繁殖田中,根据"三系"各自的典型性状,选择雄性不育系、保持系和恢复系单株。选择工作可在抽穗始期进行,严格去杂去劣。不育系应逐株逐穗镜检花粉,也可以将一穗套袋自交检验其育性,保留完全不育单株,淘汰不符合要求的单株。选择的雄性不育系和保持系单株立即套袋成对授粉,保持系和恢复系也要套袋繁殖,并将成对父母本相应编号。收获要单收、单脱、单藏,保留约 100 个成对单株。

②成对回交与测交　将上年每对不育系的种子分为两部分,一部分与同一恢复系在隔离区内测交制种,供第三年测定配合力使用;另一部分和保持系相邻成对种植,调整好父母本花期。在苗期、分蘖期和抽穗期,根据不育系和保持系的典型特征特性,鉴定其相似性和一致性。在始穗期逐株逐穗套袋自交或镜检花粉鉴定育性,凡成对株行中出现退化株或不

育株行的可育性超过 2% 以上的株行淘汰。当选不育株行需及时拔除育性不符合要求的植株,剩余株与相应保持系株行套袋成对授粉。对恢复系各株行也要在苗期、分蘗期、抽穗期进行典型性、一致性鉴定,凡出现杂株、变异株、可疑株者,整行淘汰。对当选的不育系、恢复系成对株行,开花期进行人工辅助授粉,可以提高结实率。在成熟收获时对不育系、恢复系、保持系再一次鉴定,当选株行按不育系、保持系、恢复系和测交种分别收获。

③后代鉴定　将上年当选的雄性不育系、保持系株行成对种成株系,每对株系在隔离条件下再一次进行成对选择,选择标准为不育系的育性和特征特性及与保持系的相似性。这一年还要将上年当选的测交种株行种子分系种成小区测交,鉴定配合力与恢复性。每隔一定测交种种一对照,以恢复系原种配制的同一杂交组合作对照,试验按间比法排列。恢复系也同样种成株系,继续鉴定其典型性、一致性。收获时根据株系比较的典型性、一致性和测交鉴定的产量和恢复性,最后决选株系,下一步混合繁殖。

④原种生产　将上年决选的株系按不育系、保持系、恢复系分别混合,在隔离条件下,分别种植于不育系、保持系和恢复系原种圃,调整好花期,加强人工辅助授粉。在苗期、分蘗期、抽穗期、成熟期 4 次严格去杂去劣。最后,按雄性不育系、保持系、恢复系分别收获,即获得"三系"原种。

(2)"三系七圃"法　"三系七圃"法在原种生产过程中无配合力测定,仅仅根据"三系"亲本各自的典型性进行选择。原种生产过程中,"三系"自成体系,分别建立株行圃和株系圃,三系共建 6 个圃,不育系增设原种圃一共 7 圃,因此称为"三系七圃"法。这种方法不仅节省人力、物力,且简化了三系原种生产过程。不育系的回交亲本是用保持系的优良株行或株系,它吸取了改良混合选择法的优点,以保持"三系"的典型性和纯度为中心,对不育系的单株、株行和株系都进行育性检验(图 2-10-7)。此法的理论依据是经过严格的育种程序,并通过品种审定投放于生产的杂交水稻,其三系各自的株间配合力没有差异。

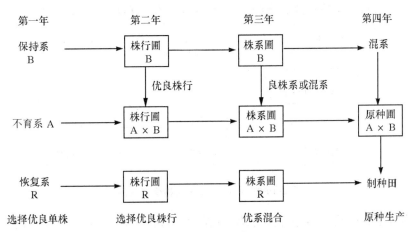

图 2-10-7　"三系七圃"法原种生产程序图

注:对不育系单株、株行、株系均进行育性鉴定

在实施"三系七圃"法时,应注意以下几点:

①自始至终抓好保纯工作,着重抓好花期隔离和防止机械混杂,反复进行田间去杂去劣。收获时,保持系和不育系要分割、分运和分场脱粒。

②一定要把"三系"综合性状的典型性和整齐度作为鉴定和选择的主攻方向,不盲目追求单一性状的优中选优。

③不育系的育性鉴定重点是对单株和株行的鉴定,凡抽样镜检中发现有染色花粉则予以淘汰。

④为了防止过分选择造成遗传基础的贫乏,每年选留的保持系和恢复系不要少于10个,不育系不要少于20个,不育系原种圃的回交亲本要用保持系的优系混合种子。

⑤对数量性状的选择要根据遗传率的高低加以区别对待,遗传率高的性状选择时要严格,遗传率低的性状选择时不宜过分苛求,一般可采用众数选择法或平均数选择法。

"三系"亲本原种生产的这两类方法中,成对回交测交法的生产程序比较复杂,技术性强,生产原种数量少,但纯度较高,比较可靠;"三系七圃"法生产程序简便,生产原种数量较多,但纯度和可靠性稍差。各地可根据亲本的纯度状况和自身条件灵活选用。一般在三系混杂退化较为严重的情况下,应采用第一种方法;而在三系混杂退化较轻时可采用第二种方法。

3. 玉米自交系的原种生产

玉米亲本自交系通过提纯生产的方法重新获得纯度和质量较高的自交系原种。自交和选择是提纯玉米自交系、生产原种的基本措施。因为自交能使混杂的玉米自交系的性状发生分离、基因型趋于纯合,通过连续几代自交和选择,便可获得基因型较纯合、性状整齐一致的自交系。根据原种生产过程有无配合力测定步骤,有"穗行半分法"和"测交法"两种原种生产方法。

(1)穗行半分法　第一年选株自交,第二年将每个自交果穗的种子分成两份,一份(占该果穗种子的1/4~1/3)在田间种成穗行,在苗期、拔节期、抽雄开花期根据自交系的典型性、一致性和丰产性进行穗行间的鉴定比较,选出优良的典型穗行;另一份种子妥善保存,待选出优良穗行后再将入选穗行的剩余种子混合,供下一年原种扩繁用(图 2-10-8)。

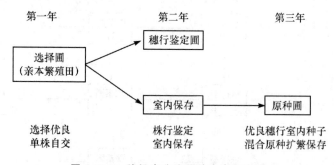

图 2-10-8　穗行半分法原种生产程序图

穗行半分法比较简单,尤其在第二年,不需另设隔离区,不需要套袋自交,工作量大大减少。但由于不进行配合力测定,提纯效果也较差。另外,混合繁殖用的种子量较少,很难产生较多数量的原种。通过一年选株自交,一年穗行鉴定的提纯法,称为二级提纯法。若通过一年穗行鉴定,自交系的纯度仍达不到标准时,应在表现优良的穗行中再选株套袋自交,下年套袋自交果穗继续种成穗行,进行穗行鉴定,第四年再进行原种繁殖。这种两年选株自交,两年穗行鉴定的提纯法,称为三级提纯法。若采用三级提纯法自交系的纯度仍不能符合要求时,按此类推还可以继续穗行鉴定,直到种子提纯达标为止。

（2）穗行测交法　这种方法在提纯过程中,既注意外部性状的鉴定,又进行配合力的测定,使提纯后的自交系既能保持原有性状的典型性,又不降低配合力。其基本程序是:第一年选择优良典型单株自交和测交;第二年进行自交穗行和测交穗行的鉴定;第三年进行混系繁殖(图 2-10-9)。

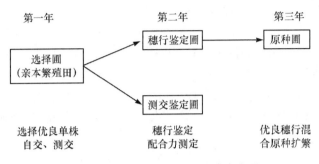

图 2-10-9　穗行测交法原种生产程序图

①选择圃　在自交系繁殖区内,于苗期、抽穗初期根据各种性状表现,选择典型一致的优良单株 100～200 株。各株除人工自交外,又分别用每株的花粉与特定的自交系进行测交。一般每一自交株要同时测 5～6 穗,各自交果穗与测交果穗成对编号。果穗收获后,根据果穗典型性状及病害、霉烂情况进行严格穗选,淘汰杂、劣穗。中选的自交果穗分穗脱粒收藏,供下年穗行测定用。凡自交果穗淘汰的,相应的测交果穗也要淘汰,当选的同一测交各果穗可混合脱粒供下年鉴定配合力用。

②鉴定圃　将上年入选的自交果穗在隔离区内种成穗行,进行穗行鉴定。在生长期间根据植株性状的典型性、一致性、生产力和抗逆性等进行选择。在当选的穗行内继续选择优良单株进行套袋自交,自交数量视下一年原种繁殖区所需种子数量而定,一般每个穗行自交 10～20 穗。对非典型的淘汰穗行一律去雄,以免个别植株散粉影响入选穗行种子的典型性。成熟后,自交果穗按穗行分别混收,当选穗行内的非自交果穗混收混脱,可供下年制种用,淘汰穗行的果穗脱粒后作粮食处理。

在种植自交穗行的同时,将上年的测交果穗混收种子按编号种成小区,以亲本未提纯的同名杂交组合为对照,进行产量比较试验,测定配合力。

最后,根据穗行鉴定和配合力测验等资料综合分析,决选出性状典型一致、配合力高的穗行。将当选穗行内的全部自交果穗混合脱粒,即是提纯后的自交系原种,供原种圃扩大繁殖。

③原种圃　由于提纯的自交系原种数量较少,应在隔离条件下进一步扩大繁殖。生长期间仍要严格去杂去劣,所收种子即为原种一代种子,再次繁殖则为原种二代种子。

株行测交提纯法比较费工,但所生产的自交系原种纯度高、质量好,典型性和配合力能保持较高水平,对于混杂退化比较严重的自交系材料,只有用这种方法才能达到提纯的效果。

（二）良种生产

获得原种后,要把原种繁殖 1～3 代供生产田或杂交制种田使用,或者配制杂交种,称为良种生产。利用原种繁殖出的种子叫原种一代,由原种一代繁殖出的种子叫原种二代,依此类推,原种只能繁殖 1～3 代,超过三代后,良种的质量难以保证。良种生产的基本原理与技术同原种生产相似,但其程序要简单得多,就是在隔离条件下,防杂保纯、扩大繁殖,提供大田生产用种。

1.常规品种良种的生产

(1)种子田的选择　种子田需具备下列条件:①自然气候、土壤条件等适合该作物、该品种的生长发育;②地势平坦,土壤肥沃,排灌方便;③尽量连片,有较好的隔离条件;④可以轮作倒茬,避免机械混杂,保证作物健康发育;⑤病、虫、杂草等危害较轻,无检疫性病虫害;⑥交通方便,最好有较好的加工、贮藏等配套设施。

(2)种子田的种类及其生产程序　①一级种子田生产程序　原种第一年放在种子田繁殖,从种子田选择典型单株(穗)混合脱粒,作为下年种子田用种;其余植株(穗)经过严格去杂去劣后混合脱粒,作为下年生产田用种。原种繁殖1～3代后淘汰,重新用原种更新种子田用种(图2-10-10)。一级种子田生产程序适宜于地少人多的地区,用于繁殖系数高的油菜、谷子、烟草等小粒作物;具有占地少,繁殖世代少,生产种子少,品种混杂退化概率低等特点。

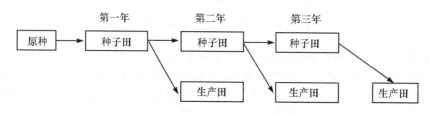

图 2-10-10　一级种子田生产程序图

②二级种子田生产程序　其生产程序如图2-10-11所示,适宜于地多人少的地区,用于繁殖系数较小的棉花、小麦、花生等作物;其优点是提供的生产用种较多,小面积上控制种子质量,可精益求精;其缺点是用地较多,繁殖世代增加,混杂退化概率较高。

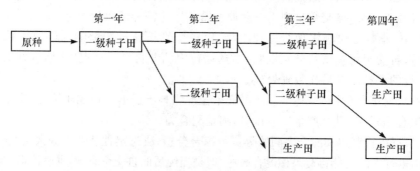

图 2-10-11　二级种子田生产程序图

(3)种子田的面积　种子田的面积,主要应根据种子生产计划和品种的繁殖系数确定,其计算公式如下:

$$种子田面积(hm^2) = \frac{下年大田播种面积(hm^2) \times 播种量(kg/hm^2)}{种子田产量(kg/hm^2) \times 种子用价(\%)}$$

其中,种子用价,又称"种子利用率",是指播种材料中能发芽的种子重量占总重量的百分率。种子用价(%)=种子净度(%)×发芽率(%)。

为了充分保证供种计划,在具体安排时要留有一定余地。各种作物种子田富余面积为:油菜0.3%～2%、水稻5%～10%、麦类7%～10%、玉米3%～5%、棉花15%～20%、谷子

作物遗传育种

1%～2%、薯类 8%～10%。

（4）种子田的管理　在种子田的田间布局上要便于田间管理和去杂去劣工作。要精心管理,做到适时播种、适当稀植、加强肥水管理,使植株生长发育良好,提高繁殖系数。种子田中去杂去劣工作非常重要,在生育期间要分期去杂去劣,防止生物学混杂。种子田收获时,要单独收、打、晒、藏,严防机械混杂。

2.杂交种品种良种的生产

（1）种子生产方法　在配制杂交种时,首先要解决的问题是母本去雄。不同作物,由于花器构造和授粉方式不同,去雄的方式也不同,即配制杂交种的方法不同。目前,杂交种品种良种生产中主要有人工去雄制种法、化学杀雄制种法、利用雄性不育性制种法、利用自交不亲和性制种法等。

（2）杂交种种子生产共性技术

①确定制种田和亲本繁殖田的面积比例　制种基地应选择地势平坦,土壤肥沃,排灌方便,旱涝保收,病虫等危害轻且无检疫性病虫,便于隔离,交通方便,生产水平较高,技术条件较好,制种成本低,相对集中连片的地块。杂交种子生产必须按比例安排制种田和亲本繁殖田的面积,从而使各类种子数量比例协调。计算公式如下：

$$杂交制种田面积(hm^2)=\frac{大田计划播种面积(hm^2)\times 播种量(kg/hm^2)}{制种田预计单产(kg/hm^2)\times 母本行比\times 种子合格率(\%)}$$

$$亲本繁殖田面积(hm^2)=\frac{下年制种田面积(hm^2)\times 母本或父本播种量(kg/hm^2)\times 亲本行比}{亲本单位面积产量(kg/hm^2)\times 种子合格率(\%)}$$

②隔离区的设置　除小面积采用人工套袋、网室外,应根据当地实际情况灵活采用空间隔离、时间隔离、自然屏障隔离、高秆作物隔离等方法。

空间隔离要求在亲本繁殖和杂交制种区周围一定距离内,不种植非父本品种。有的作物如十字花科作物属间也应有一定的隔离。通常隔离距离,自花授粉作物＜异花与常异花授粉作物,风力传粉的作物＜昆虫传粉的作物,制种区＜亲本繁殖区（表 2-10-1）。

表 2-10-1　亲本繁殖和杂交制种的最小隔离要求　　　　　　　　　　　　　　　m

作物	水稻	玉米	高粱	向日葵、油菜
原种繁殖田	600	1 000	1 000	
亲本繁殖田	300	500	500	2 500
杂交制种田	100	300	300	1 000

时间隔离是通过调节播种期,使制种田或亲本繁殖田的花期与周围同类作物的生产田花期错开,从而达到隔离目的。隔离时间的长短,主要由该作物花期长短决定。一般春播玉米播期错开 40 d 以上,夏播玉米 30 d 以上。水稻错开 20～30 d。

自然屏障隔离是利用山岭、村庄、房屋、成片树林等自然障碍物进行隔离。

高秆作物隔离是在制种区周围一定范围内种植玉米、高粱、麻类等高秆作物。要求:第一,高秆作物应提前播种 20 d 以上,以保证制种田花期到来时有足够的高度;第二,高秆作物隔离带应有一定宽度。

③父母本间种行比　行比是制种田中父本行与母本行的比例关系。行比大小决定着母

本占制种田面积的比例大小和结实率,进而影响制种产量。确定行比的原则是:在保证父本花粉充足供应前提下,尽量增加母本行的比例。在确定具体行比时,应根据制种组合中父本的株高、花粉量及花期长短等因素灵活掌握。主要作物父、母本行比的大致范围是:玉米是2:(6~10),高粱是2:(8~18),水稻是2:(4~6),油菜是1:(2~3),棉花是1:(4~5)。提高播种质量,要精细播种,力争做到一播全苗。既便于去雄授粉,又可提高制种产量和制种质量。要求:严格分清父、母本行,不得串行、错行、并行、漏行。可在父本行的两端和中间隔一定距离种上一穴其他作物作为标志,便于区分父母本。可在制种区附近,分期播种一定行数的父本,作为采粉区。精细管理总体要满足水肥要求,加强中耕除草,加强病虫害防治。

④调节播期,确保花期相遇　制种田花期是否相遇决定制种产量的高低,甚至制种的成败。调节父母本花期是制种工作的中心环节。要做好播期调节、花期预测和花期辅助调节。

准确安排父母本播期是保证花期相遇的根本措施。保证花期相遇必须以调节播期为主,其他调节方法为辅。常见作物父母本花期相遇的指标是玉米母本吐丝,父本散粉;水稻是母本开花,父本散粉。亲本的生物学特性、外界的环境条件、生产条件与管理技术都影响花期。播期调节的原则是"宁可母等父,不可父等母"。确定播种差期准确度依次是叶龄>有效积温>生育期。调节播期的辅助措施有:通过早播种子浸种催芽,与另一亲本干种子同期播种;为防意外,也可在制种田边地头单设父本采粉区,比隔离区内父本再晚播6~7 d,以备急需。

花期预测的方法主要有叶片检查法、镜检雄幼穗法等。叶片检查法是根据双亲叶片出现多少,预测其雌、雄穗发育进程,判断花期能否相遇。其程序为:选取代表性的父母本植株→定点、定株检查父母本叶片数→判断。对于玉米、高粱等作物,父母本总叶片数相同的组合,父本已出现叶片数比母本少1~2叶为相遇良好标志;父母本总叶片数不同的组合,以母本未抽出叶片数比父本数少1~2叶为宜。高粱、玉米在双亲拔节后幼穗分化随即开始,通过父母本幼穗分化进程的比较可以更准确地预测花期,即镜检雄幼穗法。其程序为:选有代表性父、母本植株和大小→剥去未长出来的全部叶片→观察雄穗原始体的分化时期和大小→判断花期相遇;通常,母本的幼穗发育早于父本一个时期;在小穗分化期以前,母本幼穗大于父本幼穗1/3~1/2。

也可通过施肥调节、中耕管理、水分调节、激素调节等方法辅助调节花期。

⑤去杂去劣　去杂去劣要做到及早、从严、彻底,一般按苗期、拔节期、花期和成熟期进行,重点在苗期和花期。苗期去杂去劣,据幼苗芽鞘颜色、叶片颜色、宽窄、形状、波曲与否、上冲或者下披,幼苗长势长相等特征综合鉴定,去掉杂株、劣株和可疑株。苗期去杂一般结合间苗和定苗进行,不但可以剔除杂劣株,还可以保证田间留苗数和制种产量。拔节期去杂去劣,主要是根据拔节后的表现判断,去掉明显的优势株,也可以结合叶型、株型进行除杂。抽穗开花期是去杂去劣、保证种子纯度的关键阶段,要做到干净、彻底、及时,避免杂株散粉造成生物学混杂。对于前三个时期残留下来的杂株,可在成熟收获前后,根据株型、叶型、穗型、粒型和粒色等特征除掉。像玉米还可观察穗轴颜色,水稻可参照结实率等特征进行(杂株的结实率往往明显高于不育系)。

⑥人工去雄和辅助授粉　对于采用人工去雄、人工或天然授粉的方式进行杂交制种时,均要求在母本雄蕊(穗)散粉之前将母本雄蕊(穗)及时、干净、彻底地拔除。所谓及时,就是一定要在散粉之前拔除;所谓彻底、干净,就是母本雄蕊(穗)一个不留、雄蕊(穗)上无残留分

枝。人工辅助授粉,是提高父本花粉利用率、母本结实率及制种产量的重要措施。进行人工辅助授粉要考虑父本散粉的高峰期、花粉的生活力和雌蕊柱头接受花粉的能力。促进授粉方法有:玉米的剪苞叶、剪花丝;水稻的割叶;人工赶花粉等技术。

⑦父母本分收分藏 制种田种子成熟后应及时收获,要把父、母本分收、分运、分脱、分晒、分藏,严防混杂。一般先收母本,后收父本。对于不能鉴别的已落地的株(穗),按杂株(穗)处理,不能作种子用。

⑧质量检查 播前检查亲本种子数量、纯度、种子含水量、发芽率,隔离区,父母本播期等。去雄前后检查田间去杂是否彻底,花期是否相遇良好,去雄是否干净、彻底等。收获后检查种子纯度、贮藏等。

三、加速种子生产的方法

加速种子生产就是在一定的时间内提高种子的繁殖倍数。一个新品种刚育成时往往种子量很少,如果按照常规的种子生产方法,从繁育到普及推广需 4～5 年的时间。为了使优良品种尽快地在农业生产上发挥增产作用,必须采取适当措施,加快种子的繁殖。加速种子繁殖的方法有多种,常用的有提高繁殖系数、一年多代繁殖和组织培养繁殖。

(一)提高种子的繁殖系数

种子的繁殖系数,即种子的繁殖倍数,是指单位重量的种子经种植后,其所繁殖的种子数量相当于原来种子的倍数。例如小麦播种量为 10 kg,收获的种子量为 400 kg,则繁殖系数为 40。提高繁殖系数的主要途径是节约单位面积的播种量,提高单位面积的产量。可采用的具体措施有:

1. 稀播繁殖

采用精量稀播、精量点播、育苗移栽或单本栽植等方法,通过扩大个体的生长空间和营养面积来提高单株产量水平,另外稀播繁殖单位面积用种量少,在相同的种子数量情况下,可种植较大的面积,所以能大幅度提高种子繁殖系数。例如小麦采用稀播繁殖的方法,每 666.7 m² 播种量可由 10 kg 降至 2～2.5 kg,繁殖系数提高 4～5 倍。棉花采用育苗移栽的方法,每 666.7 m² 播种量降低 9 kg,繁殖系数提高 6～7 倍。

2. 剥蘖繁殖

具有分蘖习性的某些作物,如水稻、小麦等,可以提早播种,利用稀播培育壮秧、促进分蘖,再经多次剥蘖插植大田,加强田间管理,促使早发分蘖,提高有效穗数,获得高繁殖系数。例如广东省梅县 1970 年引进秋长矮 39 号与秋谷矮 2 号良种 48.5 kg,采用多次剥蘖移栽 16.16 hm²,共收种子 7.5 万 kg。

3. 营养繁殖

根茎类无性繁殖作物或有性繁殖作物,均可采用营养繁殖的方法提高繁殖系数。营养繁殖的方法很多,主要包括常规无性繁殖方法和组织培养法。

(1)常规无性繁殖方法 常规无性繁殖方法有扦插、嫁接、分株、切块等方法。例如甘薯、马铃薯等根茎类无性繁殖作物,可采用多级育苗法增加采苗次数,也可用切块育苗法增加苗数。然后再采用多次切割、扦插繁殖的方法。例如徐州农科所利用甘薯的根、茎、拐子采取加速繁殖,使薯块个数的繁殖系数达到 2 861～3 974 倍;薯重繁殖系数达到 1 025～

1 849倍。

(2)组织培养法 组织培养法是利用植物组织培养技术,进行快速繁殖或生产人工种子。植物组织培养技术是根据细胞全能性理论,在无菌和人工控制的环境条件下,将植物的胚胎、器官(根、茎、叶、花、果实)、组织、细胞或原生质体培养在人工培养基上,使其再生发育成完整植株的过程。由于培养的植物材料脱离了植物母体,所以又称植物离体培养。目前采用植物组织培养技术,可以对许多植物进行快速繁殖。如甘蔗,可以将叶片剪成许多小块,进行组织培养,待叶块长成幼苗后,再栽到大田,从而大大提高繁殖系数。此外,对于甘薯、马铃薯还可以利用茎尖分生组织培养进行脱毒,然后再快速繁殖,实现甘薯、马铃薯脱毒快繁。利用植物组织培养技术还可以获得胚状体,制成人工种子,使繁殖倍数大大提高。

(二)一年多代繁殖

一年多代繁殖的主要方式是异地或异季加代繁殖。

1. 异地加代繁殖

我国幅员辽阔,地势复杂,各地生态条件有很大差异,可以利用我国天然的有利自然条件进行异地加代,一年可繁殖多代。选择光、热条件可以满足作物生长发育所需的某些地区,进行冬繁或夏繁加代。如我国常将玉米、高粱、水稻、棉花、豆类、薯类等春播作物(4—9月),收获后到海南省等地进行冬繁加代(10月至翌年4月)的"北种南繁";油菜等秋播作物,收获后到青海等高海拔高寒地区夏繁加代的"南种北育";北方的冬麦、南方的春麦到黑龙江等地春繁加代;北方的春小麦7月份收获后在云贵高原夏繁,10月份收获后再到海南岛冬繁,一年可繁殖三代。

2. 异季加代繁殖

利用当地不同季节的光、热条件和某些设备,在本地进行异季加代。例如南方的早稻"翻秋"(或称"倒种春")和晚稻"翻春";福建、浙江和两广等省把早稻品种经春种夏收后,当年再夏种秋收,一年种植两次,加速繁殖速度。广东省揭阳县用100粒国际8号水稻种子,经过一年两季种植,获得了2 516 kg种子。

此外,利用温室或人工气候室等加代设施,可以在当地进行异季加代。

某些作物还可以把两种不同的加速繁殖的措施结合应用。如水稻、小麦等分蘖作物在本地剥蘖分植加速繁殖后,又可在异地、异季剥蘖分植加速繁殖;春播马铃薯既可扦插繁殖,又可以薯块收获后就地秋播切块繁殖,也可以不受季节影响利用组织培养无菌短枝型增殖、微型薯繁殖等。因此,种子生产的速度更快。

二维码 2-10-2 两个种子生产案例

二维码 2-10-3 标准化农作物种子
生产基地建设技术规范
(知识链接)

第三节　种子质量检验

种子的质量是以能否满足农业生产需要和满足的程度作为衡量尺度。商品种子的质量特性包括适用性、可靠性和经济性。适用性是指品种能在一定的区域使用，并能利用当地的自然条件、经济条件充分发挥自己的增产优势；可靠性是指种子在规定的生长期内。种子质量检验的对象是农作物种子，主要包括植物学上的种子（如大豆、棉花、洋葱、紫云英等）和果实（如水稻、小麦、玉米的颖果，向日葵的瘦果）等。

▶ 一、种子质量的内容

种子质量分为品种质量和播种质量两个方面的内容。品种质量是指与遗传特性有关的品质，也叫内在品质，可用真、纯两个字概括；播种质量是指种子播种后与田间出苗有关的质量，也叫外在品质，可用净、壮、饱、健、干、强六个字概括。种子质量特性分为物理质量、生理质量、遗传质量和卫生质量四大类。

1. 物理质量

采用种子净度、其他植物种子数目、水分、重量等项目的检测结果来衡量。

2. 生理质量

采用种子发芽率、生活力和活力等项目的检测结果来衡量。

3. 遗传质量

采用品种真实性和品种纯度、特定特性检测（转基因种子检测）等项目的检测结果来衡量。

4. 卫生质量

采用种子健康等项目的检测结果来衡量。

虽然种子质量特性较多，但我国开展最普遍的种子质量检测项目是净度分析、水分测定、发芽试验和品种纯度测定，这些项目称为必检项目，其他项目是非必检项目。

二维码 2-10-4　种子质量分级标准
（知识链接）

▶ 二、假劣种子的概念和范围

(一)假种子的概念和范围

假种子以非种子冒充种子或者以此种品种种子冒充其他品种种子的；种子种类、品种与标签标注的内容不符或者没有标签的均为假种子。目前，从市场上看，以非种子冒充种子，虽然数量不多，但危害极大。小麦、大豆等常规品种种子，可能表现不明显；但玉米、水稻等杂交品种种子，若以粮食冒充种子，后代分离严重，一般减产可达 50%；而对白菜、番茄等蔬菜，可能造成商品性极差，甚至根本没有市场。

以此品种冒充其他品种的,主要表现为用老品种冒充市场上看好的新品种;或用滞销品种冒充畅销品种。种子的种类、品种与标签标注不符,是假种子,冒充是故意行为的,情节更为恶劣。

(二)劣种子的概念和范围

劣种子的概念和范围在《种子法》中界定:"质量低于国家规定标准的;质量低于标签标注指标的;带有国家规定的检疫性有害生物的"均为劣种子。

对于国家没有质量标准的种子,以经营者标注的质量标准为准,若低于标注的质量标准,也要承担相应的违法责任。

三、种子检验

(一)种子检验的概念

种子检验是采用科学的技术和方法,通过仪器或感官对生产上所用种子质量进行测定、分析,判断其优劣,评定其种用价值的一门应用科学,也是对种子进行质量鉴定的过程。种子检验的最终目的是选用高质量的种子播种,杜绝或减少因种子质量所造成的缺苗减产的风险,控制有害杂草的蔓延和危害,充分发挥良种的作用,确保农业用种安全。

(二)种子检验的作用

种子检验的作用是多方面的,一方面是种子企业质量管理体系的一个重要支持过程,也是非常有效的种子质量控制的重要手段;另一方面又是一种非常有效的市场监督和社会服务手段。具体地说,种子检验的作用主要体现在以下几个方面。

1.把关作用

通过对种子质量进行检测,可以实现两重把关:一是把好商品种子出库的质量关,防止不合格种子流向市场;二是把好种子质量监督关,避免不符合要求的种子用于生产。

2.预防作用

通过对种子生产过程中原材料(如亲本)的过程控制、购入种子的复检以及种子贮藏、运输过程中的检测等,防止不合格种子进入下一过程。

3.监督作用

通过对种子质量的监督抽查、质量评价等形式实现行政监督的目的,监督种子生产、流通领域的种子质量状况。

4.报告作用

种子检验报告是国内外种子贸易必备的文件,可以促进国内外种子贸易的发展。

5.调解种子纠纷的重要依据

监督检验机构出具的种子检验报告可以作为种子贸易活动中判定种子质量优劣的依据,对及时调解种子质量纠纷有重要作用。

6.其他作用

检验报告还有提供信息反馈和辅助决策的作用。

(三)种子检验的内容和方法

种子检验可分为扦样、检测和结果报告三部分,操作程序如图2-10-12所示。扦样是种子检验的第一步,由于种子检验是破坏性检验,不可能将整批种子全部进行检验,只能从种子批中随机抽取一小部分相当数量的有代表性的供检验用的样品。从具有代表性的供检样品中分取试样,对包括净度、发芽率、品种纯度、水分等特性测定。结果报告是将已检测质量特性的测定结果汇总、填报和签发。

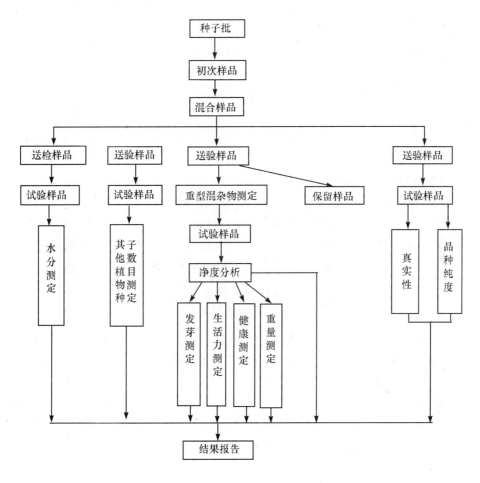

图 2-10-12 种子检验程序图

1. 扦样

扦样是种子检验的重要环节,扦取的样品有无代表性,决定着种子检验的结果是否有效。

(1)扦样的含义 扦样是从大量的种子(如种子批)中,随机取得一个重量适当、有代表性的供检样品。种子批是指同一来源、同一品种、同一年度、同一时期收获和质量基本一致、在规定数量之内的种子。

(2)扦样的程序 首先从种子批中取得若干个初次样品,然后将全部初次样品混合为混合样品,再从混合样品中分取送验样品,最后从送验样品中分取供某一检验项目测定的试验样品,并填写两份扦样单,一份交检验室,一份交被扦单位保存(表 2-10-3)。

表 2-10-3　种子扞样单

受检单位	名称				
	地址		电话		
作物名称		品种名称		生产单位	
种子批号		批重		容器数	
种类级别		样品编号		样品重量	
种子处理说明				扞样时期	
检测项目					
备注或说明					
受检单位法人代表签字(被签单位公章)			扞样员签字和证号(扞样单位公章)		

2.检验

种子检验的项目分为必检项目和非必检项目,必检项目包括纯度、净度、发芽率、水分,非必检项目包括生活力的生化测定、质量测定、种子健康测定、包衣种子检验。

(1)净度分析　净度分析是测定供检样品中不同成分的重量百分率和样品混合物的特性,并据此推断种子批的组成。分析时将样品分成三种成分,即净种子、其他植物种子和杂质,并分别测定各种成分的重量百分率。样品中的所有植物种子和各种杂质,尽可能加以鉴定。

$$种子净度=\frac{本作物净种子质量}{样品总质量}×100\%$$

为便于操作,将其他植物种子的数目测定也归于净度分析中,它主要是用于测定种子批中是否含有有毒或有害种子,用供检样品中的其他植物种子数目来表示,如需鉴定,可按植物分类鉴定到属。具体分析应符合 GB/T 3543.3 的规定。

(2)发芽试验　发芽试验是测定种子批的最大发芽潜力,据此可比较不同种子批质量,也可估测田间播种价值。发芽试验需用经净度分析后的净种子,在适宜水分和规定的发芽技术条件进行试验。到幼苗适宜评价阶段后,按结果报告要求检查每个重复,并计数不同类型的幼苗。如需经过预处理的,应在报告上注明。

发芽势是指测试种子的发芽速度和整齐度,其表达方式是计算种子从发芽开始到发芽高峰时段内发芽种子数占测试种子总数的百分比。其数值越大,发芽势越强。它也是检测种子质量的重要指标之一。

$$发芽势=\frac{发芽实验初期(规定条件和日期内)长成正常幼苗数}{供检的种子数}×100\%$$

发芽率是指测试种子发芽数占测试种子总数的百分比。如 100 粒测试种子有 95 粒发芽,则发芽率为 95%。发芽率是检测种子质量的重要指标之一,农业生产上常常依此来计算用种量。

$$发芽率=\frac{发芽实验终期(规定条件和日期内)长成全部正常幼苗数}{供检的种子数}×100\%$$

农作物种子,发芽率高、发芽势强,预示着出苗快而整齐,苗壮;若发芽率高、发芽势弱,预示着出苗不齐、弱苗多。一般来说,陈种发芽率不一定低,但发芽势不高,而新种的发芽率、发芽势都高,因此生产上应尽量"弃旧取新"。

(3)真实性和品种纯度鉴定　测定送验样品的真实性和品种纯度,据此来推断种子批的真实性和品种纯度。真实性和品种纯度鉴定,可用种子、幼苗或植株。通常把种子与标准样品比较,或将幼苗、植株与同期临近种植在同一环境条件下的同一发展阶段标准样品的幼苗和植株进行比较。

$$品种纯度 = \frac{本品种的种子数}{供检作物样本种子数} \times 100\%$$

当品种的鉴定性状比较一致时(自花授粉作物),则对异作物、异品种的种子、幼苗或植株进行计数;当品种的鉴定性状一致性较差时(如异花授粉作物),则对明显的变异株进行计数,并作出品种纯度的总体评价。目前,室内鉴定方法日趋完善,通过种子内的贮藏蛋白或同工酶的电泳图谱也可推断种子批的真实性和品种纯度。

(4)水分测定种子内所含水包括游离水、束缚水和结合水 3 种。种子水分测定的主要对象是游离水。中国主要作物种子安全贮藏水分的最高限度为:籼稻 13.5%,粳稻 14%,小麦12%,大麦、大豆、玉米均为 13.5%,棉籽 12%等。测定送验样品的种子水分,为种子安全贮藏、运输等提供依据。种子水分测定必须使种子水分中自由水和束缚水全部除去,同时要尽最大可能减少氧化、分解或其他挥发性物质的损失。

$$种子含水量 = \frac{样本盒和盖及样本烘前重 - 样本盒和盖及样本烘后重}{样本盒和盖及样本烘前重 - 样本盒和盖的重量} \times 100\%$$

(5)生活力的生化(四唑)测定　种子活力即种子的健壮度,是种子发芽和出苗率、幼苗生长的潜势、植株抗逆能力和生产潜力的总和,是种子品质的重要指标。长期以来都用发芽试验检验种子的质量,但往往是实验室的发芽率与田间的出苗率之间存在着很大的差距。种子活力主要决定于遗传性以及种子发育成熟程度与贮藏期间的环境因子。遗传性决定种子活力强度的可能性,发育程度决定活力程度表现的现实性,贮藏条件则决定种子活力下降的速度。由于种子活力是一项综合性指标,因此靠单一活力测定指标判定其总活力水平或健壮度是不科学的。

在短期内急需了解种子发芽率或当某些样品的发芽末期尚有较多的休眠种子时,可应用生活力的生化法快速估测种子生活力。生活力测定是应用 2,3,5-苯基氯化四氮唑(简称四唑,TTC)无色溶液作为一种指示剂,这种指示剂被种子活组织吸收后,接受活细胞脱氢酶中的氢,被还原成一种红色的、稳定的、不会扩散的和不溶于水的三苯基甲膳。据此,可依据胚和胚乳组织的染色反应来区别有生活力和无生活力的种子。

除完全染色的有生活力种子和完全不染色的无生活力种子外,部分染色种子有无生活力,主要是根据胚和胚乳坏死组织的部位和面积大小来决定,染色颜色深浅可判别组织是健全的,还是衰弱的或死亡的。

(6)质量测定　测定送验样品每 1 000 粒种子的质量(千粒重)。从净种子中数取一定数量的种子,称其质量,计算其 1 000 粒种子的质量,并换算成国家种子质量标准规定水分条件下的质量。

(7)种子健康测定　通过种子样品的健康测定,可测得种子批的健康状况,从而比较不同种子批的种用价值,同时可采取措施,弥补发芽试验的不足,测定样品是否存在病原体、害虫,尽可能选用适宜的方法,估计受感染的种子数。已经处理过的种子批,应要求送验者说明处理方式和所用的化学药品。

(8)包衣种子检验　包衣种子是泛指采用某种方法将其他非种子材料包裹在种子外面的种子,包括丸化种子、包膜种子、种子带和种子毯等。包衣种子又称大粒化种子,即在种子外面裹的"包衣物质"层,使原来的小粒或形不正的种子加工成为大粒、形正的种子。包衣是现代种子加工新技术之一,在"包衣物质"中含有肥料、杀菌药剂和保护层等。包衣种子可促进出苗,提高成苗率,使苗的生长整齐健壮,也更适于机械化播种。常用于莴苣、芹菜、洋葱等蔬菜,或花卉、烟草等种子。包衣种子检验包括净度分析、发芽试验、丸化种子的质量测定和大小分级。

3.结果报告

种子检验的结果报告是按照我国现行标准进行扦样与检测而获得检验结果的一种证书表格。

(1)签发检验结果报告的条件　签发检验结果报告原机构除需填报结果报告单的内容外,还要报告如下内容:该机构目前从事这项工作;被检的种属于现行标准所列举的一种;种子批符合标准的规定;送验样品是按标准规定扦取和处理的;检验按规定方法进行的。

(2)结果报告　完整的检验报告应按现行的国家标准规定填写并报告下列内容:签发站名称;扦样及封缄单位的名称;种子批的正式记号及印章;来样数量、代表数量;扦样日期;检验站收到样日期;样品编号;检验项目;检验日期。

二维码 2-10-5　假水稻种子案例分析

作物遗传育种

第四节　种子管理

▶ 一、种子管理体制

《中华人民共和国种子法(2015年修订版)》(以下简称《种子法》)规定,国务院农业、林业主管部门分别主管全国农作物种子和林木种子工作;县级以上地方人民政府农业、林业主管部门分别主管本行政区域内农作物种子和林木种子工作。各级人民政府及其有关部门应当采取措施,加强种子执法和监督,依法惩处侵害农民权益的种子违法行为。农业、林业主管部门应当加强对种子质量的监督检查。国务院农业、林业主管部门建立植物品种标准样品库,为种子监督管理提供依据。农业、林业主管部门及其工作人员,不得参与和从事种子生产经营活动。《种子法》明确了种子质量监督管理体制,确定了种子企业、政府及其主管部门不同主体之间的权力、责任和义务,种子企业是种子质量管理的主体,政府对种子质量实施宏观管理,农业行政主管部门主管种子质量监督工作。

二、种子管理法规简介

我国种子管理的法律制度由法律、行政规定政策、部门规章、地方规章等组成,此外国家发布的有关种子的强制性标准等,也是构成我国种子法律制度的重要组成部分。

(一)种子法

《种子法》于 2000 年 7 月 8 日经第九届全国人民代表大会常务委员会第十六次会议通过,并于同年 12 月 1 日起实施。自颁布以来,先后进行了二次修正,现行《种子法》是 2015 年 11 月 4 日第十二届全国人民代表大会常务委员会第十七次会议修订版。《种子法》是我国种子管理的基本法律,系统地规定了种子管理的基本制度,其他任何种子法规、制度不得与其相抵触。《种子法》分为总则,种质资源保护,品种选育、审定与登记,新品种保护,种子生产经营,种子监督管理,种子进出口和对外合作,扶持措施,法律责任,附则,共 10 章 94 条。《种子法》明确了转基因植物品种安全评价制度、种质资源保护制度、品种选育、审定与登记制度、新品种保护制度、种子生产经营许可制度、种子标签真实性与种子检疫制度、种子质量监督制度、种子储备制度等主要法律制度。

(二)其他行政规定政策

为切实贯彻落实好《种子法》,国务院根据《种子法》的有关规定对《种子法》中的一些原则问题做出具体规定。如 2001 年颁布实施的《农作物转基因生物安全管理条例》,对《种子法》第七条关于转基因品种和种子的管理做出了具体规定。如 2014 年国家的良种补贴政策、做大做强育繁推一体化种子企业支持政策等,都对种子生产与管理起到了促进作用。

2016 年农业部公布《农作物种子生产经营许可管理办法》《主要农作物品种审定办法》《农作物种子标签和使用说明管理办法》,加强种业规范管理。促进种业发展;2017 年农业部办公厅关于印发《农业转基因生物(植物、动物、动物用微生物)安全评价指南》的通知,进一步规范了农业转基因生物安全评价工作。

目前发布实施的还有《农作物商品种子加工包装规定》《农作物种质资源管理办法》《农作物种子质量纠纷田间现场鉴定办法》《农作物种子检验员考核管理办法》《农作物种子质量监督抽查管理办法》《农业行政处罚程序规定》《中华人民共和国农业植物新品种保护条例实施细则(农业部分)》和《中华人民共和国农业植物新品种保护名录》等。这些规章的发布实施,对于保证《种子法》的贯彻落实,完善我国社会主义市场经济条件下的种子管理制度,指导各省、自治区、直辖市制定地方性法规,促进全国统一开放、竞争有序的种子市场的建立发挥着重要作用。

(三)地方规章

《种子法》颁布以来,全国共有 20 个省、自治区、直辖市和一个较大市的人民代表大会及其常委会,按照法律程序,结合本地实际,制定了地方性规章。地方规章在其行政区域内具有约束性,但其效力低于《种子法》。如《安徽省农作物种子管理条例》《安徽省农作物种子生产经营许可细则(试行)》《江苏省种子条例》《江苏省非主要农作物品种鉴定办法》等。

▶ 三、种子依法经营

根据《种子法》规定,种子必须依法规范经营。国家对种子生产经营实行了专项许可证制度,生产经营单位和经营者必须依法进行种子生产经营。

《种子法》规定:禁止任何单位和个人无种子生产经营许可证或者违反种子生产经营许可证的规定生产、经营种子。禁止伪造、变造、买卖、租借种子生产经营许可证。

《农作物种子生产经营许可管理办法》规定:县级以上人民政府农业主管部门按照职责分工,负责农作物种子生产经营许可证的受理、审核、核发和监管工作。农业主管部门应当按照保障农业生产安全、提升农作物品种选育和种子生产经营水平、促进公平竞争、强化事中事后监管的原则,依法加强农作物种子生产经营许可管理。种子生产经营许可证设主证、副证。主证注明许可证编号、企业名称、统一社会信用代码、住所、法定代表人、生产经营范围、生产经营方式、有效区域、有效期至、发证机关、发证日期;副证注明生产种子的作物种类、种子类别、品种名称及审定(登记)编号、种子生产地点等内容。正本应挂在营业场所的明显处,副本由领证单位(个人)妥善保存备查。种子生产经营许可证有效期为 5 年。在有效期内变更主证载明事项的,应当向原发证机关申请变更并提交相应材料,原发证机关应当依法进行审查,办理变更手续。在有效期内变更副证载明的生产种子的品种、地点等事项的,应当在播种 30 日前向原发证机关申请变更并提交相应材料,申请材料齐全且符合法定形式的,原发证机关应当当场予以变更登记。种子生产经营许可证期满后继续从事种子生产经营的,企业应当在期满 6 个月前重新提出申请。有下列情形之一的,不需要办理种子生产经营许可证:农民个人自繁自用常规种子有剩余,在当地集贸市场上出售、串换的;在种子生产经营许可证载明的有效区域设立分支机构的;专门经营不再分装的包装种子的;受具有种子生产经营许可证的企业书面委托生产、代销其种子的。前款第一项所称农民,是指以家庭联产承包责任制的形式签订农村土地承包合同的农民;所称当地集贸市场,是指农民所在的乡(镇)区域。农民个人出售、串换的种子数量不应超过其家庭联产承包土地的年度用种量。违反本款规定出售、串换种子的,视为无证生产经营种子。

种子生产经营者,要凭《种子生产经营许可证》,到当地工商行政管理部门申请登记,经核准后领取《营业执照》,并自领取《营业执照》之日起 30 日内,向当地税务机关书面申请办理税务登记,填写税务登记表,税务机关核发税务登记证,方可经营。

《农作物种子生产经营许可管理办法》还规定:种子生产经营者应当建立包括种子田间生产、加工包装、销售流通等环节形成的原始记载或凭证的种子生产经营档案,具体内容如下:

(1)田间生产方面:技术负责人,作物类别、品种名称、亲本(原种)名称、亲本(原种)来源、生产地点、生产面积、播种日期、隔离措施、产地检疫、收获日期、种子产量等。委托种子生产的,还应当包括种子委托生产合同。

(2)加工包装方面:技术负责人,品种名称、生产地点,加工时间、加工地点、包装规格、种子批次、标签标注,入库时间、种子数量、质量检验报告等。

(3)流通销售方面:经办人,种子销售对象姓名及地址、品种名称、包装规格、销售数量、销售时间、销售票据。批量购销的,还应包括种子购销合同。

种子生产经营者应当至少保存种子生产经营档案 5 年,确保档案记载信息连续、完整、真实,保证可追溯。档案材料含有复印件的,应当注明复印时间并经相关责任人签章。

同时,种子生产经营者应当按批次保存所生产经营的种子样品,样品至少保存该类作物两个生产周期。

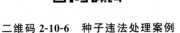

二维码 2-10-6　种子违法处理案例

二维码 2-10-7　中国种子企业与种业产值
(知识链接)

❓复习思考题

1.名词解释

机械混杂　生物学混杂　育种者种子　原种　良种　重复繁殖法　循环选择法　株系循环繁殖法　成对回交测交法　"三系七圃"法穗行半分法　穗行测交法　扦样　种子净度　种子纯度　种子发芽率　种子水分

2.品种混杂退化的主要原因有哪些?防止品种的混杂退化的技术是什么?

3.我国种子生产的基本程序是什么?原种生产的方法有哪些?

4.举例说明常规品种大田用种生产程序。

5.举例说明杂交种大田用种生产程序。

6.加速种子生产的方法有哪些?

7.什么是假种子?什么是劣种子?

8.我国种子质量分级标准是什么?

9.种子检验的内容有哪些?

10.扦样的基本程序是什么?

11.烘箱标准法水分测定的程序是什么?

12.发芽试验的基本程序是什么?

13.品种纯度测定的方法有哪些?

14.种子检验的作用有哪些?

15.简述种子依法经营的必要性。

第三单元
实验实训

实验实训一　作物根尖压片技术及有丝分裂观察

一、目的

掌握光学显微镜的使用方法;学习对植物根尖压片和石蜡封片技术;观察有丝分裂过程中的染色体的动态变化;熟悉有丝分裂过程。

二、材料

蚕豆、玉米、洋葱等新鲜的根尖。

三、用具及试剂

1.用具

显微镜、擦镜纸、分析天平、温箱、水浴锅、解剖针、刀片、烧杯、纱布、吸水纸、盖玻片、载玻片、培养皿、量筒、皮头玻璃、酒精灯等。

2.试剂

(1)预处理液体　0.05％～0.2％秋水仙素水溶液。

(2)固定液　卡诺液(Ⅰ、Ⅱ)。

(3)水解分离液　1 mol/L 盐酸、0.5％果胶酶和 0.5％纤维素酶混合液。

(4)染色液　锡夫试剂漂洗液。

四、方法及步骤

1.材料的制备

(1)蚕豆、玉米根尖的制备　浸种 1 d,使种子吸足水分,置铺有几层吸水纸的培养皿中,上盖两层纱布,在 18～20℃条件下,避光发芽培养,约 2 d,待根长至 1～2 cm 时即可处理。

(2)洋葱根尖的制备　将洋葱根部向上在阳光下晒两天,然后置于盛清水的小烧杯口上,使根部与水接触,或将洋葱埋入湿沙中,在 20～25℃光照条件下培养 2～3 d。待根长到 1～2 cm 时,选健壮根尖取下即可处理。

2.预处理

在植物细胞染色体的研究工作中,对染色体计数、染色体组型分析或其他方面的研究观察,均以有丝分裂中期的染色体最为适宜。但此期持续的时间很短,一般只有 7～30 min。因此,一般情况下固定的材料中,中期分裂细胞相当少。并且中期染色体由于紧密地排列在赤道板上,又有纺锤丝的牵引,所以在压片操作时很难使染色体分散,尤其是染色体较大,或数量较多的材料,很容易产生染色体的严重重叠,不仅不能识别单个染色体形态,有时甚至计数也很困难。为了克服以上的不足,对于体细胞压片材料,在固定之前应用适当的物理、化学(温度或药物)方法进行预处理,以改变细胞质的黏度,抑制或破坏纺锤丝的形成,促使染色体收缩,使染色体变短,易于分散,而且这样可以获得较多的中期分裂相。

常用秋水仙素水溶液进行预处理。秋水仙素有剧毒,能引起暂时性失明,能使中枢神经系统麻醉而导致呼吸困难。使用时要注意。

3.固定

固定的作用是用固定液将细胞迅速杀死,使正处于细胞分裂高峰期的细胞失去活性而处于相应的细胞分裂时期(要求中期),并保持细胞原有的结构形态。

固定方法:固定时先用与处理时温度相同的水将材料洗净,放入卡诺固定液中,在室温下固定2~4 h。固定后的材料如不及时使用,可将材料转入95％酒精中处理2次,85％酒精处理1次,每次10 min,最后保存于70％的酒精中。在阴暗低温处(5℃左右)可保存半年以上,如保存时间过长,在使用前将材料取出,重新固定1~2 h以便于染色。

4. 解离

解离即除去根尖或茎尖等组织细胞之间的果胶层,使细胞分散,同时使细胞壁软化便于染色压片。常用的解离方法为酸解和酶解两种。

(1)酸解法 取固定材料经50％酒精、蒸馏水洗涤后转入1 mol/L HCl中60℃恒温水解5~20 min,以根尖软而不黏,细胞易于分散为准。

(2)酶解法 取固定材料经50％酒精、蒸馏水洗涤后,可用0.5％的果胶酶液和0.5％纤维素酶的等量混合液,25℃下处理2~3 h或在37℃恒温箱内处理0.5~1 h。

5. 染色操作

固定材料经50％酒精处理,转入蒸馏水中洗2~3次,换入1 mol/L HCl,在室温下处理2~3 min后倾去,再换入预热60℃的1 mol/L HCl,放入恒温水浴中在(60±0.5)℃下水解5~20 min(此期处理时间因材料种类而异,对愈伤组织根据具体情况可延至20 min,某些禾本科植物或树木的根尖可延长至30 min),然后吸去热HCl,在室温下换入冷1 mol/L HCl洗1~2 min后倾去,再用蒸馏水洗作物遗传种2~3次,吸去水分,加入锡夫试剂染色0.5~4 h。此时试管应加塞子盖紧(最好在10℃左右的黑暗下),染色后用漂洗液漂洗2~3次,每次2~5 min,经水洗后准备压片。

6. 压片操作

材料染好色后加盖片,在载片下边垫一张吸水纸,把纸角翻上压住盖片一角,用左手食指压紧,不使盖片滑动,右手持皮头玻璃棒或带橡皮头的铅笔,用皮头轻轻敲击盖片,使细胞压平、压散。

7. 镜检及永久封片

压好盖片后在显微镜下镜检,具有好的分裂相,符合研究用的片子用以照相,并做成永久片。

五、作业

1.绘制有丝分裂图,并说明各分裂时期染色体的变化特点。

2.交两张有丝分裂固定片。

实验实训二 作物花粉母细胞减数分裂的涂抹制片技术和减数分裂观察

一、目的

通过花粉母细胞减数分裂的观察和涂抹制片的练习,使学生了解减数分裂各时期细胞染色体的特征,并初步学会花粉母细胞染色与观察的方法。

二、材料

花粉母细胞减数分裂各时期典型的永久封片、预先固定好的供观察花粉母细胞减数分裂的幼嫩花序或花蕾、典型的植物减数分裂各时期的照片。

三、用具及试剂

显微镜、载玻片、盖玻片、镊子、解剖针、培养皿、酒精灯、吸水纸等。45％醋酸、醋酸洋红、80％酒精。

四、方法及步骤

(一)花粉母细胞减数分裂的观察

教师事先用数架显微镜按顺序陈列花粉母细胞减数分裂的永久封片,并在显微镜旁陈列同期减数分裂的典型照片,以便学生对照观察。

每个学生对照典型照片,用显微镜观察花粉母细胞减数分裂各时期的永久封片。在观察过程中,应特别注意。

(1)比较进行减数分裂的花粉母细胞与花药组织的细胞有什么不同。

(2)比较减数分裂前期Ⅰ同源染色体联会、二价体的数目与花粉母细胞染色体有什么关系。

(3)比较减数分裂中期Ⅰ细胞核与细胞质之间是否还有明显的界限,纺锤体的形成及二价体排列在赤道面上的情况。

(4)比较减数分裂后期Ⅰ同源染色体的分离情况。

(5)比较减数分裂中期Ⅱ和后期Ⅱ染色体的特征与中期Ⅰ和后期Ⅰ是否相同。

(6)比较减数分裂末期Ⅱ形成的4个子细胞,观察每个子细胞中染色体数目与花粉母细胞染色体数目的比例。

(二)花粉母细胞涂抹制片的练习

将已固定好的实验材料置于小培养皿中,加少许80％酒精以防干燥。然后用解剖针挑取2～3个花药,放在清洁的载玻片上,加1滴醋酸洋红染色。用镊子或针尖轻轻挤压,将花粉母细胞从花药中挤出后,拨去花药及残渣,再轻轻摊开花粉母细胞,立即加盖玻片,并用吸水纸吸去多余的染液,使盖玻片不要移动。制成的临时片即可放显微镜下观察。为使染色加深,可延长染色时间,并将载玻片在酒精好上间断重复加温4～6次(即拿载玻片在酒精灯上方来回晃动4～6次,但切勿使载玻片达烫手的程度),这样可使染色体着色鲜明,材料也紧贴载玻片。如细胞质染色过深,可用45％的醋酸滴于盖玻片一边,再用吸水纸从另一边吸去,并在酒精灯上稍加温,即可使细胞质褪色。

如果制成的片子染色良好,分裂时期典型,可用石蜡胶(石蜡溶入1/3松香)将盖玻片的四周封起来,写上分裂时期,即可临时保存。

五、作业

1.用涂抹法每人制作1张可观察到染色体的临时片。

2.根据观察结果,绘出花粉母细胞减数分裂前期Ⅰ、中期Ⅰ、后期Ⅰ、中期Ⅱ的简图,并简述以上各期染色体的特点。

二维码 3-2-1　花粉母细胞减数分裂材料固定方法
(知识链接)

实验实训三　植物叶绿体 DNA 的提取

一、目的

能配置各种试剂,学会从新鲜的绿色叶片中提取叶绿体 DNA 的方法。

二、材料

玉米、大豆、胡萝卜、白菜等新鲜叶片。

三、用具及试剂

1.用具

剪刀、烧杯、移液器、枪头、量筒、匀浆器、纱布、300 目尼龙网、注射器、离心管、滤膜。

2.试剂

(1)酶液　1%纤维素酶、0.6 mmol/L 蔗糖、8 mmol/L $CaCl_2 \cdot 2H_2O$、10 mmol/L $NaH_2PO_4 \cdot 2H_2O$,pH 5.6。

(2)洗涤液　0.6 mmol/L 蔗糖、8 mmol/L $CaCl_2 \cdot 2H_2O$、2 mmol/L $NaH_2PO_4 \cdot 2H_2O$,pH 5.6。

(3)提取缓冲液　10%SDS。

(4)溶液 A　25 mmol/L EDTA,50 mmol/L Tris,pH＝8.0。

(5)Tris 饱和酚、氯仿、异丙醇、TE。

四、方法及步骤

1.叶片采集

采集适量新鲜绿叶(约 10 g)。

2.细胞破碎

首先利用剪刀将叶片剪碎,然后放于匀浆器中,先加入不含酶的酶液进行匀浆,弃渣,将液体转移至烧杯中,加入纤维素酶至终浓度为 1%后搅拌均匀,50℃水浴约 30 min。

3.叶绿体分离

将经酶液处理的液体取出,依次用纱布和 300 目尼龙网与大注射器过滤,取滤液。

(1)用电组　将上述滤液转移至 50 mL 离心管中,3 000 r/min 离心 3 min,弃上清。用 10 mL 洗涤液重悬洗涤后 3 000 r/min 离心 3 min,弃上清,洗涤两次后,即分离得到叶绿体。

(2)不用电组　利用大注射器及 0.2 μm 滤膜过滤上述滤液后,将滤膜上的叶绿体刮下,转移至 1.5 mL 离心管中,即分离得到叶绿体。

4.DNA 提取

DNA 提取可以采用用电组与不用电组 2 种方法。

(1)用电组

①向叶绿体中加入 500 μL 溶液 A 把叶绿体悬浮,转移至 1.5 mL 离心管中;

②加入 200 μL 10% SDS(裂解叶绿体膜,释放 DNA),混匀后静置 2 min;

③加入 350 μL 苯酚(使蛋白质变性)＋350 μL 氯仿(与苯酚互溶,易于除去苯酚),混匀,10 000 r/min 离心 2 min;

作物遗传育种

④转移上层液体至新的离心管中,加入等体积氯仿(去除苯酚),混匀,10 000 r/min 离心 2 min;

⑤转移上层液体至新的离心管中,加入 0.6 倍体积异丙醇(沉淀 DNA)沉淀 10 min;

⑥10 000 r/min 离心 5 min,弃上清;

⑦加入 500 μL 70% 乙醇(去除盐离子)洗涤沉淀,10 000 r/min 离心 5 min,晾干;

⑧30 μL TE 溶解 DNA;

(2)不用电组。

①向叶绿体中加入 500 μL 溶液 A 把叶绿体悬浮;

②加入 200 μL 10% SDS,混匀后静置 2 min;

③加入适量 KI 固体至饱和后静置至出现明显分层;

④将下层透明液体转移至 DNA 吸附柱中,用洗耳球将液体吹出,DNA 吸附于硅胶膜上,弃液体;

⑤向吸附柱中加入 500 μL 70% 乙醇,用洗耳球吹出,弃液体,晾干;

⑥将吸附柱至于新的 1.5 mL 离心管中,用 30 μL TE 溶解 DNA,用洗耳球将液体吹入离心管中。

五、作业

1. 为保证叶绿体 DNA 的含量和纯度,在本实验操作中,样品前处理、抽提、纯化等操作中应注意什么?

2. 提取不同种植物的叶绿体 DNA,比较、分析实验结果。

实验实训四　连锁遗传的验证

一、目的

由于连锁遗传基因在分离和组合过程中的相互影响,致使杂合体所产生的各类配子比例不等,其自交和测交子代表现型的分离比例也因重组率的不同而异,但总是重组型少,亲型多。由于基因在染色体上的位置和距离不同,基因之间的连锁强度也不相同。

二、材料和用具

(1)材料　玉米紫色、饱满籽粒自交系与褐色、凹陷籽粒自交系的杂种一代(F_1)果穗以及杂种一代(F_1)同褐色、凹陷亲本的测交果穗。野生型和具有白眼(w),小形翅(m),卷刚毛(sn)的突变型果蝇。

(2)用具　双筒解剖镜、放大镜、解剖针、计算器、粗头毛笔、白瓷板、培养瓶、麻醉瓶。

(3)药品　乙醚。

三、方法步骤

1. 玉米胚乳性状连锁基因重组率的测定

当两对基因为连锁遗传时,F_2 和测交子代的分离比例明显不同于独立遗传,表现为亲型个体数明显多于理论值,而重组型个体数明显少于理论值。可见重组型的产生并不是非同源染色体自由组合的结果,而是同源染色体上连锁基因间发生交换重组而产生的。在玉米中,决定糊粉层色泽紫色与褐色,籽粒形状饱满与凹陷的基因都位于第九染色体上,表现为连锁遗传。使紫色,饱满(BzSh/BzSh)的个体与褐色,凹陷(bzsh/bzsh)个体杂交,F₁ 为紫色,饱满(BzSh/bzsh)。使其与隐性亲本测交,根据测交后代的表现型种类和比例就可以确定这两对基因间的距离。

(1)观察杂合体(BzSh/bzsh)同隐性亲本的测交果穗,区别不同的表现型,计数各类籽粒的数目。

(2)计算 bz-sh 之间的重组率。

(3)将连锁遗传的分析结果填入表 3-4-1。

表 3-4-1　玉米果穗两对性状连锁遗传分析结果表

表现型				总数
基因型				
观察数				
重组率/%				

2.果蝇连锁基因的三点测验

(1)使白眼、卷刚毛、小形翅突变型处女蝇与野生型雄蝇交配,每瓶 5 对。待化蛹后除去亲本成蝇,羽化后鉴定杂种蝇。F₁ 的雌蝇应该为红眼、直刚毛、长翅,而雄蝇表现为白眼、卷刚毛、小形翅。

(2)将 F₁ 雌蝇同突变型雄蝇交配,7～8 d 后移出亲本蝇,以测交子代成虫出现开始,每两天观察一次,将结果记录下来。

(3)分析计算

①根据实验结果确定三对基因的遗传关系。即三对基因是独立遗传还是连锁遗传,或一对独立两对连锁。

②确定各类交换类型和亲型。

③确定三对基因的排列顺序,分析双交换类型,如果有两对性状出现了还原为亲本的组合类型,则决定第三对性状的基因必在中间。

④计算重组率。

实验实训五　植物多倍体诱导及其细胞学鉴定

一、目的

通过实验掌握诱导植物多倍体的方法和技术,观察多倍体的特点及染色体加倍后的细胞学表现。利用染色体分析的方法对多倍体的细胞作出准确判断。

二、原理

多倍体是在细胞中具有 3 个或 3 个以上的染色体组的生物体。多倍体植物在形态上较二倍体的植物个体大,叶片上的气孔也很大,因此很容易辨认。利用一些诱发因素可以人工诱导植物产生多倍体。这些因素包括物理的因素,如温度的剧变、射线处理等,还有化学因素,如植物碱、植物生长激素等。其中秋水仙素是诱导多倍体形成最为有效和常用的药品之一。秋水仙素的主要作用是既可以有效地阻止纺锤体的形成,使细胞的染色体数加倍,又不至于对细胞发生较大的毒害。如果用秋水仙素处理植物的根尖,则在根尖分生区内可检测到大量染色体加倍的细胞,若处理植物幼苗的芽,则可以得到染色体加倍的植株。

三、材料

蚕豆、洋葱、小麦种子、小麦幼苗。

四、用具及试剂

1.用具

搪瓷盘、镊子、剪刀、烧杯、培养皿、恒温水浴锅、纱布、试管。

2.试剂

$2.0\sim4.0$ g/L 秋水仙素水溶液、改良苯酚品红染液、Carnoy 固定液。

五、方法及步骤

1.蚕豆材料的处理

在盛有蛭石和沙土的花盆内埋入蚕豆种子,在盆内浇适量清水。将花盆放在窗台上阳光充足的地方进行萌发。经常进行观察,$4\sim6$ d 蚕豆的主根长到 3 cm 左右,侧根长到 $1\sim1.5$ cm 时,将蚕豆取出。用清水将蚕豆上的泥土冲净,然后放入盛有 4.0 g/L 的秋水仙素水溶液的小烧杯内继续培养 $3\sim4$ d,待观察到根尖膨大时取材固定。与在水中培养的蚕豆做对照,进行染色体分析。

2.洋葱的处理

将搪瓷盘的盘口用线绳编织成许多网格,在盘内注入清水。把洋葱的鳞茎洗干净,用刀片将鳞茎上的老根削除,再把其放在搪瓷盘的网格上,使其生根部位恰好接触到水面,在 25℃下培养几日。待新根刚刚长出时,将搪瓷盘内的清水换成 4.0 g/L 的秋水仙素水溶液,用继续在水中培养的洋葱鳞茎作对照。培养几日后,在处理液中培养的根尖明显比对照根尖肥大,此时便可用解剖剪将根尖取下,长度大约在 1.5 cm,放入固定液中固定 24 h。然后可按照常规的压片法进行细胞学制片,用显微镜观察并计数。

3.小麦种子的处理

先将小麦种子在清水中浸泡 24 h,在培养皿内铺上一块纱布,用少许清水将纱布浸湿后将小麦种子放在上面进行培养。当种子刚刚萌发长出 1 m 的根时,将纱布换掉,以 4.0 g/L 的秋水仙素替代清水在 25℃下继续培养,此时要注意及时补充培养皿内的处理液,保证处理液的浓度不变。当长出的根出现膨大时就应及时取材固定。

4.小麦幼苗的处理

在小麦苗的幼芽长到 $3\sim5$ mm 时,用解剖刀在芽上作一纵切,然后用一浸有秋水仙素溶液的纱布条包在切口处,纱布条的另一端浸在一个盛有秋水仙素水溶液的小烧杯内,烧杯的口用封口膜封好以防处理液蒸发,处理 12 h。隔天后再处理 1 次,然后将幼苗洗净,种到花盆内或大田中。

5.形态观察和细胞学鉴定

比较处理植株与对照的外部形态有什么差异。将叶面的表皮撕下,在显微镜下进行观察,多倍体植株的气孔比二倍体大很多,叶片也比较肥厚。用根尖压片法制成染色体载玻片标本,在显微镜下认真观察和计数,与对照进行对比。

六、作业

1.简述多倍体鉴定方法的原理。

2.如何用检测染色体数目的方法来鉴定多倍体。

3.通过实验,比较气孔的大小和密度与植物倍性的关系。

实验实训六　植物花药培养技术

一、目的

了解和学习植物花药培养技术。(以水稻、小麦为例)

二、程序

花药培养的一般程序:镜检选取发育适期的花药并接种诱导培养基上,诱导出愈伤组织;然后转移到适宜分化的培养基上,促使分化成苗;最后将根系发育良好的健壮幼苗移入土中,培育成花粉植株以供选育。

三、材料

粳稻品种或春性小麦品种发育适期的花粉。

四、用具及试剂

1.用具

培养基、超净工作台(或接种箱)、高压灭菌锅、显微镜、紫外线杀菌灯、分析天平、试管或锥形瓶、试管架、烧杯、量筒、移液管、定容瓶、玻棒、接种针、镊子、剪刀、酒精灯、纱布、棉花、牛皮纸、橡皮筋、精密试纸。

2.试剂

75％酒精、新鲜的饱和上清液或0.1％升汞溶液、蒸馏水、无菌水、各种培养基成分、2,4-D、激动素、萘乙酸、水解乳蛋白等。

五、方法及步骤

(一)配制培养基

1.配制母液

(1)大量元素母液　按培养基配方分别称10倍所需量的各种大量元素的无机盐,依次溶于约800 mL热的(60—80℃)重蒸水中(注意一种盐溶液后,再加入下一种盐),最后定容至1 000 mL,冷却后贮存冰箱备用。

(2)微量元素母液　按培养基配方分别称取1 000倍用量的微量元素盐,依次溶于约800 mL重蒸水中,最后定容至1 000 mL。

(3)有机附加物母液　按培养基配方分别称取100倍用量的各种有机附加物,依次溶于约800 mL重蒸水中,定容至1 000 mL。可将此母液分装到塑料管中,每管10 mL(10 mL母液中含1 000培养基所需有机附加物),加盖后贮存于冰箱的冷冻室内备用。用此法可长期贮存母液。

作物遗传育种

（4）生长素类物质单独配成母液　按培养基配方称取,为节约用量,可配备 100 mL。乙酸、吲哚乙酸配制母液时先用 95％酒精溶解;激动素、6-苄基腺嘌呤需先用 1 mol/L HCl(量取 12 mol/L HCl 84 mL 加蒸馏水至 1 000 mL)或 1 mol/L NaOH(称取 40 g NaOH 溶解到 1 000 mL 蒸馏水)溶解。

（5）铁母液　按培养基配方称取 9 200 倍用量的 $Fe-Na_2$ EDTA,例如 N_6 培养基中 $Fe-Na_2$ EDTA 的量为 37.5 mg/L,则可称取 1 500 mg $Fe-Na_2$ EDTA 溶于约 150 mL 重蒸水中,最后定容至 200 mL。

（6）其他成分如蔗糖、琼脂等可在配制培养基时称取所需用量加入。

（7）以上各母液配好后,贴上标签,标明药品名称和母液含量,放入冰箱备用。配制培养基时可按下式计算应取各母液体积(mL)数(以配制 1 L 培养基计):

$$母液吸取量 = \frac{培养基要求含量}{母液含量}$$

2.配制培养基

（1）根据需配培养基的量,吸取所需母液量,加入蔗糖(蔗糖浓度水稻用 3％,小麦用 9％),后定容到 1 000 mL,然后在烧杯中加琼脂溶化,用 1 mol/L NaOH 或 1 mol/L HCl 调节溶液的 pH 为 5.8。

（2）趁热将培养基分装到试管中,每试管约装培养基 10～15 mL(一般占培养瓶容积 1/5～1/4 为宜)。塞上棉球或包上牛皮纸,待灭菌。

3.培养基的灭菌

（1）将装好的培养基、所需的无菌水、牛皮纸及其他接种用具用牛皮纸包扎好后,放入高压灭菌锅,在 0.8～1.0 kg/cm^2 下灭菌 20 min。

（2）灭菌后取出培养基,放在温度相近的培养室冷却,以免因温差太大,使培养基试管中凝成过多的水珠,增加污染机会。

（二）花药培养

1.花粉发育时期的鉴定

花粉发育时期是花药培养的一个重要因素,不同植物采取花药时间不同,如水稻、小麦一般宜选用花药处于单核中、晚期的花药进行培养。

（1）形态观察　水稻花粉处于单核晚期植株正是孕穗期,叶枕距为 4～10 cm,颖壳淡绿色,雄蕊总长度为颖壳长度的 1/3～1/2,花药淡绿色。小麦花粉处于单核中、晚期,其剑叶叶鞘上半部明显膨大,但叶鞘未张开,看不到幼穗。

（2）镜检鉴定　将花药取出,置于载玻片上,轻轻压碎,滴 1 滴醋酸洋红,盖上盖玻片,镜检。如细胞核被挤到萌发孔对面,中央形成大液泡,为单核晚期。

（3）经过鉴定明确合适的穗,先置于 5℃左右的冰箱中,经 5 d 左右预处理后,备用。

2.花药的接种

（1）接种用具的准备　花药接种均需在无菌条件下进行,所用工具必须灭菌消毒。事先把接种针、解剖刀、镊子、小烧杯、接种纸等放入接种箱内,用 5％石炭酸喷射或用甲醛溶液加高锰酸钾熏蒸,然后再用紫外灯照射 45 min。

（2）花药接种　①用肥皂洗净双手,再用 75％酒精擦拭稻(麦)穗叶鞘,送入接种箱后,选取小穗浸入饱和漂白粉上清液或 0.1％升汞溶液中浸泡 10～15 min,再用无菌水冲洗 2～3 次。

②用灭菌的剪刀把花药上端的颖壳剪去,用镊子将花药取出投入装有培养基的试管内,最好竖放,即一个花药瓣接触培养基。每管接种 30 个左右的花药。接种后塞上棉塞或牛皮纸封口,用橡皮筋扎牢,写明接种材料、日期。

3.愈伤组织的诱导

(1)供诱导愈伤组织用的培养基,一般是在基本培养基中附加一定量的 2,4-D 和激动素或萘乙酸。如小麦可加 2 mg/L ,2,4-D 0.5 mg/L 的水解乳蛋白。水稻可加 1 mg/L 2,4-D、4 mg/L 萘乙酸、1~3 mg/L 激动素以及 250~500 mg/L 水解乳蛋白、20~200 mg/L 水解核酸。

(2)将接种到诱导培养基上的花药置于 23~28℃ 的恒温室内进行暗培养,水稻约 30 d,小麦约 15 d 就可陆续长出愈伤组织。

4.愈伤组织的分化与移栽

(1)分化培养基与诱导培养基略有不同,不加 2,4-D,而只加 0.2~1.0 mg/L 吲哚乙酸或萘乙酸,0.5~1.0 mg/L 激动素。

(2)当愈伤组织长到 2~3 mm 大小时,转移到诱导分化的培养基上,置于 23~28℃ 恒温室内,每天光照 9~11 h,光强 2 000 lx 以上。一般约在 2 周后愈伤组织分化出绿芽或根。

(3)待分化好幼苗长到 5~10 cm 时即可移栽,移栽前先将根部的培养基洗去,然后栽入土中,最好用烧杯罩住幼苗,防止水分蒸发而造成死苗。

六、作业

1.简述多花药培养一般程序。

2.在老师的指导下具体完成某一作物花药培养的全过程。

实验实训七　水稻"三系"的观察

一、目的

通过实验掌握水稻"三系"的特征特性,为提高繁殖、制种的产量和质量打好基础。

二、雄性不育系与保持系、恢复系特征特性

1.不育系与保持系主要形态特征及生物学特性

形态特征:不育系与保持系一般是同型姊妹系,它们的细胞核相同,细胞质不同。主要性状表型上非常相似,生育期相近。但雄蕊育性截然不同。不育系表现为雄性退化,花药中无花粉或花粉异常(表 3-7-1)。

表 3-7-1　不育系和保持系主要生物学特性比较

性状	不育系	保持系
株高	较低	较高(高 10 cm 左右)
长势	较强	较弱
分蘖力	较强	较弱
抽穗期	迟 2~3 d(有包颈现象)	早 2~3 d(无包颈现象)

性状	不育系	保持系
始花-终花	较长	较短
开颖角度	大	小
开颖时间	长	短
柱头	外露率高	低

2.不育系与恢复系主要生物学特性比较

见表 3-7-2。

表 3-7-2　不育系与恢复系生物学特性比较

性状	不育系	恢复系
株高	较矮	较高(90～110 cm)
生育期	早熟	晚熟
生长势	较弱	旺盛
花药	白色、瘦小、水浸性或无花药	黄色、肥大、散粉正常
包颈情况	包颈	不包颈

三、材料及用具

水稻"三系"的抽穗植株样本,繁殖、制种田,显微镜,碘-碘化钾液,载玻片,盖玻片,标签。

四、方法与步骤

(1)在实习农场了解繁殖、制种的"三系"品种名称,田间布局,隔离条件,行比,行向,栽插规格。

(2)观察植株性状,如株高,分蘖力,叶鞘和稃尖颜色,花药的大小和颜色,鉴别亲本的纯度,有无包颈现象。

(3)花粉镜检。分别取不育系和保持系(或恢复系)尚未开花的颖花,取 2～3 个花药置于载玻片上压碎去药壁,然后滴一滴碘化钾液,盖上盖玻片,放在 80～100 倍的显微镜下观察花粉粒的有无,形状及着色情况,作为区别不育系与保持系或恢复系的主要指标。

五、作业

1.比较不育系与保持系(或恢复系)的差异,并填入下表。

品种名称	株高/cm	株型	包颈与否	花		花　粉		
				大小	颜色	有无	形状	染色与否

2.根据镜检的结果判断该品种是属于不育系还是恢复系。

二维码 3-7-1　全国水稻不育系研究
调查记载项目试行标准
(知识链接)

第三单元　实验实训

一、目的

以品种比较试验为例,了解并掌握育种试验设计和种子准备的基本方法。

二、材料

以参加品比试验的小麦为材料,天平、打号机、铅笔、种子袋、绘图纸、三角盘。

三、方法

1.编制种植任务书

试验之前要根据作物和试验的特点编制种植任务书,主要内容有:

(1)试验年份和地点。

(2)试验名称　如品种比较试验、鉴定试验等。

(3)试验材料名称和代号。

(4)田间设计　原始材料圃、杂交亲本圃和选种圃常用顺序设计,逢零设对照,不重复。鉴定试验和品种比较试验可用随机区组设计,重复2~4次。品种区域试验必须用随机区组设计,重复3~5次。品种示范或生产试验用大区对比,不设重复。

(5)小区设计　一般初级试验小区面积小,高级大一些。矮秆作物小区面积小,高秆大一些。品种比较试验,小麦常用5行区,行长6 m,行距30 cm,小区面积9 m²;玉米常用5行区,行长6 m,行距70 cm,小区面积20 m²。

(6)试验地面积概算　根据田间设计方法,供试品种数目、小区面积、试验地每带可安排小区数,带间道宽及保护行(区)面积20 m²。

(7)田间管理　包括前茬作物,耕耙状况,施肥种类、数量和时间,播种日期和方式,中耕除草措施等。

2.种子准备

(1)种子量计算　方法与大出种子播种量计算方法相似:

$$小区播量＝计划每平方米保苗株数×千粒重/发芽率×净度×1\,000$$

(2)种子分装　把试验品种按计算的小区播量用天平称出或数出装入播种用种子袋。如果是人工播种,最好按行平均分装,以保证播种均匀。称重前应核对原种子袋的内外标牌是否与试验计划的名称相符。称重或数粒时除去坏、缺、不宜作种的籽粒。每个品种的种子袋数应与试验重复数或小区行数×重复数相同。

(3)种子袋排列和打号　将各品种种子袋按田间设计要求依次排列并检查无误,然后用打号机在种子上方打上本年试验小区号。再次检查无误后,按小区号顺序装入种子盘或箱待播。

3.编制试验记载簿

俗称台账,分出田间记载用和室内永久保存用两种。台账一般包括上年小区号、本年小区号、品种名称或代号,主要观察记载内容如物候期,植物学特性和生物学特性等项目。

4.绘制田间种植排列图

根据试验地的规划和田间设计方法绘制,便于田间各项工作的进行。图上应标明保护行,试验小区起止号,试验地段的方位及相邻地块作物或试验名称等。

四、作业

1.编制小麦品种比较试验种植计划书。

2.按排列顺序和代号准备品种比较试验的种子。

实验实训九　育种试验地区划

一、目的

掌握育种试验地和其他试验地区划的一般方法。

二、材料

育种实验地,测绳、皮卷尺、木桩、铁锤、直角仪、镐头,区道划印器,田间种植排列图。

三、方法

1.实验地的准备

育种试验地在区划前就整平耙碎,并按要求施入基肥。垄播的要先起垄、镇压。

2.划基准线

先用测绳和镐头在试验地的一侧划出第一条基准线(一般可与地边的道、渠等平行),已起垄的可以一侧的某条垄作为第一条基准线。然后用直角仪、测绳和镐头再划出与第一条基准线垂直的第二条基准线。再用同样的方法划出第三条基准线,划定地的四周边界。垄作地两侧可以垄为界,只需划出两端的基准线。

3.划分区带

根据国间种植排列图的要求,有皮卷尺在两侧基准线或垄上定出各区带的长度和区道位置,用木桩或其他方法标记。然后在相应的木桩间接紧测绳,用区道印器划出各区道,一般从较小编号开始插,插完后应核对一遍。

四、作业

1.根据田间种植图实施育种试验地的区划。

2.详细论述育种试验区划的方法。

实验实训十　育种试验地的播种

一、目的

掌握育种试验地播种的基本技能和要求。

二、材料

种子。

三、用具

开沟锄,竹竿,尺子

四、方法及步骤

1. 准备工作

首先弄清试验排、段及小区的播种方向,然后查对种子袋的号码、播种行数或袋数,是否与试验小区的号码、播种行数完全一致。严防误播、漏播、重播。如发现错误立即纠正,并在田间记载表上注册。

2. 播种

播种时,用开沟锄或开沟器,按照试验区所划行的标准长度开沟。沟要开直,沟底要平,沟长与行长完全一致,下籽要均匀,开沟深浅一致,及时覆土,防止跑墒。

播种原始材料和选种试验圃时采用点播方法,可事先按株距截取竹竿,播种时将竹竿放在开好的播种沟内,按规定株距点播,播后立即覆土耙平。

播种品种鉴定和品种比较试验材料时,采用条播法,人工开沟溜种除按上述要求播种外,一个试验小区最好固定一人溜种,保证播种质量一致。如用机播时,事先要调好播种量,播种要均匀,同一个试验最好在一天内完成,如遇特殊情况播不完时,一定要完成一个重复的各个试验小区。

3. 检查

播完每个试验小区时,将空种子袋用土块压在该小区的一角上,当全部试验小区播完之后,再与田间记载表检查核对无误时,即可收回纸袋。如发现错误,应及时在记载表上注明,与此同时,应根据播种的实际情况,立即绘制出各试验田间种植草图。

五、作业

1. 绘制田间种植排列图,按图示完成操作过程。

2. 具体实施某个试验圃的播种。

实验十一　主要作物有性杂交技术

一、目的要求

使学生在了解主要作物花器构造和开花习性的基础上,掌握其有性杂交技术。

二、材料和用具

(1)材料　各种作物的亲本品种若干个。

(2)用具　镊子,小剪刀,羊皮纸袋,回形针(或大头针),放大镜,小毛笔,小酒杯,脱脂棉,70%酒精,纸牌,铅笔,麦秸管等。

三、方法步骤

(一)小麦有性杂交技术

1. 选穗

在杂交亲本圃中,选择具有母本品种典型性、生长发育健壮并且刚抽出叶鞘1寸左右的主茎穗作为去雄穗。穗的中上部花药黄绿色时为去雄运期。

2.整穗

选定每本穗后,先剪去穗子。上部和下部发育较迟的小穗,只留中部10～12个小穗(穗轴两侧各留5～6个),并将每个小穗中部的小花用镊子夹去,只留基部的两朵小花。剪去有芒品种麦芒的大部分,适当保留一点短芒,以利于去雄和授粉操作的方便。

3.去雄

将整好的穗子进行去雄,一般采用摘药去雄法。具体做法:用左手拇指和中指夹住整个麦穗,以食指逐个将花的内外颖壳轻轻压开,右手用镊子伸入小花内把3个花药夹出来,最好一次去净,注意不伤柱头和内外颖,不留花药,不夹破花药。如果一旦夹破花药,这时应摘除这朵花,并用酒精棉球擦洗镊子尖端,以杀死附在上面的花粉,去雄应按顺序自上而下逐朵花进行,不要遗漏。去雄后立即套上纸袋,用大头针将纸袋别好,并挂上纸牌,用铅笔写明母本品种名称和去雄日期。

4.授粉

一般在去雄后第2～3天进行授粉。当去雄的花朵柱头呈羽状分叉,并带有光泽时授粉最为合适。也可根据去雄迟早和天气情况而定。

采粉的父本应选用穗子中上部个别已开过花的小穗周围的小花,用镊子压开其内外颖,夹出鲜黄成熟的花药,放入采粉器中(小酒杯或小纸盒)中,立即授粉。

授粉时,取下母本穗上纸袋,用小毛笔蘸取少量的花粉,或用小镊子夹1～2个成熟的花药,依次放入每个小花中,把花药在柱头上轻轻涂擦。授粉后,仍套上纸袋,并在纸牌上添上父本名称,授粉日期。授粉7～10 d后,可以摘去纸袋,以后注意管理和保护。也可采用采穗授粉法。即授粉时采下选用的父本穗(留穗下节),依次剪去小花内外颖的1/3,并捻动穗轴,促花开放,露出花药散粉,即行授粉。

(二)水稻有性杂交技术

1.选穗

选取母本品种中植株生长健壮,无病虫害,稻穗已抽出叶鞘2/3～3/4,穗尖已开过几朵颖花的稻穗。

2.去雄

杂交时要选穗中、上部的颖花去雄。去雄方法有很多种,下面介绍温水去雄和剪颖去雄两种。

温水去雄就是在水稻自然开花前半小时把热水瓶的温水调节为45℃,把选好的稻穗和热水相对倾斜,将穗子全部浸入温水中,但应注意不能折断穗颈和稻秆。处理5 min,如水温已下降为42～44℃,则处理8～10 min。移去热水瓶,稻穗稍晾干即有部分颖花陆续开花。这些开放的颖花的花粉已被温水杀死。温水处理后的稻穗上未开花颖花(包括先一天已开过的颖花)要全部剪去,并立即用羊皮纸袋套上,以防串粉。

剪颖去雄　一般在杂交前一天下午4～5时后或杂交当天早上6～7时之前,选择已抽出1/8母本稻穗,将其上雄蕊伸长已达颖壳1/2以上的成熟颖花,用剪刀将颖壳上部剪去1/3～1/4,再用镊子除去雄蕊。去雄后随即套袋,挂上纸牌。

3.授粉

母本整穗去雄后,要授予父本花粉。授粉方法有两种:一种是抖落花粉法。即将自然开花的父本稻穗轻轻剪下,把母本稻穗去雄后套上的纸袋拿下,父本穗置于母本穗上方,用手振动使花粉落在母本柱头上,连续 2～3 次。父、母本靠近则不必将父本穗剪下,可就近振动授粉。但要注意防母本品种内授粉或与其他品种传授。另一种是授入花粉法。用摄子夹取父本成熟的花药 2～3 个,在母本颖壳上方轻轻摩擦,并留下花药在颖花内,使花粉散落在母本柱头上。但要注意不能损伤母本的花器。

授粉后稻穗的颖花尚未完全闭合,为防止串粉,要及时套回羊皮纸袋,袋口用回形针夹紧,并附着在剑叶上,以防穗梗折断。同时,把预先用铅笔写好组合名称、杂交日期、杂交者姓名的纸牌挂在母本株上。

杂交是否成功,可在授粉后 3 d 检查子房是否膨大,如已膨大即为结实种子。

四、作业

每个学生杂交 5～10 朵花,将杂交结果记录下来,并总结经验。

实验十二　玉米自交与杂交技术

一、目的要求

使学生了解玉米花器构造和开花习性,掌握玉米自交和杂交技术。

二、材料和用具

(1)材料　各种类塑灼自交不和选育玉米自交系的基本材料。

(2)用具　羊皮纸袋,剪刀,曲别针、小绳,70％酒精,棉球和铅笔。

三、方法步骤

(一)自交方法

1.雄穗套袋

当选定的单株雌穗抽出叶鞘而花丝尚未吐露之前,用羊皮纸袋套上雌德,并用回形针把袋口夹紧,以免昆虫入内或被风吹掉。

2.雄穗套袋

当套袋雌德的花丝从苞叶吐出 3 cm 左右时;在授粉前一天下午,用较大的羊皮纸袋(30 cm×16 cm)套上雄穗,并把纸袋口外折成三角形,用回形针别紧,防止花粉漏出。

3.采粉授粉

雌穗套袋后第二天上午露水干后,一般在 8～10 时进行采粉。一手拿雄穗穗柄,把雄穗轻轻弯下并不断抖落,使新鲜花粉震落袋内,然后取下纸袋,叠牢袋口,将花粉汇集于袋角处。

(二)杂交方法

玉米杂交方法与自交相似,不同之处是从父本自交系的雄穗采粉,授给母本自交系的雌穗。当母本的雌穗即将吐丝时,把雌穗套袋的同时拔去雄粉。授粉的前一天下午,选择父本自交系优良单株,将其雄穗套袋,第二天上午 8～10 时采粉并给母本授粉。母本雌穗接受父本花粉后仍套回纸袋。挂牌写明杂交亲本名称,杂交符号及杂交日期,操作者姓名。

四、作业

每个学生自交和杂交各 2～3 个果穗,果穗成熟后检查结实情况,并写出实习体会和经验教训。

实验十三　自花授粉作物杂种后代的选择与鉴定

一、目的要求

使学生掌握自花授粉作物杂种后代的选择与鉴定方法,在田间调查的去础上,淘汰不典型株行或发育不良的株行。

二、材料和用具

(1)材料　小麦或水稻、大豆的株行圃。
(2)用具　优良单株后代(株行)调查表,铅笔。

三、方法步骤

将经过室内考种入选的典型优良单株,适时播种在株行圃内进行株行比较。每个一单株播种一行,各种作物的行株距一般可采用,小麦 30 cm ×5 cm 单粒点播,水稻 30 cm×10 cm 单本栽插,大豆 70 cm×10 cm 单粒点播,要求在同一天内播完。行长可根据单株的种子数量来定,但不同的株行行长应一致。每隔 9 或 19 行播 1 行本品种原种作对照。

生育期间调查表项目及时进行田间观察记载,对表现较差或不典型的株行要在调查表的"备注"栏中注明,作为淘汰株行的依据。

优良单株后代(株行)田间调查项目和标准(略),其他情况如倒伏、感病程度,株行内有无性状分离等,应在"备注"栏内写明。

四、作业

要求每个学生负责自己所选单株的播种及单株后代的田间观察,并将田间观察的结果及时填入调查表内。自花授粉作物后代的收获及室内考种鉴定可组织学生结合教学实习进行。

实验实训十四　作物室内考种

一、目的

了解作物室内考种的意义,并掌握考种的方法。

二、材料

成熟的小麦、水稻和玉米植株,直尺、天平、铅笔、调查记录纸、三角盘。

三、方法

室内考种是田间调查的继续,考察的项目多是植株完成成熟以后才得以表现或固定的性状,主要是穗部和籽粒性状,因此是选择的重要依据。同一作物不同育种材料的考种项目、方法和要求不尽相同。

考种中脱下来的籽粒,自交作物的杂交早代人选材料和某些特殊材料应单株保存,原始材料、品种和区试品种等混合装袋保存。

考种结果应逐项记载在调查记录纸上(表3-14-1至表3-14-3)。每个材料都要根据所附标牌登记材料名称和代号及当年小区号和收获日期等。

表 3-14-1　小麦品种优良单株宝室内考种表

株号	株高/cm	茎秆色	主穗长/cm	穗形	穗色	芒长/cm	芒色	小穗密度	稃毛有无	粒形	粒色	粒质	单株粒重/g	单株粒数	典型性

表 3-14-2　水稻品种优良单株宝室内考种表

株号	株高/cm	穗长/cm	穗颈长/cm	芒长/cm	稃尖色泽	穗形	谷粒形状	米色	单株粒重/g	单株粒数	典型性

表 3-14-3　玉米品种优良单株室内考种表

株号	果穗长度/cm	穗粗/cm	秃顶长度	行粒数	穗粒数	穗粒重	籽粒重	籽粒类型	籽粒色泽	穗颜色	籽粒出产率	典型性

二维码 3-14-1　水稻、玉米、小麦
单株室内考种标准
(知识链接)

四、作业

每人考种某作物3株或穗,将考种结果填入相应表格。

实验实训十五　主要作物优良品种识别

一、目的

了解生产上主要作物优良品种的典型性状,能识别生产上常见品种,为今后做好原种、大田用种生产奠定基础。

作物遗传育种

二、材料

本地区生产上主要作物常见优良品种的实物（如植株、种子等）和文字图片资料。

三、用具

尺子、天平、铅笔等用具。

四、方法及步骤

建立主要作物常见品种试验圃，在不同生育时期观察记载品种试验圃中各品种的主要性状，如：株型、叶色、叶型、株高、穗部性状（铃型、果型）、籽粒性状等。最后，比较不同品种的性状，找出各品种的特异性状。

二维码 3-15-1 小麦、水稻的品种识别
（知识链接）

五、作业

列表说明各优良品种的主要性状，并指出各品种的特异性状。

实验实训十六 优良单株后代的田间观察记载

一、目的

掌握株行圃内优良单株后代的田间调查方法，在田间调查的基础上，淘汰不典型株行或发育不良的株行。

二、材料

小麦、水稻或大豆的株行圃。

三、用具

记录本，铅笔。

四、方法及步骤

将经过室内考种入选的典型优良单株，适时播种在株行圃内进行株行比较。每个单株播种一行，各种作物的行株距一般可采用：小麦 30 cm×5 cm 单粒点播，水稻 30 cm×10 cm 单本栽插，大豆 70 cm×10 cm 单粒点播，要求在同一天内播完。行长可根据单株的种子数量来定，但不同的株行行长应一致。每隔 9 或 19 行播 1 行本品种原种作对照。

生育期间按调查表项目及时进行田间观察记载，对表现较差或不典型的株行要在调查表的"备注"栏中注明，作为淘汰株行的依据。

二维码 3-16-1 小麦、水稻田间调查项目和标准
（知识链接）

以小麦、水稻为例介绍优良单株后代（株行）田间调查项目和标准。

五、作业

列表说明优良单株后代的田间观察结果。

一、目的

1. 学会原种生产中调查记载的国家标准,了解当地主要农作物优良品种的特征,为原种生产工作打下基础。

2. 掌握原种生产的程序与方法。

二、材料与用具

(1)材料　水稻、小麦、玉米、大豆、棉花等作物的原种圃,或株行圃、株系圃、种子田、生产田的植株。

(2)用具　米尺、天平、调查表、铅笔等。

三、说明

原种在种子生产中起到承上启下的作用,搞好原种生产是整个种子生产过程中最基本和最重要的环节。在目前的原种生产中,主要存在两种不同的生产程序:一种是重复繁殖程序;一种是循环选择程序。重复繁殖程序又称保纯繁殖程序,是每一轮种子生产的种源都是育种家种子,每个等级的种子经过一代繁殖只能生产较下一等级的种子。循环选择程序是从某一品种的群体中或其他繁殖田中选择单株,通过"个体选择、分系比较、混系繁殖"生产原种。此方法是以改良的混合选择法为基础,根据比较过程长短的不同,有三圃制和两圃制的区别。三圃制一般采取单株选择、分系比较、混合繁殖,即株行圃、株系圃和原种圃的三年三圃制。两圃制与三圃制几乎相同,只是少了一次株系比较。

三圃制生产原种程序:

1. 单株选择

(1)选择的对象　从正大面积推广的品种或准备推广的新品种的原种圃、株系圃、原种一、二、三代中选择,也可从纯度高、长势好的种子田、丰产田中选株。

(2)选株条件　在均匀一致处选择,不能从田边、缺株等特殊地段选,更不能从有病虫检疫对象的田块选择。

(3)选株的标准　必须是符合原品种典型性状的优良单株。决不可选取优良的变异株。否则变成了选择育种了。要事先熟悉品种的性状,掌握准确的选株标准,重点性状放在便于区别品种的质量性状及丰产性、一致性、抗病性、抽穗期、成熟期、株高等性状上。选优重点放在田间选择,辅以室内考种。

(4)选株的数量　以下年株行圃的面积决定决选株的数量,再由决选株数增加1～2倍即初选株数量。例下年计划种667 m^2 株行圃,可种300个株行或1 000个穗行,则开始的初选株应为600株或2 000～3 000穗。在此基础上逐渐淘汰,最后保证选出300个典型株或1 000个穗供下年播种。

(5)选株的时间与方法　在品种性状表现最明显的时期分次进行,如苗期、抽穗期、成熟期。

初选:在抽穗开花期。抽穗早晚、花色、叶型、抗病性。

复选:在成熟后收获前。成熟早晚、穗型、株型、株高、抗病性。

初期入选的单株进行标记(拴绳,挂牌)以后均在有标记的株上选择,凡不符合原品种典型性状的标记,复选时去除,则最后有标记的就是决选株。

决选:收获时将入选的单株 10 株/捆,或穗 50 穗/捆分别收获,室内决选,最后决选株或穗分别留种、编号、保存,下一年种到株(穗)行圃比较鉴定。

2.株(穗)行圃,即株行比较鉴定

(1)种植 入选株或穗的种子按编号顺序分别种成株(穗)行(1 或几行),建立株行圃。进行株行比较试验。

(2)选择 各关键时期对主要性状进行观察记载,比较各株行的典型性和整齐度。在收获前根据各株行的全部表现决选:淘汰生长差、不整齐、不典型的株行。凡入选株行必须是行内整齐一致,各行之间性状也要整齐一致。

苗期:鉴定幼苗生长习性、叶色、生长势、抗病性、耐寒性等;

花期或花前期:鉴定株型、叶型、抗病性和花期等;

成熟期:鉴定株高、整齐度、抗病性、抗倒伏性和成熟期等。对不同的时期发生的病虫害、倒伏等要记明程度和原因。

(3)收获 先将淘汰行混收,清理干净后,将入选株行进行清查,并拔除个别劣株,最后分株行收、考种、脱粒、保存。

3.株(穗)系圃(株系比较试验)

将上年入选的株行的种子各种一个小区,建立株系圃,对各株系的典型性、丰产性、适应性、一致性等进一步比较鉴定。试验仍采用间比法设计,每隔 4 或 9 个小区设一个本品种的原种做对照。入选的株系:

(1)混系收、脱。

(2)分系收、脱。淘汰劣系再混合,混合的种子下一年于原种圃进行繁殖。

4.原种圃(混系繁殖)

在隔离区内将上一年入选株系的混合种子扩大繁殖,建立原种圃。原种圃分别在苗期、抽穗期或开花期、成熟期严格拔除杂劣株,收获的种子经检验合格,符合国家规定的原种质量标准即为原种。

四、方法步骤

每 4 名同学分为一组,在方要作物的不同生育期,按原种生产调查项目逐项调查记载,以掌握各品种的主要形态特征及其区别。

五、报告

要求每个学生,将各主要作物品种主要特征特性的观察结果记载在调查表格内,并用文字描述其主要特征特性及其相互的主要区别。

实验实训十八 主要农作物种子质量的田间检验

一、目的

通过本试验,使学生掌握种子田间检验的方法。

二、材料与用具

（1）材料　水稻、小麦、玉米、棉花等种子田。

（2）用具　米尺、调查表、铅笔。

三、说明

田间检验是在种子生产过程中，对正在生长的种子田在田间进行的检验。田间检验以检验品种纯度为主，同时检验杂草、异作物混杂程度、病虫感染率和生育情况等。对杂交制种田还要检查繁、制种田的隔离和母本去雄、散粉情况。

田间检验的时间在品种典型性表现最明显时期进行，一般可在苗期、抽穗（开花）期和成熟期三个时期分别进行。以开花期检验为重点。

四、方法及步骤

1. 检验前的准备工作

（1）了解情况　首先要了解并熟悉被检验品种的特征、特性。由于田间检验主要是通过直接感官鉴定，因此所依据的性状应明显而易于区分。其中那些不易受环境条件影响而稳定表现的质量性状，常作为品种纯度检验的主要依据，如黄芩的茎色，花色，花萼色、叶色、株型、叶形等性状。实际工作中，检验时要根据育种单位提供的品种说明书上的性状来进行，有时品种之间的差异是微小的，这时就要注意细微性状的区分。

其次要了解种子的来源、种子世代、上代纯度、前作和土壤栽培条件等。

（2）实地勘察　勘察种子田与所描述的品种特征是否一致；种子田的隔离是否符合要求；杂草、病虫害是否严重等情况。不符合要求的应拒绝检验。

2. 划区设点（划分检验区和确定取样设点数）

凡同一品种、同一来源、同一繁殖世代、同一栽培条件的相连田块为一个检验区。一个检验区的最大面积为 33.33 hm^2（500 亩）。

33.33 hm^2 以上的地块可再分若干个检验区或选 3～5 块代表田。检验区和每块代表田的取样点数与株（穗）数参看表 3-18-1。

表 3-18-1　取样点数和株数

种植密度	面积（公顷）	取样点数	每点最低株数
密植	0.67 以下	5	500
	0.68～6.67	8	
	6.68～13.33	11	
	13.34～33.3	15	
稀植	0.67 以下	5	200
	0.68～6.67	8	
	6.68～13.33	11	
	13.34～33.3	15	
搭架	0.33 以下	5	80～100
	0.34～1	9～14	
	1 hm^2 以上	每增加 0.67 hm^2，增加 1 个点	

3. 取样方式

确定取样方式的原则是要保证取样点在检验区内均匀分布,确保取样有代表性。为了避免边际效应影响,要离开地头地边设点。设点方式有如下几种:

(1)对角线形　适用于方形或长方形的地块。

(2)梅花形　适用于面积较小的方形或长方形地块。

(3)棋盘形　适用于土壤差异大或不规则的地块。

(4)大垄　在垄(畦)作地块取样　先数总垄(畦)数,再按比例每隔一定的垄(畦)设一点,各垄(畦)的点要错开。

4. 检验与计算

在取样点上逐株鉴定,将本品种、异品种、异作物、杂草、感染病虫株数分别记载,然后计算各项百分率。

杂交制种检验时,要分别计算父、母本杂株率、母本散粉率和父母本杂株散粉率。

相关计算见后面附件田间检验计算公式。

五、实验实训报告

在田间检验操作和结果计算完成的基础上填写田间检验结果单,将每个检验点的各个检验项目的平均结果,填写在田间检验结果单上。并对结果作出分析,对种子田的生产情况提出意见和改进建议。

附件　田间检验计算公式

$$品种纯度 = \frac{本品种株(穗)数}{供检本作物总株(穗)数} \times 100\%$$

$$异品种率 = \frac{异品种株(穗)数}{供检本作物总株(穗)数} \times 100\%$$

$$异作物率 = \frac{异作物株(穗)数}{供检本作物总株(穗)数 + 异作物株(穗)数} \times 100\%$$

$$杂草率 = \frac{杂草株(穗)数}{供检本作物总株(穗)数 + 杂草株(穗)数} \times 100\%$$

$$病虫感染率 = \frac{感染病虫株(穗)数}{供检本作物总株(穗)数} \times 100\%$$

参 考 文 献

[1] 李道品,张文英.作物遗传育种.北京:中国农业大学出版社,2016.

[2] 徐大胜,张彭良.遗传与作物育种.成都:四川大学出版社,2011.

[3] 霍志军,吕爱枝.作物遗传育种.北京:高等教育出版社,2015.

[4] 卢良峰.遗传学.3 版.北京:中国农业出版社,2015.

[5] 曹雯梅,刘彩霞.作物种子生产技术.北京:中国农业出版社,2013.

[6] 弓利英,梅四卫.种子法规与实务.北京:化学工业出版社,2011.

[7] 王孟宇,刘弘.作物遗传育种.北京:中国农业大学出版社,2009.

[8] 卞勇,杜广平.植物与植物生理.2 版.北京:中国农业大学出版社,2013.

[9] 李惟基.新编遗传学教材.2 版.北京:中国农业大学出版社,2004.

[10] 张天真.作物育种学总论.北京:中国农业出版社,2003.

[11] 刘庆昌.遗传学.北京:科学出版社,2007.

[12] 董德坤,高莎,刘乐承,等.大豆质核互作雄性不育研究进展.中国农学通讯,2012,28 (15):5-9.

[13] 姜家生,何金玲,蔡永萍,等.棉花核雄性不育系研究进展及应用.安徽农业大学学报, 2011,38(5):775-782.

[14] 林强,郑秀平,周天理,等.籼型水稻雄性不育系京福 8A 的选育与应用.杂交水稻, 2014,29(6):14-15,18.

[15] 祁显涛,杨海龙,谢传晓,等.玉米雄性不育机制及其产业化应用研究进展.作物杂志, 2014,6:1-9.

[16] 范彦君,王瑜,刘齐元,等.植物细胞质雄性不育研究进展.中国农学通报,2016,32 (18):70-75.

[17] 刘淑娟,朱祺,幸学俊,等.植物雄性不育影响因素研究进展.中国农学通报,2014,30 (34):46-50.

[18] 苏成付.分子标记辅助选择育种发展策略.安徽农业科学,2014,42(15):4591-4592, 4598.

[19] 王伟,陈天青,王雪丽,等.小麦新品种黔麦 19 号的选育与配套技术.种子,2013,10: 103-104.

[20] 魏忠芬,张太平,李德文,等.混合选择对甘蓝型油菜群体产量及品质性状改良效果研 究.种子,2014,33(2):82-85.

[21] 岳珣,余本勋,张时龙,等.黔西北山区粳稻品种品质特征分析及育种改良探讨.农业科

技通讯,2016,1:62-65.

[22] 陈朝辉,王安乐,谢翠萍,等.运轮 1 号玉米群体轮回选择改良效果.中国农学通报,2014,33,26-30.

[23] 吴少辉,张学品,冯伟森,等.系统选择在小麦育种中的应用与启示.江西农业学报,2008,20(10):34-36.

[24] 王平.水稻航天育种成果通过鉴定.植物医生,2016(06).

[25] 施先锋,孙玉宏.西瓜倍性育种研究进展.蔬菜,2010(08).

[26] 肖熙鸥,林文秋,等.利用 EMS 进行茄子种质资源创新.南方农业学报,2016(08).

[27] 杨振华,秋水仙素处理甘草种子染色体加倍研究.山西农业科学,2016(03).

[28] 李明飞,谢彦周,等.叠氮化钠诱变普通小麦陕农 33 突变体库的构建和初步评估.麦类作物学报,2015(01).

[29] 宋策,陈典,等.秋水仙素离体诱导分蘖洋葱茎尖多倍体的研究.吉林农业大学学报,2016(06).

[30] 刘胜洪,周玲艳,等.^{60}Co-γ 射线诱变紫花苜蓿 WL525HQ 的 SSR 研究.江苏农业科学,2015(07).

参

考

文

献